iwata by ANEST IWATA

AIRBRUSH MAINTENANCE BOOK

アネスト岩田 エアーブラシ メンテナンスブック

モデルグラフィックス編集部／編

Custom micron head system

The nozzle base, which is different from the conventional type of head, has three holes for air passage, taking into consideration the flow of compressed air.

This causes the air to be dispersed, thereby enabling fine atomization of the spray.

The nozzle head system, which consists of four parts, undergoes repeated spray testing and fine-tuning until the spray characteristics are as perfect as possible.

大日本絵画

はじめに……

模型にかぎらずホビーユースとしてめざましく普及しているのがエアーブラシです。とくにアネスト岩田製のエアーブラシはその性能、耐久性、ユース性ともにトップクラスで、国内はもとより海外でも有名アーティストがフェイバリッドモデルとして挙げています。本書ではそのアネスト岩田製エアーブラシのメンテナンス方法を中心に、エアーブラシの楽しみ方をお届けします。ぜひご自身のエアーブラシライフの糧にしてください。

Table of Contents

国内に工場を構えるアネスト岩田では敷地内にショールームを併設し、多彩なジャンルでの展開製品を展示している

iwata by ANEST IWATA

iwata by ANEST IWATAは世界をリードする霧化技術を有する産業機械メーカであるアネスト岩田のエアーブラシ事業ブランドです。厳しい仕様・検査基準を設定し、最高品質の製品で「Create a great experience＝最高の体験を創造する」ことをモットーにしております。世界ネットワークを駆使したマーケティングを実施し、トレンドやアーティスト、プロフェッショナルからの意見を取り入れた「プロが求める信頼性と性能を兼ね備えたエアーブラシ」を届けることで、世界中でご愛顧いただけるトップブランドとなるべく邁進し続けます。

アネスト岩田株式会社 伊藤 慈 / ANEST IWATA Megumi ITO

1927年 国産第1号のスプレーガンの製造・販売を開始
1969年 国産初の空冷二段・中形コンプレッサを発売
1985年 世界初の多関節電動塗装ロボットを発売
1991年 世界初のオイルフリースクロールコンプレッサ開発
1991年 エアーブラシフラッグシップモデルのカスタムマイクロンシリーズ発売
1993年 世界初のドライ（オイルフリー）スクロール真空ポンプを開発
1995年 世界初の樹脂製ピストンのオイルフリーコンプレッサ開発
1996年 ドロップインノズルを搭載したエアーブラシであるエクリプスシリーズ発売
1999年 世界初のV溝付塗料ノズルを採用した低圧スプレーガンLPH-400発売
2003年 国産初の外部帯電方式の静電ハンドガンを発売
2005年 世界初のオイルフリーブースターコンプレッサ開発
2009年 WS-400スプレーガンが世界大手塗料メーカーのグローバル認証を受ける
2009年 オイルフリーブースターコンプレッサが省エネルギー機器表彰を受賞
2013年 小形バイナリー発電装置を開発し、NEDOの委託・開発テーマに採択
2013年 カスタムマイクロンシリーズを更に進化させるべくモデルチェンジ
2015年 オイルフリースクロールコンプレッサ（ 世界最大出力 7.5kW機 ）を発売
2017年 オイルフリースクロールコンプレッサ（Fシリーズ）が省エネルギー機器表彰を受賞

アネスト岩田株式会社

当社は2016年度に創業90周年を迎えた日本の産業機械メーカです。創業以来の社是である「誠心（まことのこころ）」を守り続け、日本、ひいては世界のものづくりを支える最高の品質・技術・サービスをお届けするために全世界で40を超えるグループ会社全従業員が一丸となって日々業務に励んでおります。

アネスト岩田の「アネスト」には「Active and Newest Technology＝常にいきいきとした活力と新規性のある技術力を持った開発型企業であることを目指す」という思いが込められており、90年以上の歴史の中で数多くの国内初・世界初の製品を生み出してまいりました。

アネスト岩田株式会社
ANEST IWATA Corporation

Webサイト：http://www.anest-iwata.co.jp/
Facebookページ：https://www.facebook.com/anest.iwata.corp
エアーブラシ専用Facebookページ：https://www.facebook.com/iwata.by.anest.iwata/

エアブラシのしくみ

イラスト・解説／二宮茂樹

エアブラシ塗装に必要不可欠なもの、それがハンドピースだ。ここではその構造とメカニズムをイラストを使った図解とともに紹介。ベテランモデラーでも意外と知らない、その内部がまるわかり！

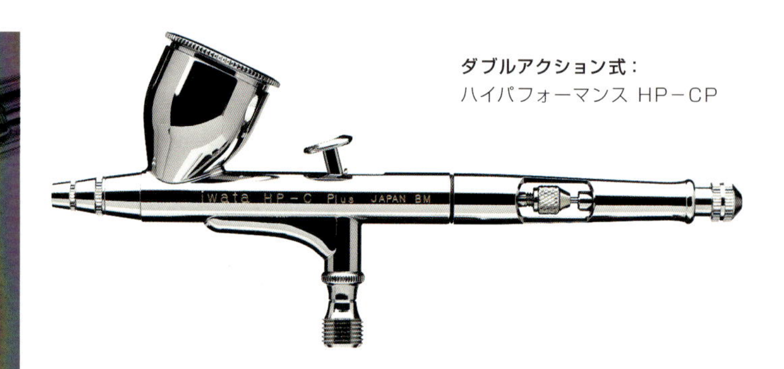

ダブルアクション式：
ハイパフォーマンス HP－CP

フレキシブルな微調整が可能！

ダブルアクション式

ハンドピースの種類のなかで、最も操作の自由度の高いタイプがこのダブルアクション式だ。塗料の量とエアーの量を個別かつ瞬時に調整することが可能。他のタイプに比べると操作がややテクニカルで慣れを要するが、一本で広く対応できることから愛用するモデラーが多い。「とりあえず一本持っておけ」的オススメのハンドピースである。

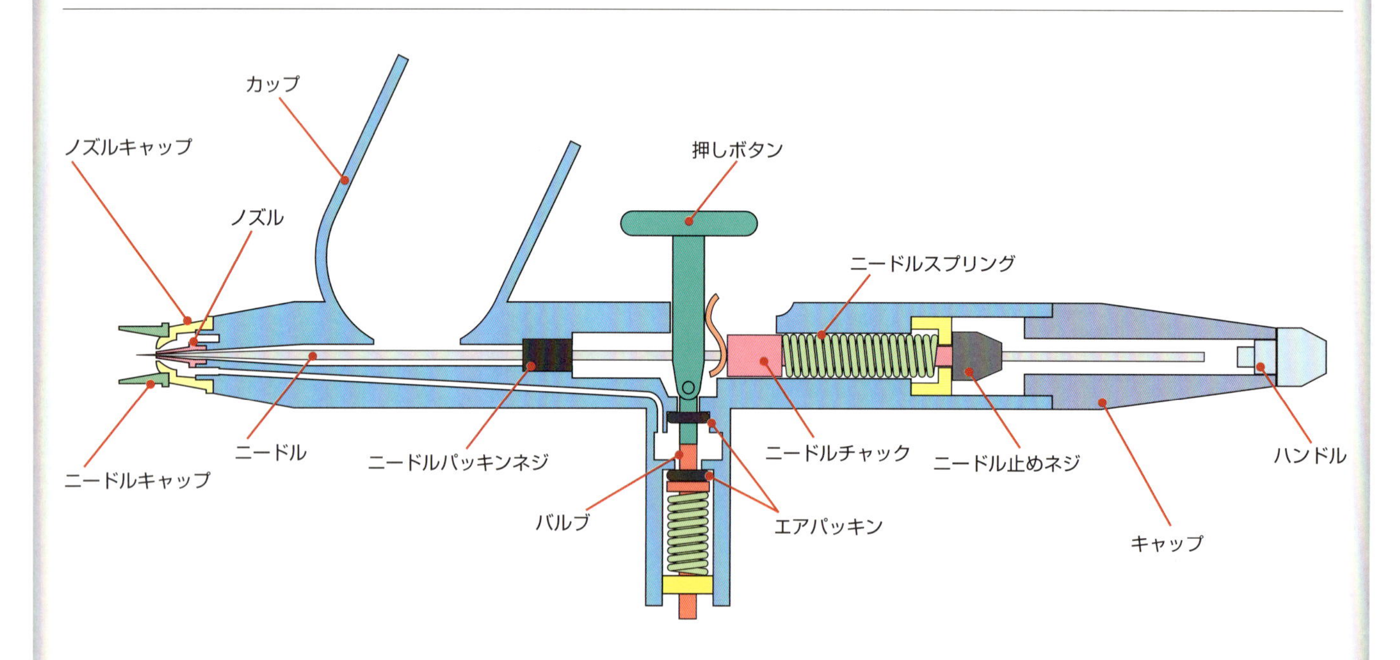

▲トリガーを下に押すことでエアーのみがノズルから吹き出す。もちろん押し込む量によりエアー量の調整が可能。エアーのみ開放することでブロアーとして使うこともできる

▲トリガーを手前に引くことで内部のニードルが下がり、塗料の通り道であるカップからノズルへの道が開かれる。この塗料の操作と右記のエアーの操作が同時にできることが最大の長所なのだ

メリット

●たとえ吹き付けの最中であっても、指一本でエアーと塗料の量を個別かつ無段階に操作することができる。
●おおよそ「エアブラシでできる塗装」のほぼすべてを一本で行なうことが可能。

デメリット

●操作がやや難しい
●エアーと塗料の調整を同時に行なうので、長時間の操作は疲れやすい。
●別方式のハンドピースと比べると、同クラスであってもやや高価。

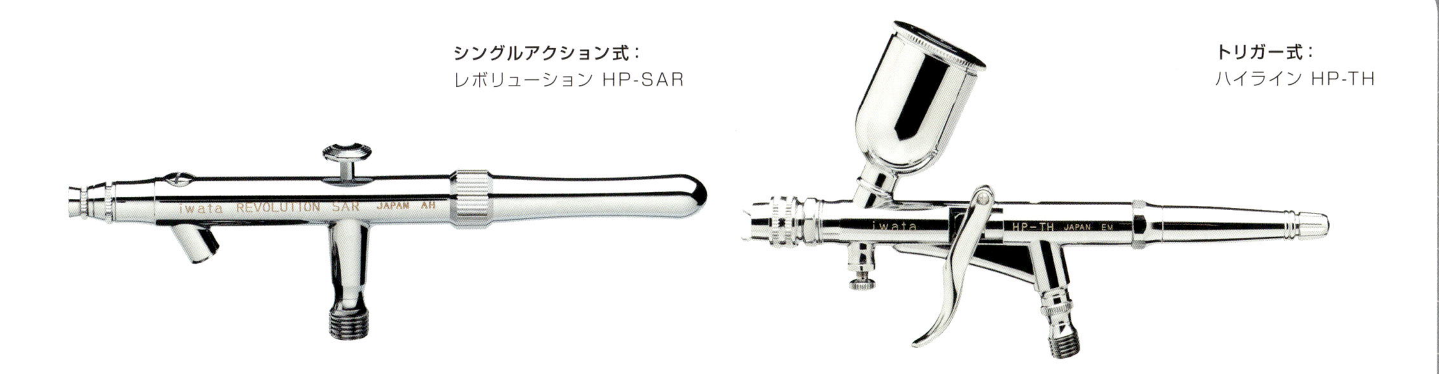

安定した塗装が手軽にできる！

シングルアクション式

ダブルアクション式以外にもエアブラシにはさまざまな種類がある。塗料とエアーの放出量調整はダブルアクション式ほど繊細には行なえないが、利便性や安定性に優れたタイプも存在する。ダブルアクションの複雑な操作に自信がない人は、ここで紹介するハンドピースを使うのも選択肢のひとつだ。

メリット
- ●ニードルの位置が固定できるので、つねに同じ量の塗料を吹くことが可能。
- ●塗装中はボタンを押すだけなので疲れにくい。
- ●なにより操作が簡単。

デメリット
- ●塗装をしながら塗料の量を調整することができない。
- ●ニードルを下げた状態でノズルを下へ向けると塗料が垂れてくる。

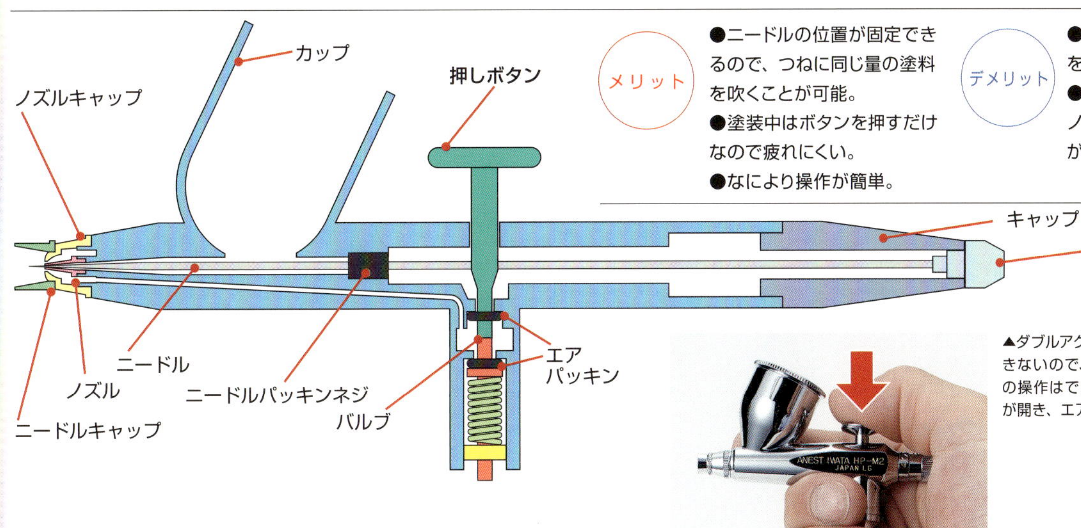

▲ダブルアクション式とは違い引くことができないので、押しボタンを使ったニードルの操作はできない。ここを押すことバルブが開き、エアーがノズルより噴出する。

引くだけだけど調節も可能！

トリガー式

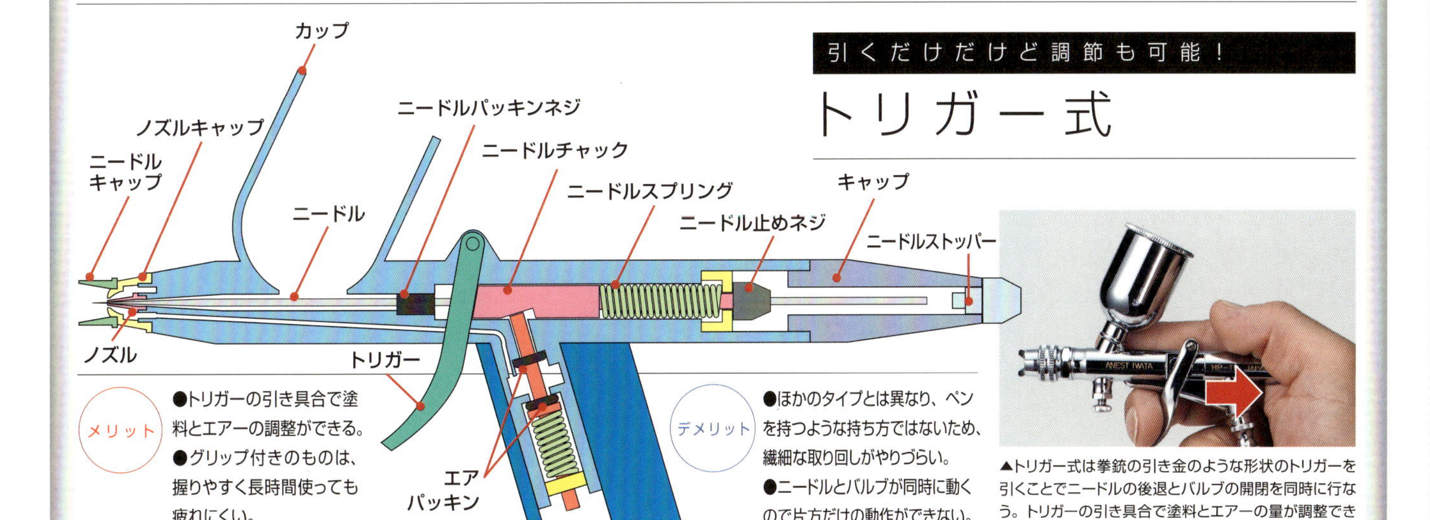

メリット
- ●トリガーの引き具合で塗料とエアーの調整ができる。
- ●グリップ付きのものは、握りやすく長時間使っても疲れにくい。

デメリット
- ●ほかのタイプとは異なり、ペンを持つような持ち方ではないため、繊細な取り回しがやりづらい。
- ●ニードルとバルブが同時に動くので片方だけの動作ができない。

▲トリガー式は拳銃の引き金のような形状のトリガーを引くことでニードルの後退とバルブの開閉を同時に行なう。トリガーの引き具合で塗料とエアーの量が調整できるが、ダブルアクションのように個別での調整はできない。

塗料の変更が楽ちん！

吸い上げ式

●カップを交換するだけで簡単に塗料を変更することができる。（ハンドピースの洗浄は必要）
●カップがハンドピースの下部についているため、塗装対象がよく見える。

●重い塗料ビンが前方についているので重量バランスが悪く、こまかい取り回しが難しい。
●塗料の希釈がデリケート。塗料の希釈が甘いと、塗料の粘度に吸い上げる力が負けてしまいうまく吹けないので、緩めに希釈する必要がある。

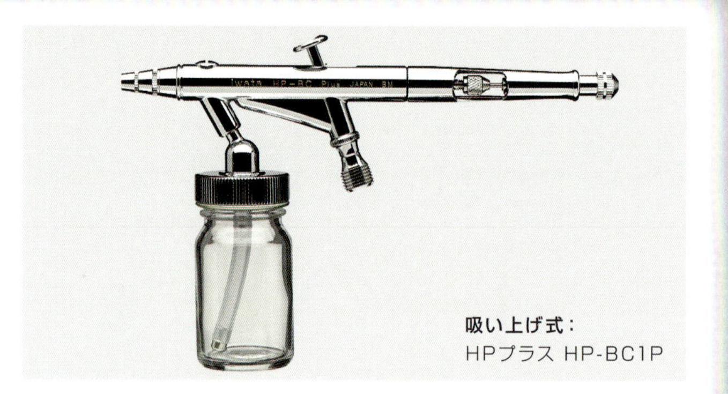

吸い上げ式：
HPプラス HP-BC1P

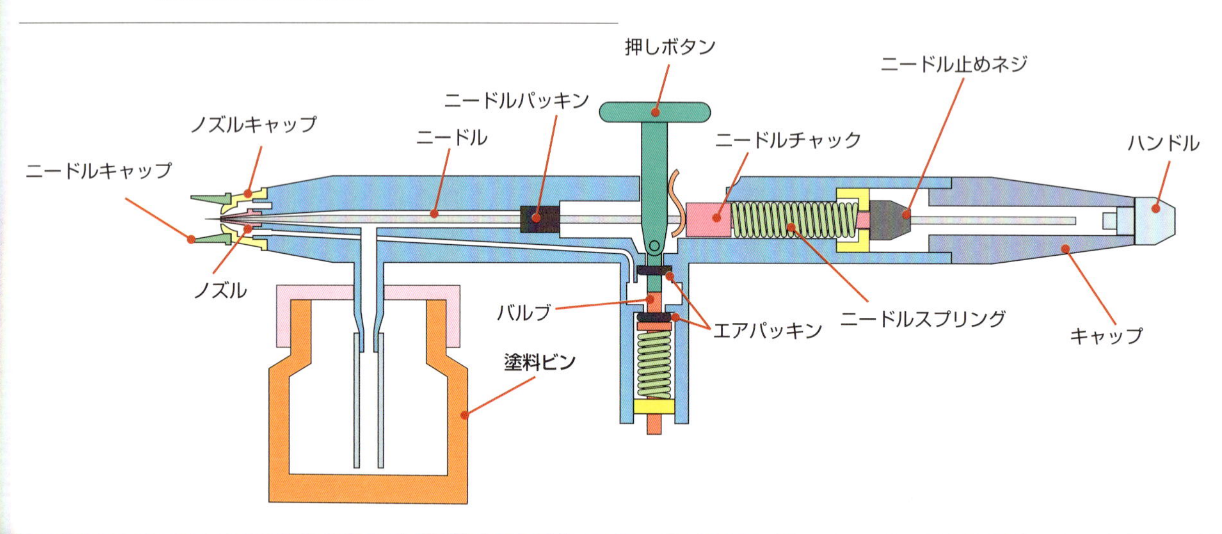

空気の量を一定に保つエアアジャスト

▶一部のハンドピースにはカップの直下にネジ式の調整ツマミがついているものがある。このツマミは「エアアジャスト」と呼ばれ、塗装の際の風量を調節することができる機能。圧力調整ができないコンプレッサーを使用するときや細吹きのときなど、風量を小さくしたい状況で重宝する。

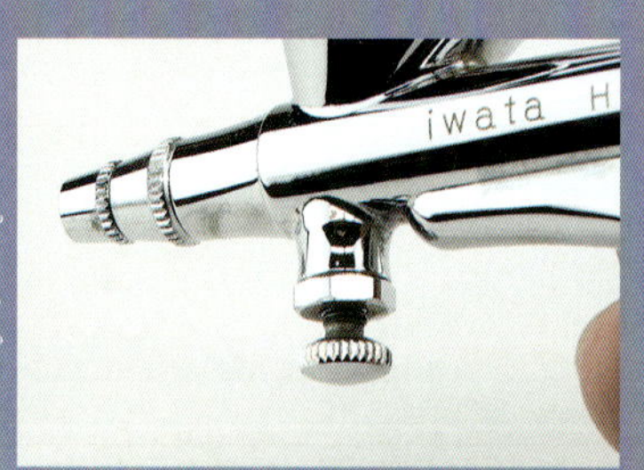

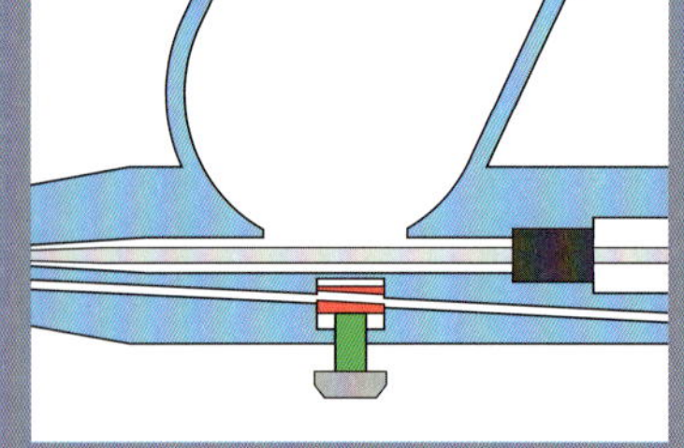

◀エアアジャストの機構としては、ハンドピース内部でエアーの通り道の太さを調整し、風量に制限を設けるというもの。閉めれば風量が減少し、開ければ増量すが、当然コンプレッサーが生み出す風量以上にはならない。圧力調整付きのコンプレッサーと組み合わせれば、かなり繊細に風量の調整を行なうことも可能なのだ。

エアブラシによる塗装の仕組み

◀塗装直前の状態。ノズルの先端部まで塗料が充填されている。だが、ニードルがノズルに押し当てられフタをしている状態なので、ハンドピースを下に向けても塗料が垂れてくることはない。ダブルアクション式の場合、この状態でトリガーを押すことで（引いてはいけない）空気のみが射出される。このことからわかるように、塗料と空気は別の経路でハンドピースの先端まで導かれている。

▶トリガーやボタンを押し下げることによりエアバルブが開いて空気がハンドピース内に流れ込み先端のノズル周りまで導かれノズルキャップ先端の穴から噴出する。ここでトリガーや調整ダイヤルを使ってニードルを後退させるとノズルとニードルの間に隙間ができ、空気流による負圧でノズル先端から塗料が吸い出される。吸い出された塗料は表面張力により瞬時に丸まり霧となる。

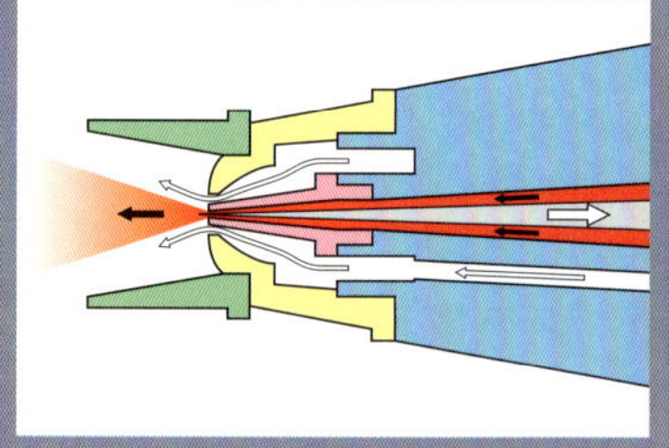

コンプレッサーのタイプ別駆動方法

ハンドピースに圧縮空気の供給を行なうのがコンプレッサーだ。いくつかの駆動方式がそれぞれ特徴も異なる。自分の模型ライフに合ったものを選びたいところ。

ダイアフラム式

●シリンダーの中をダイアフラムと呼ばれるゴム膜をモーターでレシプロ運動させて空気を圧縮する。擦動部が無いため摩擦熱が発生しにくく比較的音が静か。また、注油がいらない、脈動が少なく空気にオイルが混じらないなどの利点があるがあまり高い圧力は作れない。

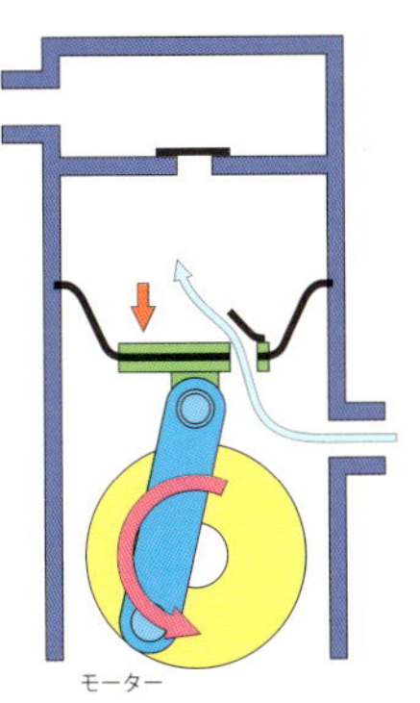

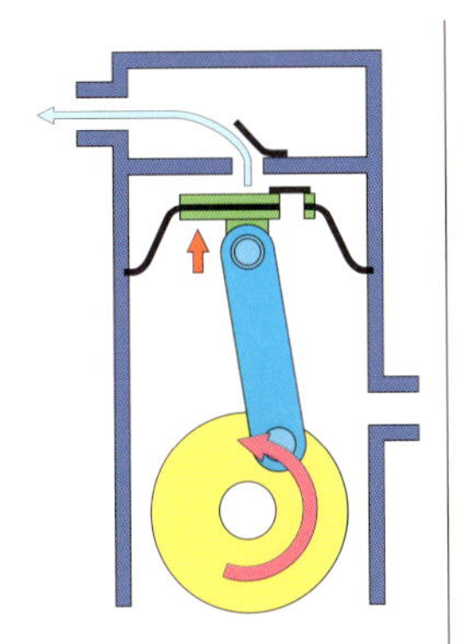

ピストン式

●シリンダー内のピストンをモーターとクランク軸でレシプロ運動させて空気を圧縮する。高い空気圧を生み出せ、構造が単純なのでメンテナンスや修理が容易だが、ピストンとシリンダーの摩擦熱でコンプレッサー自体が熱を持ちやすく定期的な注油が必要で比較的音がうるさい。

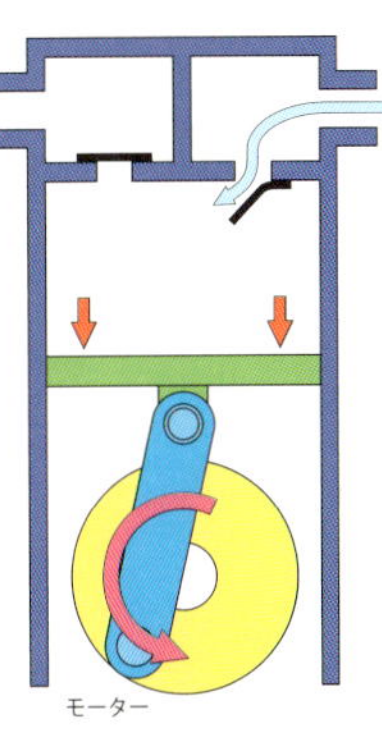

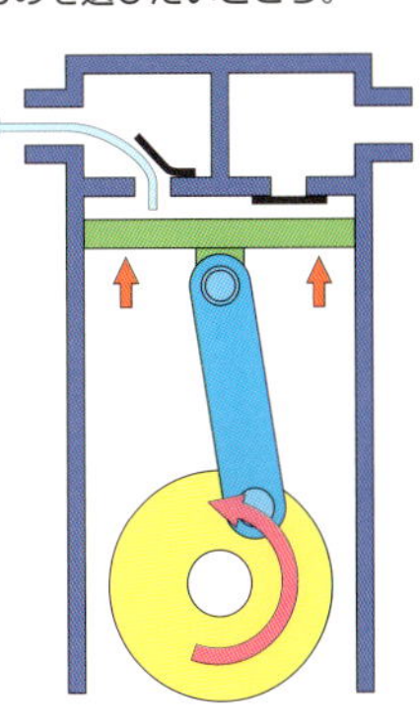

リニア式

●空気の圧縮部の構造はピストン式と変わらないが駆動にモーターの代わりとしてリニアモーターを使っている。可動部分が少ないので音が静かで振動も少ない。また、大幅な小型化軽量化が可能な一方で、高い圧力を生み出すのは苦手。模型用には最適かもしれない。

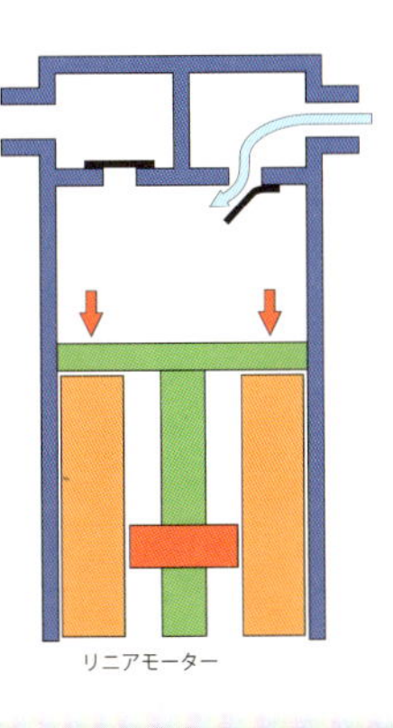

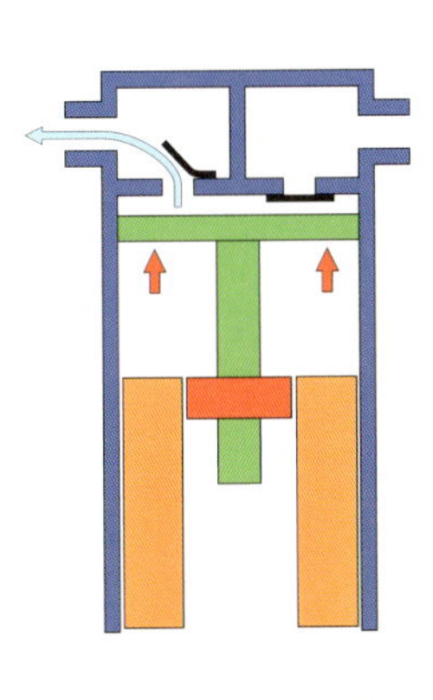

▲IS-925HTはハンドル部がエアタンクとなっており、空気の安定供給が可能で別途エアータンクがなくても脈動が発生しないに嬉しいさまざまな機能を備えている。詳しくはP20にて！

どうして？なんで？動作不良の仕組み

エアブラシの構造と動作方法がわかったところで、次はエアブラシが正常に行なえない場合の要因について解説する。「塗料が出ない！」や「狙ったところに吹けない」など、各トラブルに対しする代表的な要因をピックアップしてみた。大抵の場合はメンテナンス不足や分解洗浄の際の組み立てミスが原因で起きるが、なかには構造上避けられないものも。しかし、そのメカニズムを知ってさえいれば事前に回避できるものも少なくないのだ。

「水が出た！」そんなときは……

そもそもなぜ水が出るのかというのはいくつか説があって、まずコンプレッサーで圧縮され温度が上がった空気がホース内を通る時に結露するという説。空気に圧力をかけると空気中の水蒸気の飽和量が減るので水蒸気でいられなくなった分が水滴となるという説などがあり、どちらにしてもコンプレッサーで空気を圧縮している限り水滴は生じてしまう。対策には水抜きやドレンなども有効だがそれでも水を噴いた場合は一旦ハンドピースをはずし、ホースの口を指でふさいでコンプレッサーを作動、圧が上がった所で指を離して空気流で水滴を吹き飛ばすことを何回か続ける。

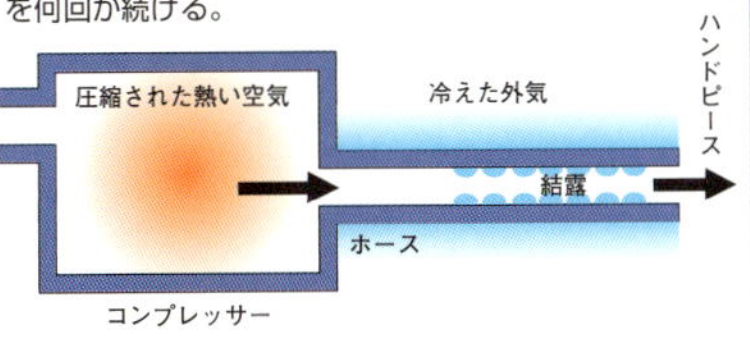

ノズルつまり

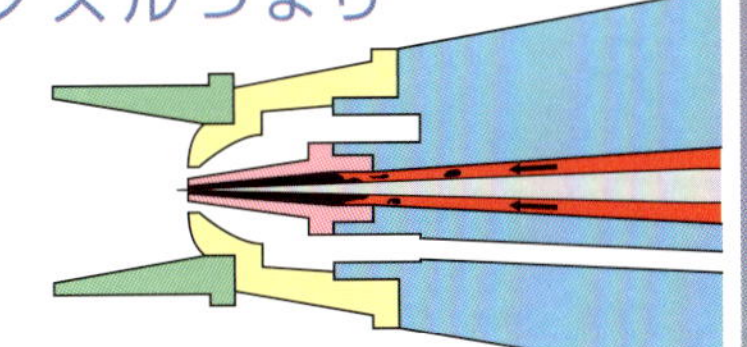

ハンドピースのノズルの開口部は直径コンマ数ミリでさらにニードルが差し込まれるので隙間はもっと狭くなる。長時間使っていればどうしてもここに塗料内のホコリなどがたまり、最悪の場合塗料が出なくなる。そうなる前に定期的にノズルをはずして掃除しよう。

キャップ内塗料付着

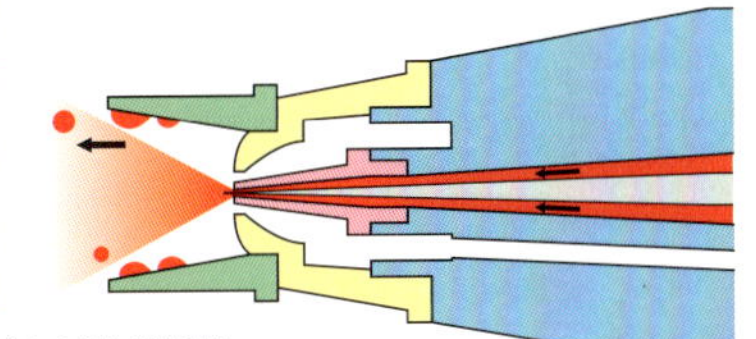

長時間塗料を吹き続けているとどうしてもニードルキャップの内側に塗料が付着する。一旦付くと雪だるま式に増え、良き所ではがれて塗装面に飛び散る場合がある。ノズル内は常にチェックを怠らないようにするしかない。

ニードル曲がり

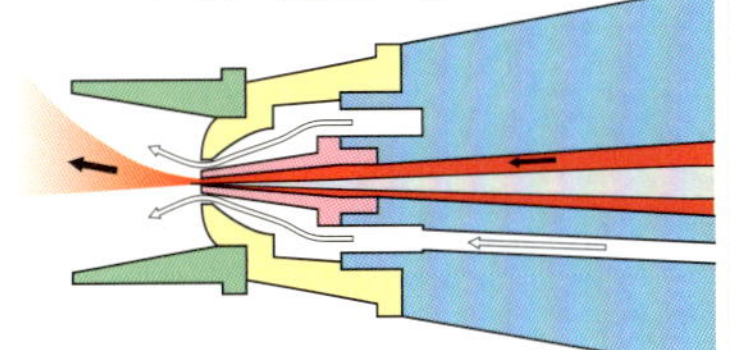

ニードルはノズルと並びハンドピースの構成パーツの中でも飛びぬけて精密に作られている。分解掃除などでニードルを抜き差しする際、わずかでも曲げると塗料が偏って噴出し、あらぬところに吹き付けられる場合がある。分解掃除の際には充分すぎるほど注意したい。

iwata by ANEST IWATA エアーブラシガイド

ここでは多彩なラインナップを誇るアネスト岩田の商品を紹介しつつ、基本的な使い方をおさえてみよう。各モデルそれぞれに特徴があるが、最初にアネスト岩田製品を選ぶ際のガイドにしてほしい。

プロダクトガイド エアーブラシの種類

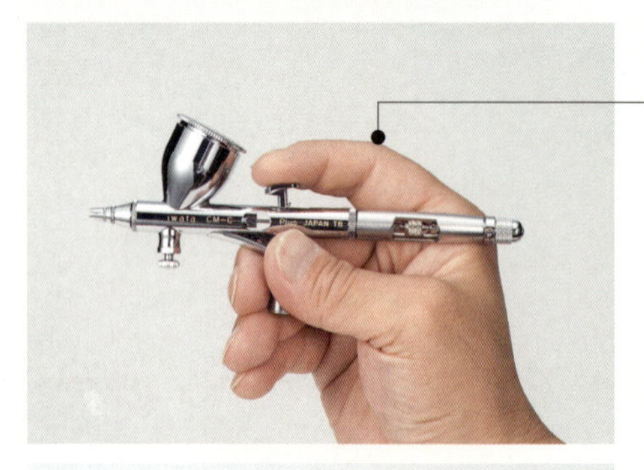

ダブルアクション
(カスタムマイクロン CM-CP2)

多くのモデルが、エアーと塗料量の両方を同時にコントロールすることができるダブルアクションを採用している。エアーブラシで表現できることはすべて可能だ

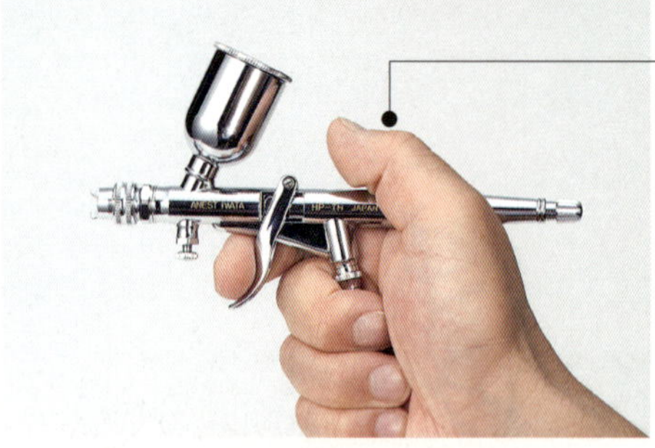

トリガータイプ
(ハイライン HP-TH)

軽く握るとエアーが噴出し、さらに握り込むと塗料が出る二段吹き方式。持ちやすく長時間の作業でもつかれにくい

シングルアクション
(レボリューションシリーズ HP-M2)

シンプルかつ軽量な作りのシングルアクションモデルは、単純な色付けやボディアートでの作業に最適。後部の塗料コントロールツマミで噴出量を調整できる

ガンタイプ
(エクリプスシリーズ HP-G5)

大型のカップを持ち、平吹きが可能なのがガンタイプ。通常は大口径のものが多いが、HP-G3 のように 0.3 ㎜口径と通常のエアーブラシと同じものもある

ノズルの口径選び

エアーブラシの機種選定は基本的に吹き付ける物の大きさ(使用する塗料の量)と作業性で選定するのが良いでしょう

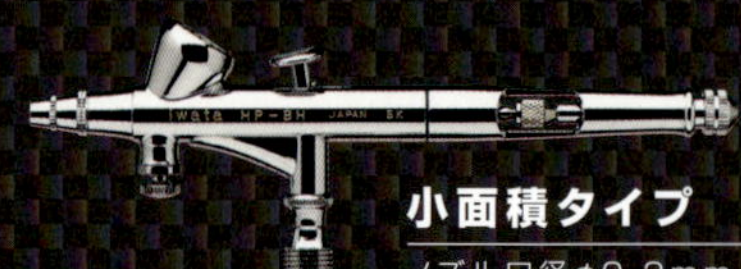

小面積タイプ
ノズル口径φ0.2mm
塗料カップ容量1.5ml

標準タイプよりノズル口径の塗料カップ容量も少なく、極細線や小さなワークの吹き付けにおすすめ

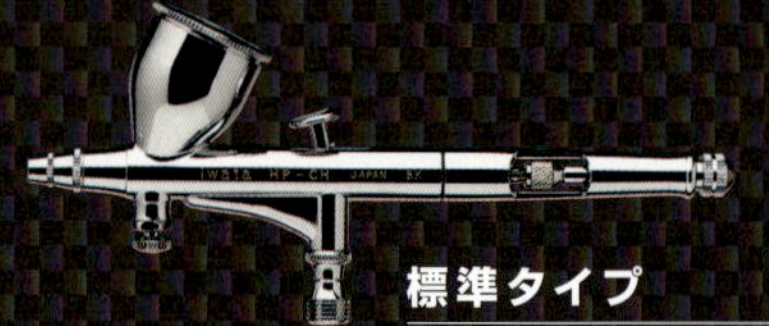

標準タイプ
ノズル口径φ0.3mm
塗料カップ容量7ml

ノズル口径 0.3 ㎜なら細線からグラデーションまでこなせる。はじめて購入するならこのタイプ

広面積タイプ
ノズル口径φ0.5mm
塗料カップ容量28ml

標準タイプよりさらに広い面積を塗装するときに使用。平吹きができるエアーブラシやボトルタイプで色替えが容易なモデルもある

AIRBRUSH

COMPRESSOR

プロダクトガイド　コンプレッサーの選び方

エアーブラシはノズル口径が大きくなるほどエアーの使用量が多くなり、組み合わせによっては圧力不足になりきれいな仕上がりになりません。相性のよいエアーブラシとコンプレッサーを選びましょう

COMPRESSOR × AIRBRUSH			コンプレッサ形式							
			IS-51	IS-800	IS-850	IS-876	IS-925	IS-875HT	IS-925HT	IS-976MB
エアーブラシ	カスタムマイクロン	CM-B2	○	●	●	●	●	●	●	●
		CM-SB2	○	●	●	●	●	●	●	●
		CM-C2	○	●	●	●	●	●	●	●
		CM-CP2	○	●	●	●	●	●	●	●
	ハイライン	HP-AH	○	●	●	●	●	●	●	●
		HP-BH	○	●	●	●	●	●	●	●
		HP-CH	○	●	●	●	●	●	●	●
		HP-TH		○	○	○	●	●	●	●
	ハイパフォーマンスプラス	HP-AP	○	●	●	●	●	●	●	●
		HP-BP	○	●	●	●	●	●	●	●
		HP-SBP	○	●	●	●	●	●	●	●
		HP-CP	○	●	●	●	●	●	●	●
		HP-BC1P	▲	●	●	●	●	●	●	●
	エクリプス	HP-BS		○	○	○	●	●	●	●
		HP-CS		○	○	○	●	●	●	●
		HP-SBS		○	○	○	●	●	●	●
		HP-BCS		○	○	○	●	●	●	●
		HP-G3					●	●	●	○
		HP-G5					○	○	●	○
		HP-G6					○	○	●	○
	レボリューション	HP-AR	○	●	●	●	●	●	●	●
		HP-BR	○	●	●	●	●	●	●	●
		HP-CR	▲	○	○	○	○	●	●	●
		HP-BCR	▲	○	○	○	○	●	●	●
		HP-SAR	▲	○	○	○	○	●	●	●
		HP-TR1	▲	○	○	○	○	●	●	●
		HP-TR2	▲	○	○	○	○	●	●	●
		HP-M1	○	●	●	●	●	●	●	●
		HP-M2	▲	●	●	●	●	●	●	●
	ネオ	HP-CN	○	●	●	●	●	●	●	●
		HP-BCN	○	●	●	●	●	●	●	●

●…最適　○…適する　▲…0.1MPaを保持、通常の吹付けが可能

※ エクリプスシリーズは空気量が多いのでIS-51では圧力が下がってしまいお勧めできません

エアーの調整方法

エアーブラシ塗装で重要になるのがコンプレッサーの供給するエアーの圧力調整。これが適切でないと充分な吹き付け塗装ができません。エアー圧が高いと飛散が多くなり、低すぎると粒子が粗くなります

▲レギュレーターを使ってエア圧を調整する。圧力調整ノブをカチっと音がするまで引き上げ左右に回転させて調整します

▲使用圧力は 0.1 ～ 0.2Mpa に調整するのが目安。まずは高めにエア圧を調整します

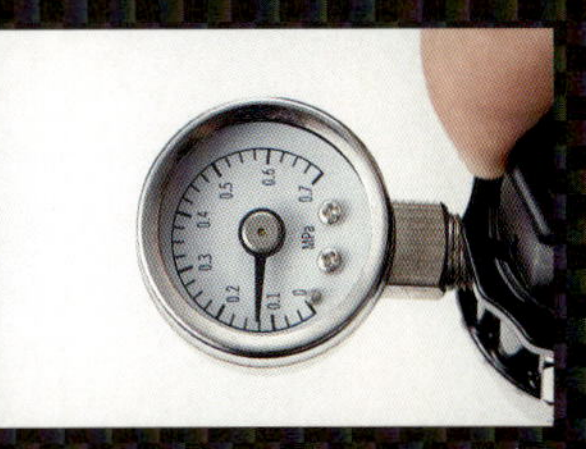

▲次にエアーブラシを吹きエアー圧が下がるのを確認します。このときに 0.1 ～ 0.2Mpa になるように設定します

エアーブラシ塗装の基本とお手入れ

ここからはエアーブラシ塗装に関する基本の訓練を実際にアネスト岩田のインストラクターにレクチャーしていただく。使う塗料の種類に違いはあっても基本塗装の方法やマナーは一緒。まずは基本をマスターしよう

インストラクター / アネスト岩田コーティングソリューションズ株式会社
上尾嘉郁さん
「エアーブラシ担当は入社時にまずこの基本塗装をみっちりと叩き込まれます。」

AIRBRUSH BASIC PAINTINGS & MAINTENANCE

塗料の濃度の調整と試し吹き

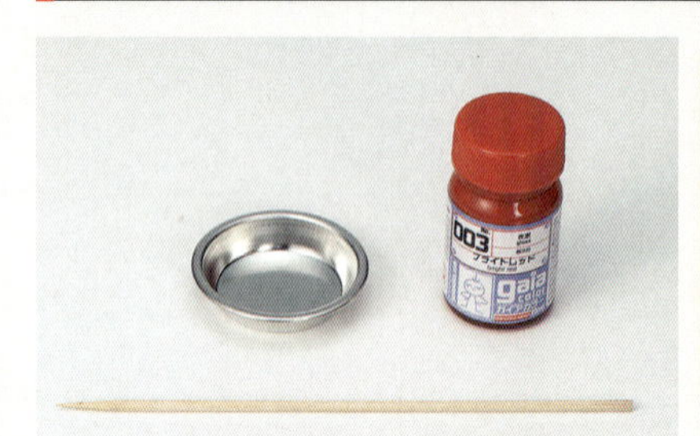

▲準備するのは塗料と希釈するための皿それと撹拌棒。今回は模型で使うことを想定し、ラッカー系塗料のガイアカラーを準備した

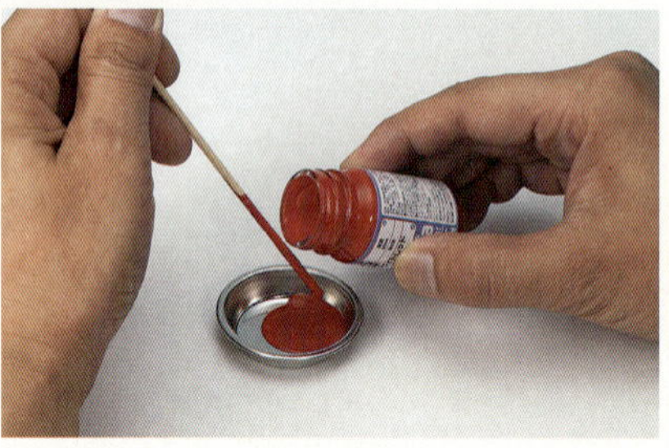

▲まずはエアーブラシ塗装に適切な濃度に塗料を撹拌する。皿に塗料を取り出す前に瓶内で完全に混ざるまで充分撹拌する

▲次に薄め液で塗料を希釈する。ガイアカラーの場合、塗料と薄め液を1：1で混合することを基準としている

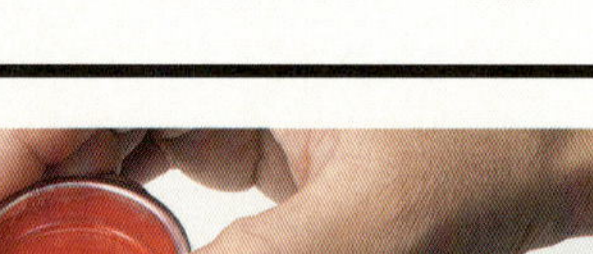

▲希釈の量はその塗料によって異なるが、写真のように、水か牛乳程度の薄め具合が目安。希釈した塗料をエアーブラシのカップに注ぐ

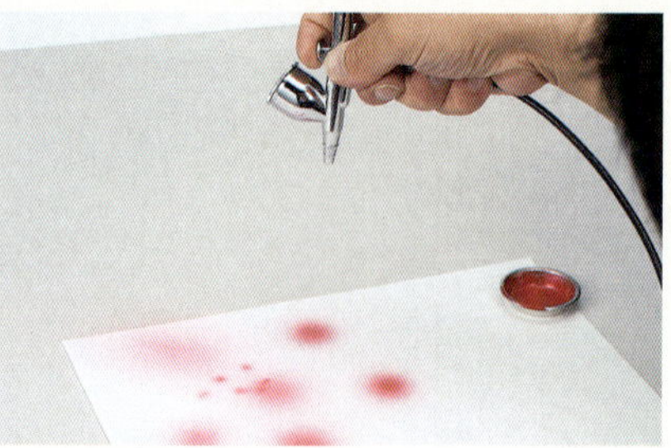

▲エアー圧や吹き出す量を調整したら試し吹きをする。まずは高い位置（対象物から離れて）から吹いて様子をみる

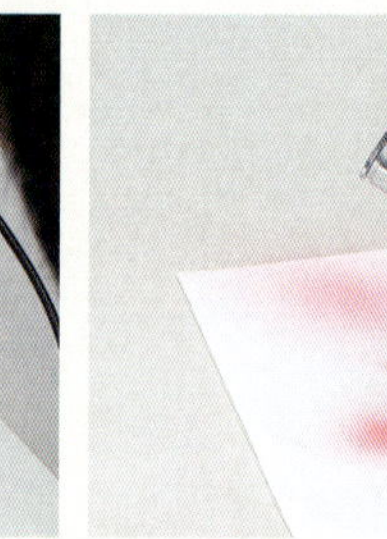

▲次に低い位置（対象物に近づけて）で吹き、塗料の濃度を確認する。塗料の吹き出し量もここで再度調整する

絶対にやってはいけないこと!!

上で見るとおり、エアーブラシは様々な作法のある塗装道具だ。そのなかには絶対にやってはいけない行ないもある。これをやるとエアーブラシの構造上正しく塗装できなかったり、場合によっては故障するので注意しよう。まずついやりがちな左記の行為はNGだと覚えよう

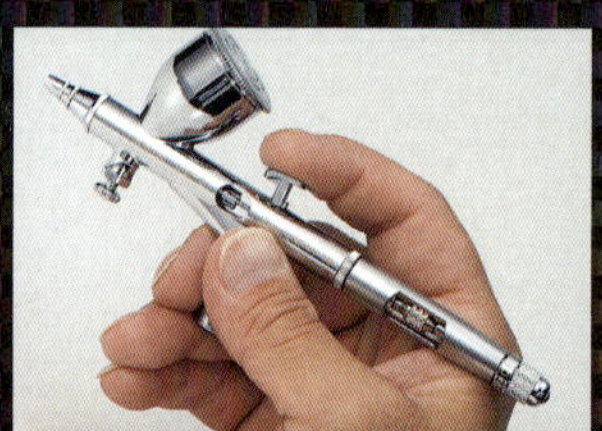

●塗料をいれたまま先端を上に向ける。
エアーブラシは水平から下に向かって吹き付ける道具。上に向けると塗料が押しボタン部などに流れ出る恐れがある

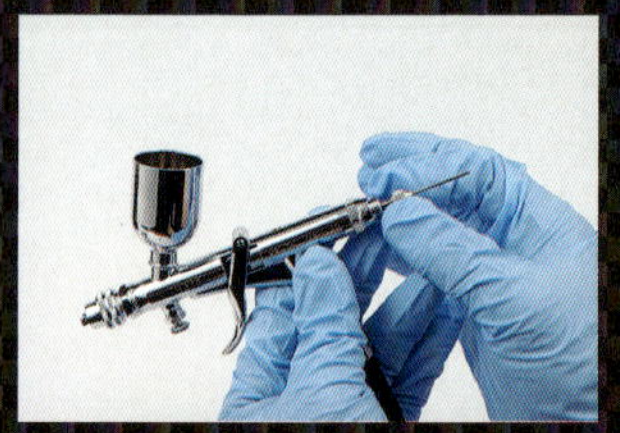

●塗料をいれたままニードルを抜く
ニードルは塗料とエアー部を仕切るニードルパッキンを通っており、抜くとニードルパッキンの樹脂が塗料に侵され壊れてしまう

基本的な塗装方法の練習

点を描く

エアーブラシの噴霧方式は丸吹きで薄く重ね塗りするのが基本。エアーブラシを塗装面に近づけたり離したりすることで吹き付けパターンを変えます

▲まずは対象物からエアーブラシを離した状態で一定の大きさで平行に吹いていけるか練習します

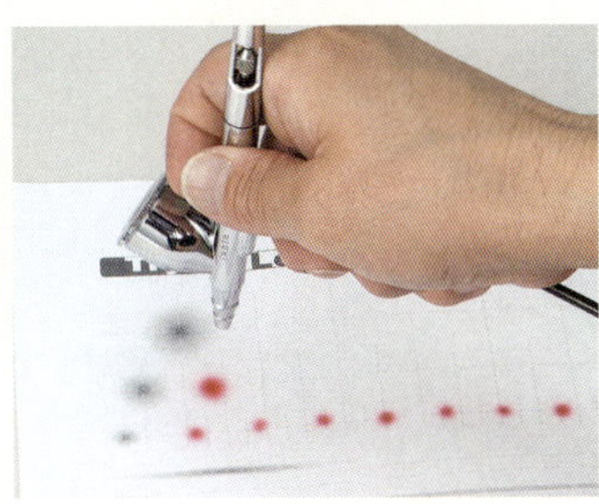

▲次に距離を離して大きな円を描いてみます。吹き出す量を意識しつつ大きな円を一定の大きさで吹く練習をします

▲方眼紙などのマス目の狙ったポイントに対して狙った大きさの点をいくつも同様に描けるように訓練します

線を描く

点を描いた要領で線が吹けます。対象物に近づけば細い線が、離れれば太い線をふくことが可能です。また綺麗に直線を描くには描き始めのエアー／塗料の出し方にコツがあります

▲細い線を吹くには対象物に近づいて吹く。太い線の場合は対象物から離れて吹く。この加減で線の太さを調整できる

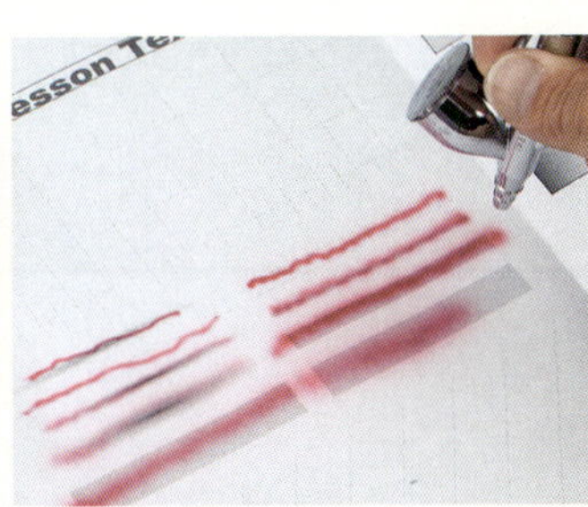

▲吹き出し始めてから移動し、止まってから吹き付けをやめると、両端が大きい点になってしまう

▲エアーを常に出しっぱなしにして、押しボタンを前後させ塗料の噴出をコントロールするイメージ

面を描く

線が描くことができれば、面が描けます。対象物から離れて太い線を吹けば面が塗装できます。正確なトリミングが必要であれば、マスキングテープなどを使ってマスキングします

▲対象物に近づいて細い線で塗りつぶそうとすると、ムラが生じていつまでも均一な塗面が作れない

▲対象物から離れて太く薄い線を描くように吹くとムラが生じない。濃く塗りたい場合は同じように何度も色を重ねる

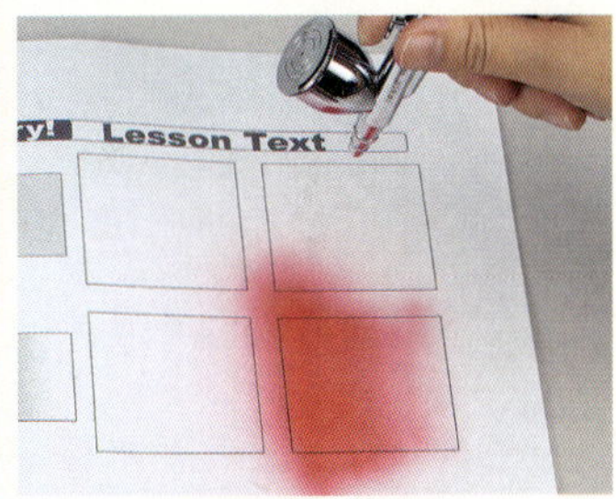

▲片方にだけ多く色をかさねてやれば、グラデーション塗装も可能になる。距離と塗料の量を一定に保つこと

球を描く

さらに応用として円や球を描くこともできます。少量の塗料で薄く吹き付け、徐々に形を整えていく方法をとります

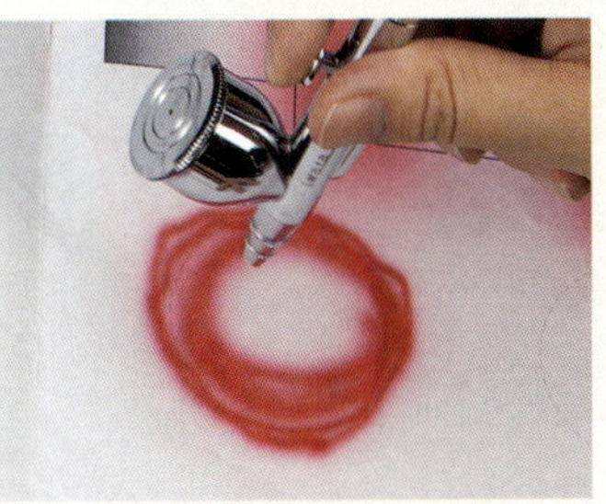

▲円の場合も対象物に近すぎてはムラになるだけで、均一に塗装することはできない。修正も難しくなる

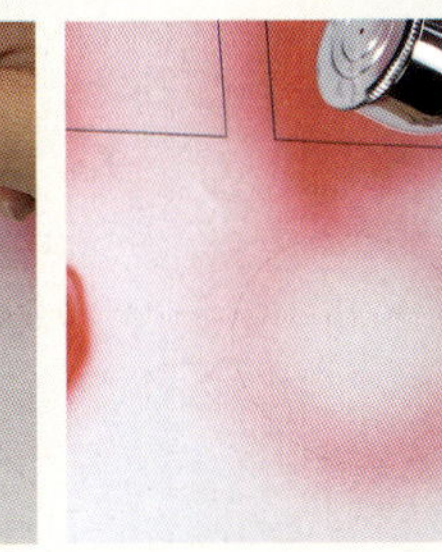

▲ある程度距離をとって、薄く少量の塗料であたりをつけて、徐々に吹くようにする

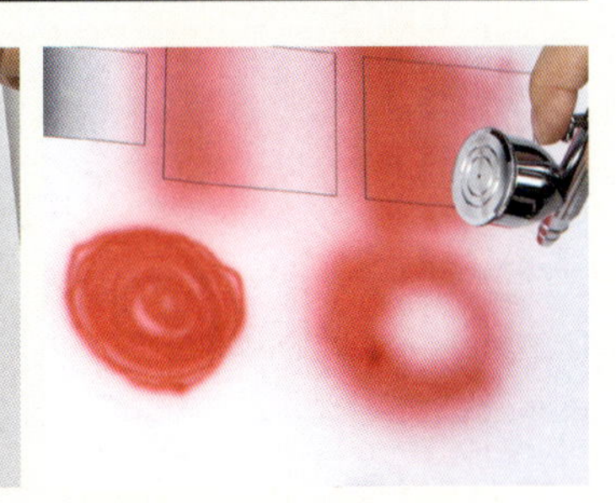

▲グラデーションをかけながら一方に濃い色を置くことで立体的な塗装が可能になります

AIRBRUSH BASIC PAINTINGS & MAINTENANCE

正しい塗装サンプル

基本的にここでのトレーニングはエアーブラシ全般を使った塗装方法の基礎。模型の塗装でエアーブラシを導入する場合、まずは「均一に塗りつぶす」という目的でばかり使用されがちだが、まずはエアーブラシの基本塗装方法をマスターしよう

上尾さんのペイントした塗装サンプル

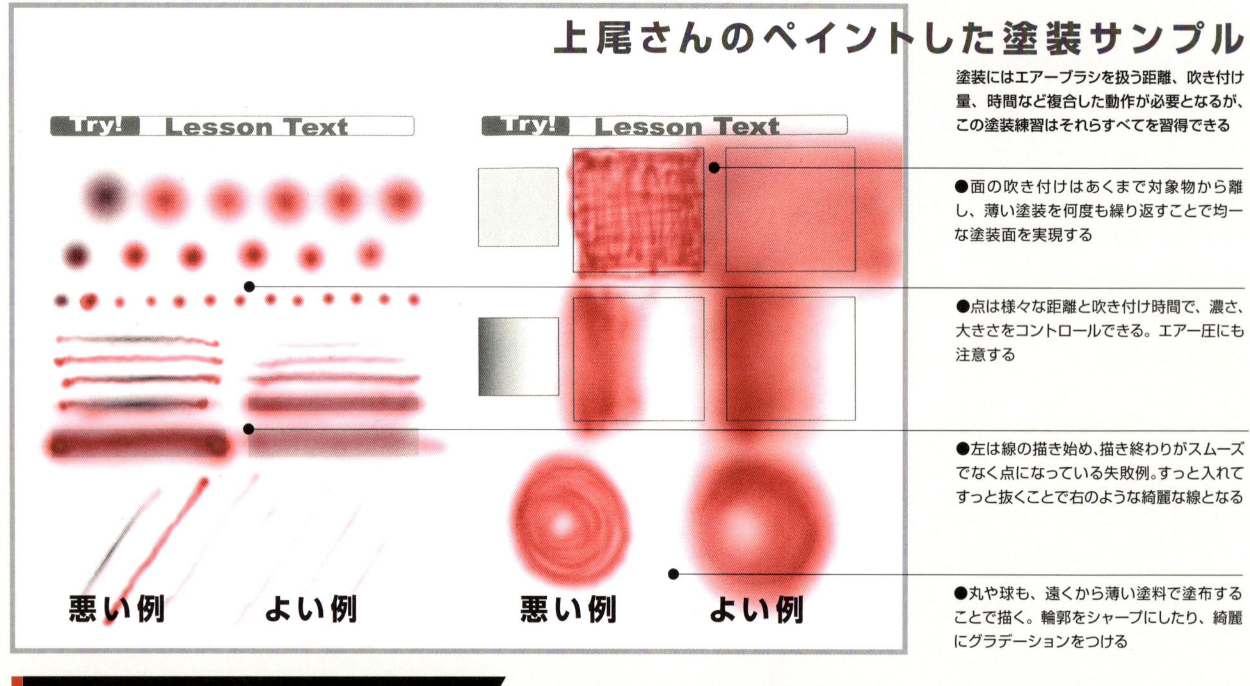

塗装にはエアーブラシを扱う距離、吹き付け量、時間など複合した動作が必要となるが、この塗装練習はそれらすべてを習得できる

●面の吹き付けはあくまで対象物から離し、薄い塗装を何度も繰り返すことで均一な塗装面を実現する

●点は様々な距離と吹き付け時間で、濃さ、大きさをコントロールできる。エアー圧にも注意する

●左は線の描き始め、描き終わりがスムーズでなく点になっている失敗例。すっと入れてすっと抜くことで右のような綺麗な線となる

●丸や球も、遠くから薄い塗料で塗布することで描く。輪郭をシャープにしたり、綺麗にグラデーションをつける

日常のお手入れ方法

塗装後は、コンディションを維持するためにはエアーブラシの手入れが重要となる。ここでは日常的な使用後の基本的な手入れについてみてみよう

道具リスト

❶塗装用ポット
エアーブラシの不要な塗料や洗浄済みの溶剤を捨て吹きするのに使用する

❷ツールウォッシャー
ガイアカラーツールウォッシュを使用。専用のノズルを使うと四散が少ない

❸綿棒
細部の洗浄に使用する。市販の綿棒でOKだがしっかりと毛が巻かれたものを選ぼう

❹洗浄用ブラシ
コシのあるナイロン製の洗浄用ブラシが一本あると非常に便利

❺キッチンペーパー&
❻ペーパーウエス
埃やゴミが出ない、専用の拭き取り紙を用意しておく。ティッシュペーパーは使用不可

拭き洗い

エアーブラシ塗装の基本は拭き洗い。まずは専用溶剤を使ってエアーブラシ内の塗料を洗い落とす

▲まずは不要な塗料を塗料瓶にもどすか、塗装ポットに捨てよう。ラッカー系塗料の場合、揮発する臭気にも注意

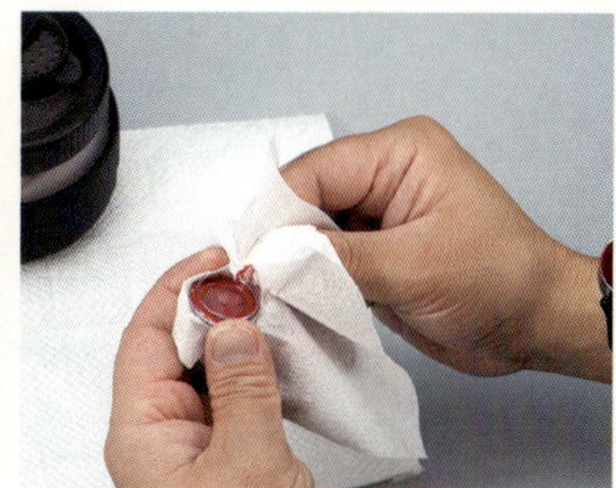

▲ペーパーウェスでカップの蓋をある程度拭き取る

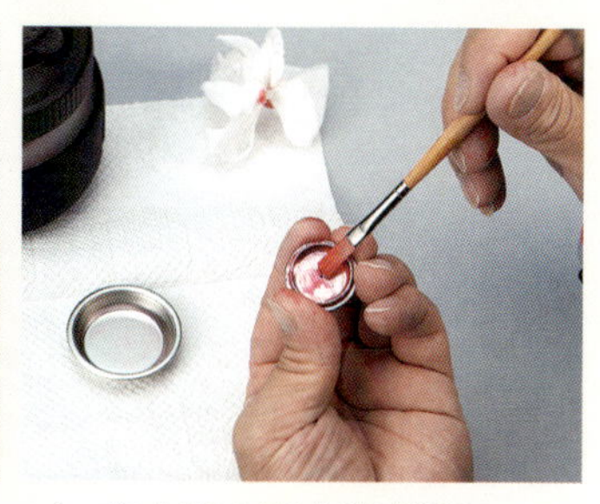

▲カップの内側に入り込んだ塗料は溶剤を含ませたナイロン筆を使ってこすり落とす

▲カップの内容物をペーパーウェスで拭き取る。通常のティッシュでは埃が溶け残る場合があるので注意

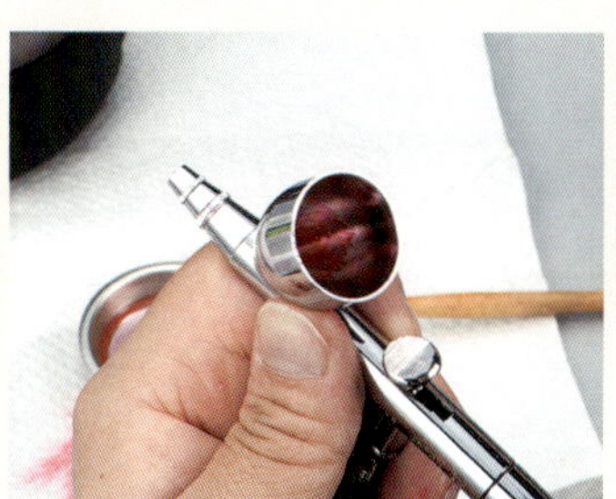

▲ある程度ペーパーウェスで取り除いた状態。カップ内に残った量が多ければポットに吹いても良い

▲溶剤に浸したナイロン筆を使ってカップ内の隅を洗浄する。ラッカー系溶剤は比較的汚れがのこりやすい

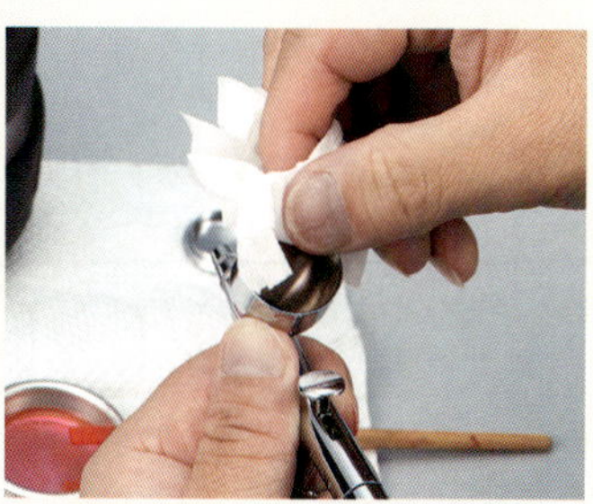

▲ある程度ナイロン筆でこすり洗いをしたら、ペーパーウェスで溶剤と汚れを拭き取る

▲再度溶剤を浸したナイロン筆で奥、とくにニードルが上から見える場合、その部位を丹念にこすり洗う

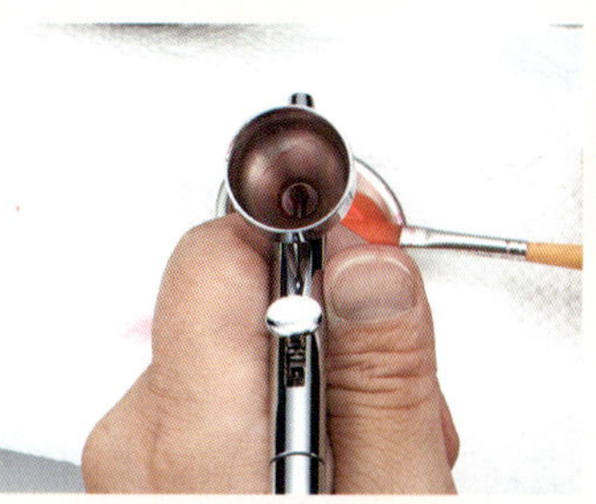

▲ふたたびペーパーウェスでカップ内を拭き取った状態。まだ赤い塗料がうっすらと見える

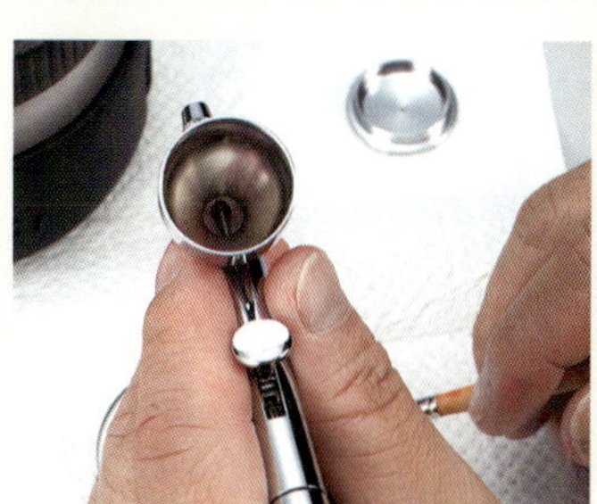

▲三たびナイロン筆で溶剤を付けこすり洗いをし、ペーパーウェスで拭き取った状態。ここまで汚れを落としたい

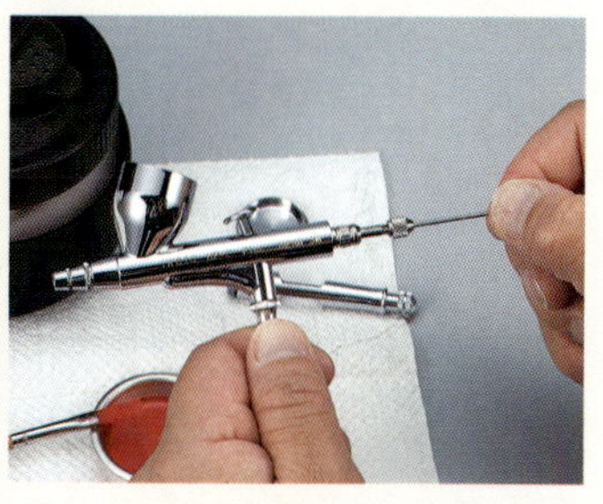

▲エアーブラシの先端も塗料で汚れるポイント。ここを清掃するには、後部のニードルカバーを外し、ニードルを少々引く

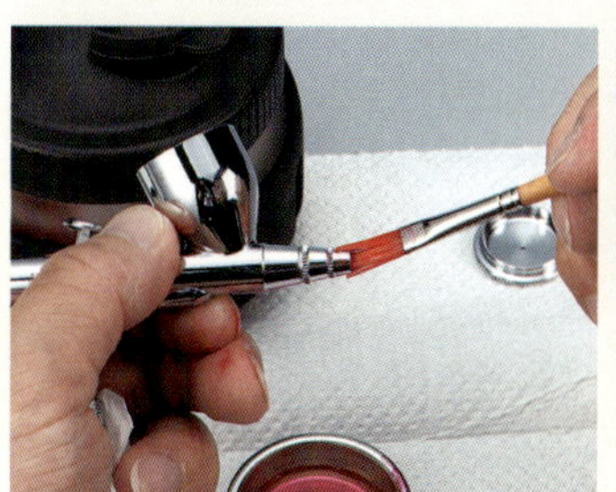

▲溶剤を含ませたナイロン筆で先端を洗浄する。ニードルの先端が飛び出たままでは絶対に行なってはならない

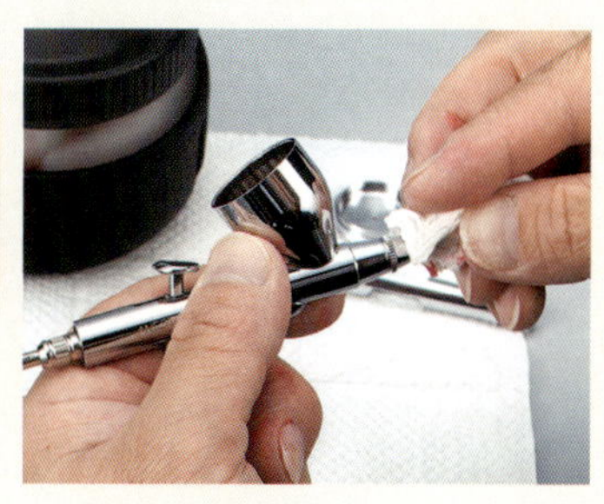

▲ひとしきり洗浄がすんだら、ここでもペーパーウェスで汚れを拭き取る。ニードル先は引っ込めたままだ

そのまま綿棒はNG!!

柔らかいからといって、エアーブラシ先端を綿棒で擦るのはNG。一番繊細なニードルの先端をひっかけて曲げてしまう恐れがあるのだ。必ず一度ニードルを引いてから清掃作業しよう

カップ内のうがい洗浄

エアーブラシの「うがい」洗浄とは噴出口を塞いだまま空気を噴出させると、空気がカップ側へ逆流し、結果内部の洗浄になるという方法だ

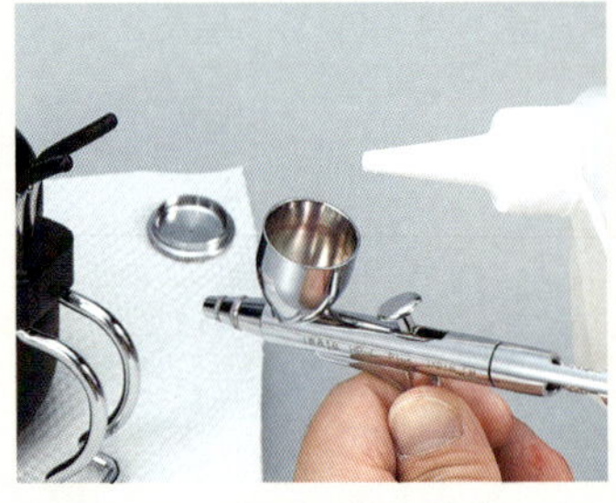

▲まずはエアーブラシに溶剤を適量注ぎ入れる

▲一度めはうがいをせず、そのまま溶剤を塗装ポットに吹いて捨てる。汚れがひどい場合数回繰り返す

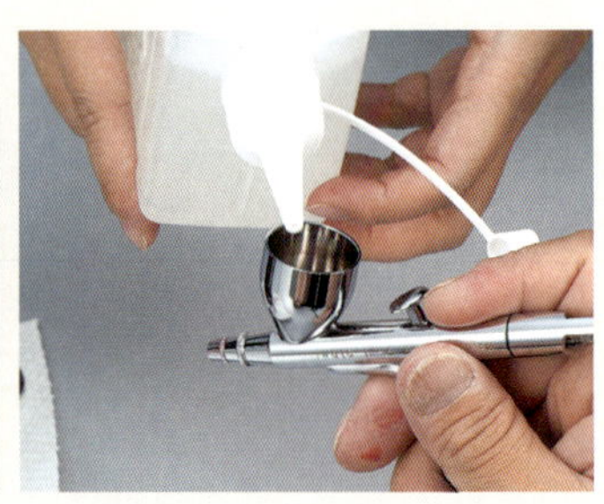

▲次に再度きれいな溶剤をエアーブラシに注ぎ入れる。カップの容量の1／3程度の量で OK

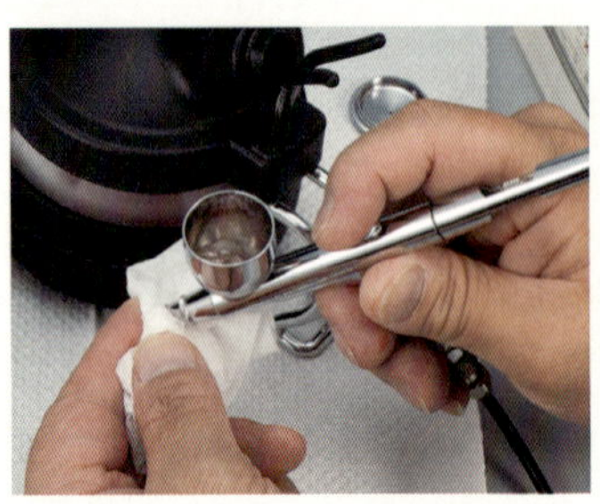

▲エアーブラシの先端をペーパーウェスごしに塞いでトリガーを引くと、溶剤は吹き出さずにカップのなかが泡立つ

▲汚れが浮き上がっているようだったら、うがいをやめ、塗装ポットに汚れた溶剤を吹いて捨てる

▲うがいを繰り返す。先端がクラウン状で塞げない場合はノズルキャップを少し緩めると空気が逆流してうがいができる

▲カップを覗いて溶剤が汚れているようだったら塗装ポットに溶剤を吹いて捨てる

ニードルを拭き取る

エアーブラシ本体がきれいになったら、最後にニードルを洗浄する。ニードルは直接塗料と接するパーツながら繊細なつくりなので作業には注意を要する

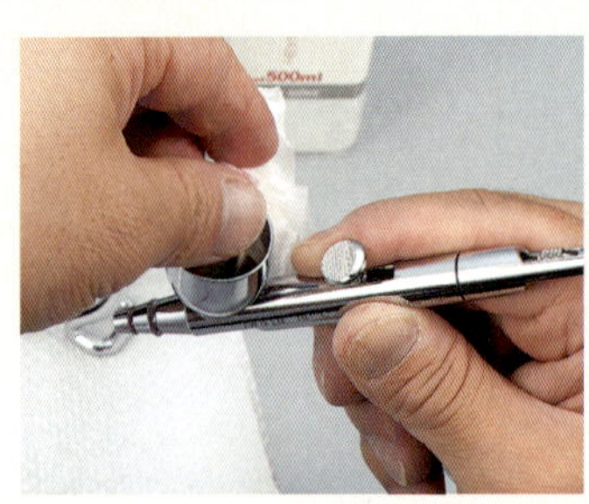

▲うがい洗浄が完了したら、カップの中身をペーパーウェスですべて拭き取る

▲本体内に残った溶剤を塗料ポットに吹き捨てる

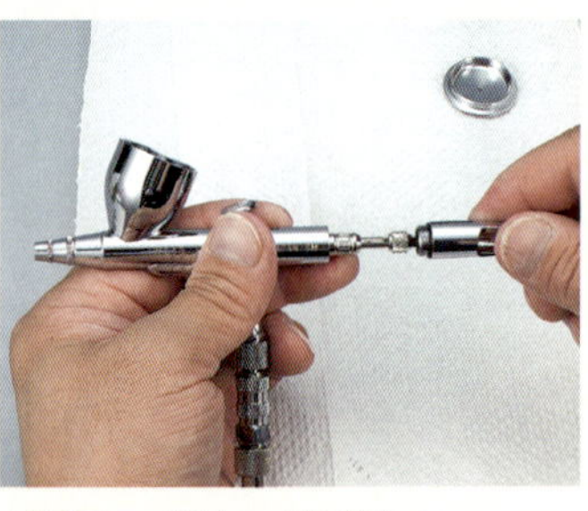

▲後部のニードルキャップを外す。ニードルにぶつけないように注意する

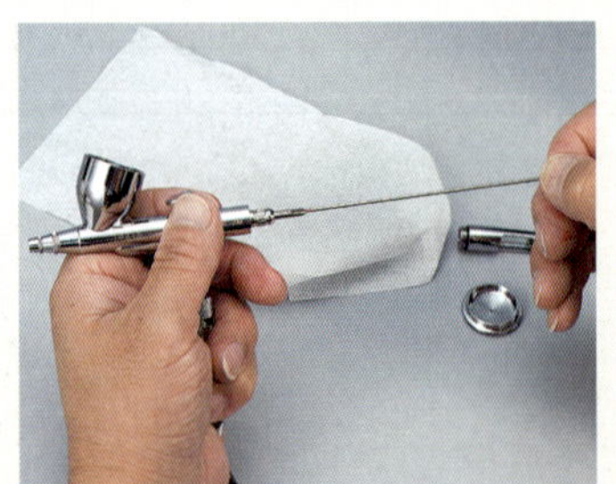

▲ニードル止ネジをゆるめ、ニードルをゆっくり引き抜く。こじったりしてニードルを傷つけないように注意

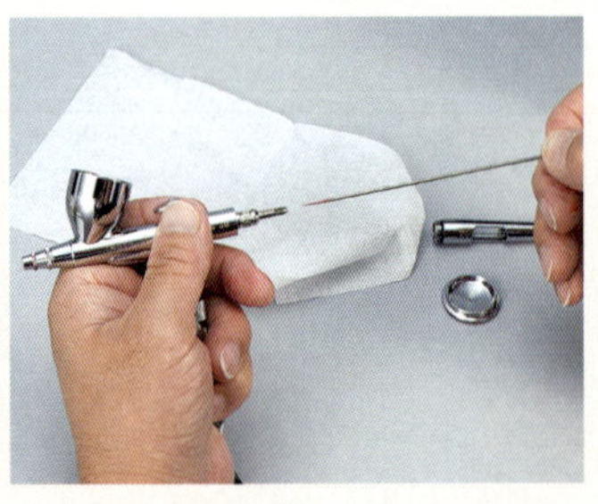

▲ニードル中頃まで塗料が付着していたらエアーブラシを上向きにしたか、ニードルパッキンの不具合の疑いがある

▲まずはペーパーウェスで拭き取る。力をいれて曲げないように注意する

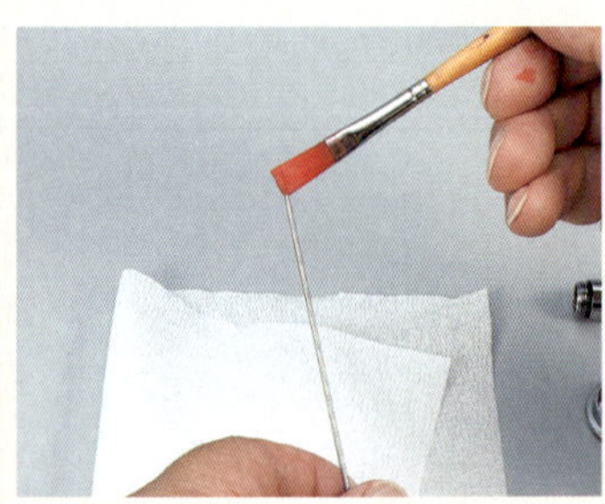

▲次に溶剤を含ませたナイロン筆でニードルを撫で洗う

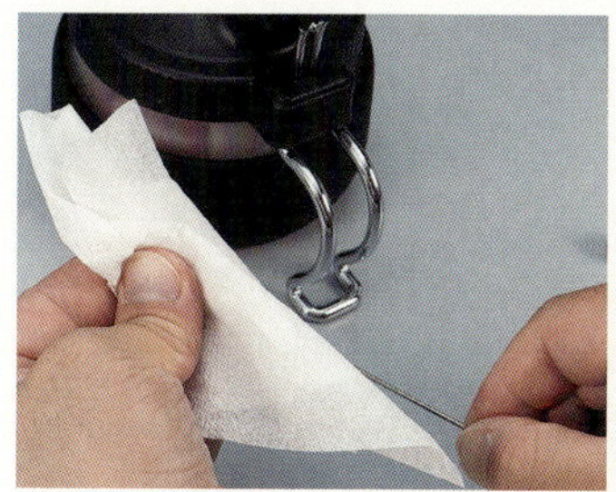
▲ある程度拭き取ったらペーパーウェスで軽く挟んで拭き取る

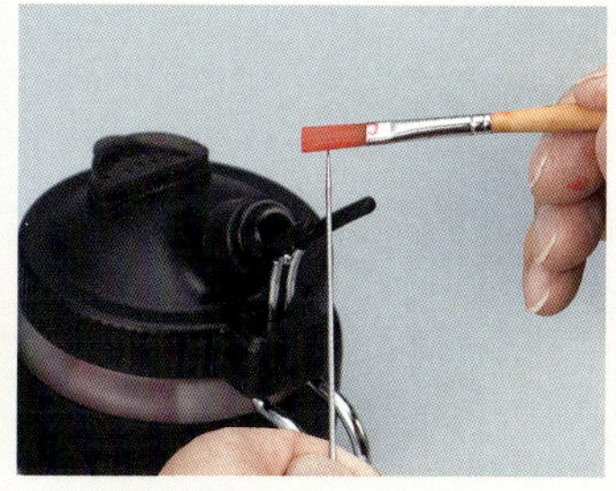
▲ニードルの先端はエアーブラシで綺麗な霧を作るのにもっとも重要なパーツ。できるだけ力をいれないで洗浄する

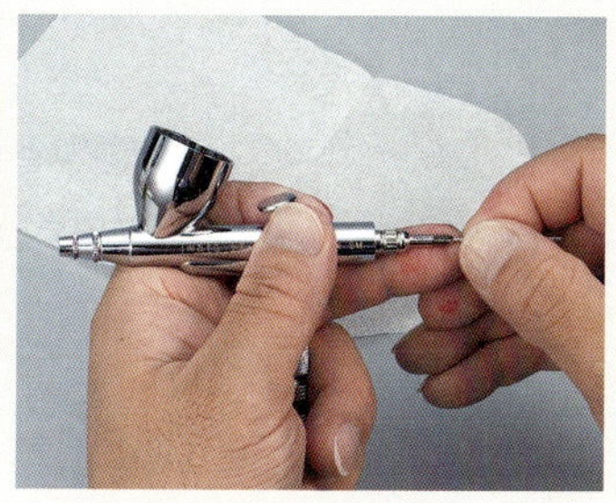
▲洗浄が終わったニードルをエアーブラシ本体にセットする。先端をぶつけないように慎重に作業する

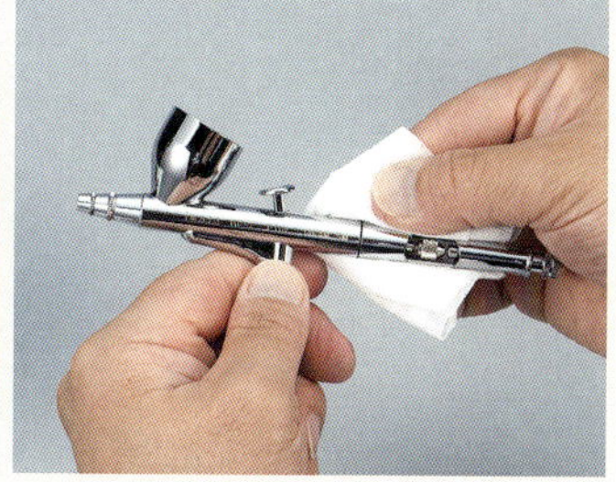
▲ニードルキャップをかぶせたら本体を拭き掃除する

▲キャップ周りにも塗料が付着している場合は溶剤を含ませたペーパーウェスで拭き掃除する

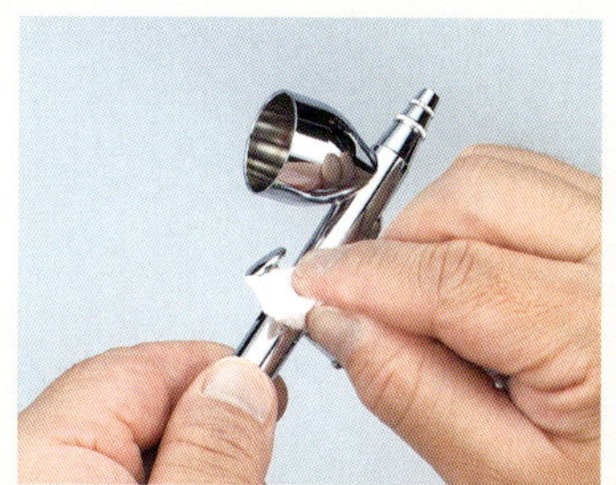
▲万が一押しボタン周辺に塗料が漏れている場合はトラブルのケースもあるので使用する前にいちど確認する

お手入れ完了!!

基本的なメンテナンス終了です。作業が終わったら、ここまで手入れしてから収納します

通常作業していて、使用する塗料を変える場合、この程度のお手入れをしてから次の色をあつかってもらうと、混色の心配がありません（上尾）

アネスト岩田なら揃います

ここまでメンテナンスをするのにエアーブラシ以外にも必要なツールがありました。ペーパーウェスやツールウォッシュ溶剤などの消耗材のほかに末長く使える道具もアネスト岩田では製品にラインナップしている。とくにクリーニングポットは使いやすくおすすめの逸品だ

▲ウォッシングブラシ（丸筆）
HPA-WB1

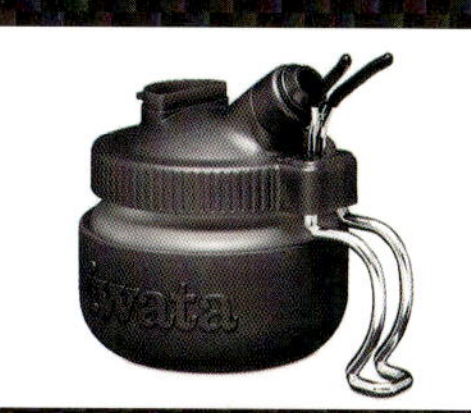

▲クリーニングポット
HPA-ACP2

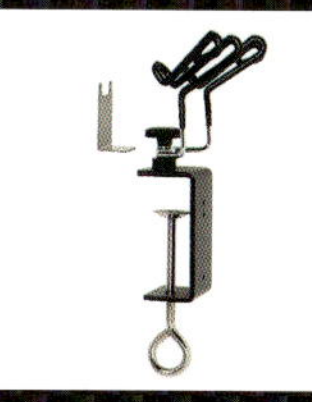
▲エアーブラシハンガー
HPA-H2B

アネスト岩田　エアーブラシ

メンテナンス指南!!

エアーブラシは便利な塗装ツールだが、繊細な道具でもある。これまで紹介した通常のメンテナンスは普段模型を塗装している場合には必ず必要な作業だが、やはりそれだけでは心もとない。ここでは数あるアネスト岩田のエアーブラシのなかからタイプ別に7タイプのエアーブラシをえらび、それぞれに完全分解と組み立てを見ていただく

●基本的にエアーブラシは道具ですので正しく使えば正しく動きますし、手入れをしてあげれば滅多に壊れるものではありません。しかしながら、この正しい用法というのがくせ者で、簡単に扱える道具だけに千差万別、使う人それぞれに正しい用法（と思っている）があります。たとえば、エアーブラシは下に向かって吹き付ける道具ですが、みなさんもしかしたら上向きに吹いたりしていませんか?　正しくは水平から下に向けて使うもので、対象物を下にもってくるのが基本です。こうしたことが守られていないと、まめに手入れをしていてもある日各部が劣化して、吹けなくなってしまう、なんてことが起きてしまいます。まずは正しい使い方と正しいメンテナンスが大事です。それだけでじつは完全メンテナンスがそうそう必要になることはありません（金子）

金子佳広さん　アネスト岩田　コーティングソリューションズ株式会社

サービスの一環として手がけてきたメンテナンスは非常に繊細で、その卓越した技術から「金子メンテナンス品は新品よりも使用感がいい」と噂されるほど。本書ではそのスキルを惜しげもなく披露してくれている。

こんな道具を使ってメンテナンスします

それぞれの道具を見てみよう

ご覧のとおり、金子さんがメンテナンスの際に使う道具は
どれも普通のホームセンターなどで手にはいるものばかり。
ここではそれぞれの道具の選び方を見てみよう

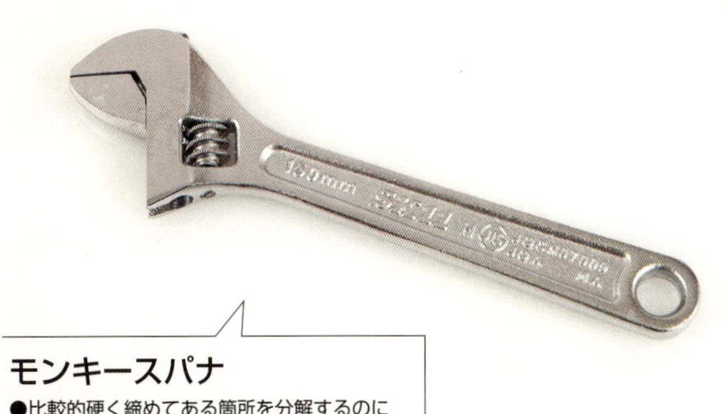

モンキースパナ

●比較的硬く締めてある箇所を分解するのに使用する。小型のものでOK

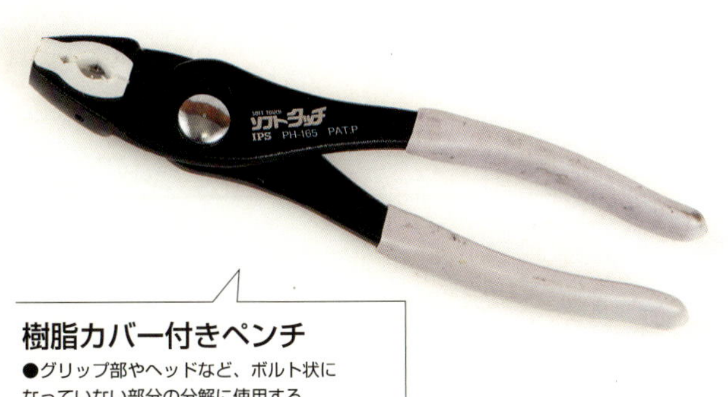

樹脂カバー付きペンチ

●グリップ部やヘッドなど、ボルト状になっていない部分の分解に使用する

小型ブラシ

●内部の清掃をするのに使用する
歯間ブラシで代用可能

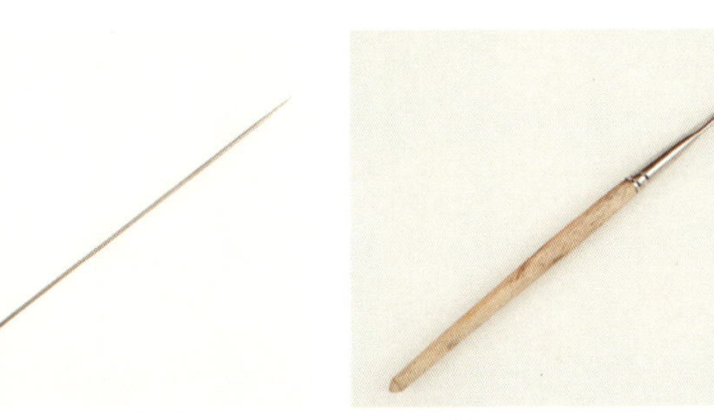

使用済みニードル

●Oリングを引き出すのに使用。針状のものなら何でもよい。先端を少し曲げておく

洗浄用筆

●各部の洗浄に使用する。アネスト岩田製ウォッシングブラシ（丸筆）

ピンセット

●各パーツを取り扱ったり、
ネジ蓋を開けたりするのに使用するs

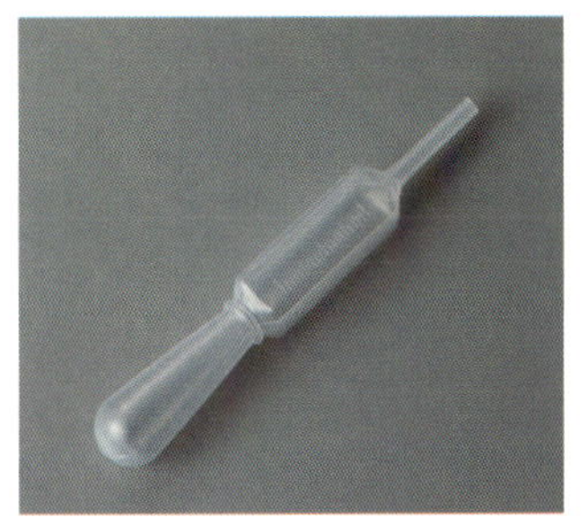

スポイト

●溶剤を適量とりだすのに使用する

ドライバー

●ニードルパッキンの取り外しに使う。
細長いマイナスドライバーを使用する

グリス

●各部をグリスアップして
組み立てるのに使用する機械油

小皿

●小パーツを洗浄するのに使う。
溶剤で解けない素材ならなんでもよい

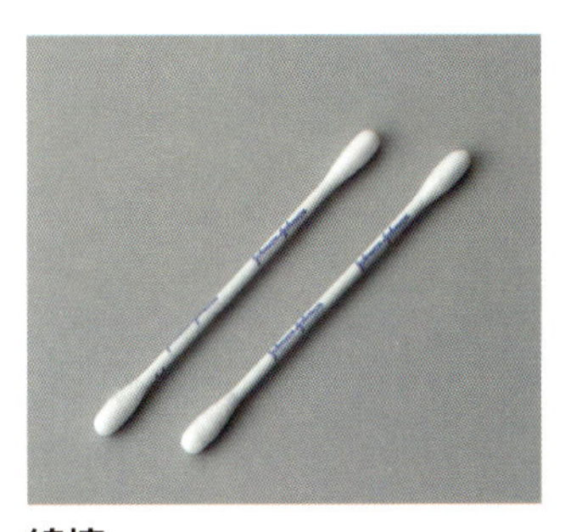

綿棒

●各部の洗浄に使用する。
解けづらいものをえらぶとよい

iwata by ANEST IWATA CASE 001 / HI-Line シリーズ

HP-THのメンテナンス方法

▲先端のキャップを付け替えることで、丸吹き／平吹きの変更が可能。平吹きで塗装すれば、大きめのパーツの塗装や背景画などの彩色も楽々きれいにカバーできる

高級シリーズのトリガータイプモデル

先端に空気調節ツマミが装備されたトリガータイプ。トリガーの引き量によって、最初に決定した風量は変わらない。そのため吹き付け中に風量の変化をともなわない模型の塗装作業などに適している。長時間使用しても疲れづらいのもトリガータイプの特徴。専用のオプションとして大容量のボトルカップ、グリップなどが用意されており、自分好みにカスタムできるのも、この製品の大きな魅力だ

本体の基本的な分解

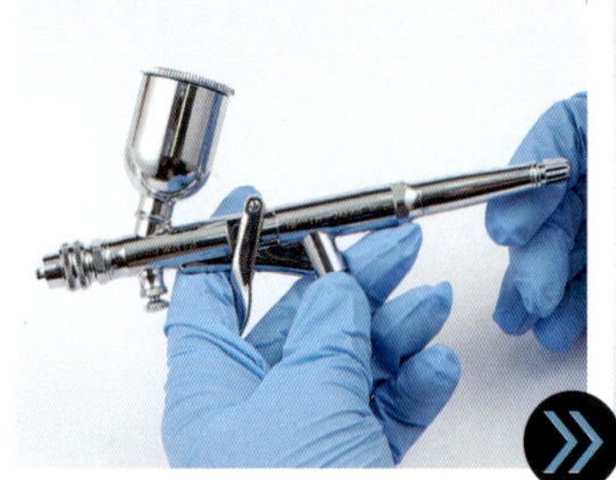

▲まずは本体後部から分解する。一番繊細なニードルを保護する目的もある

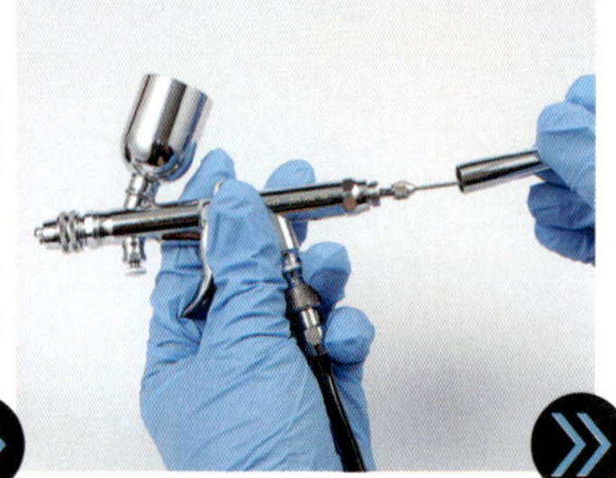

▲ニードルをカバーする後部のキャップを、指で回して外す

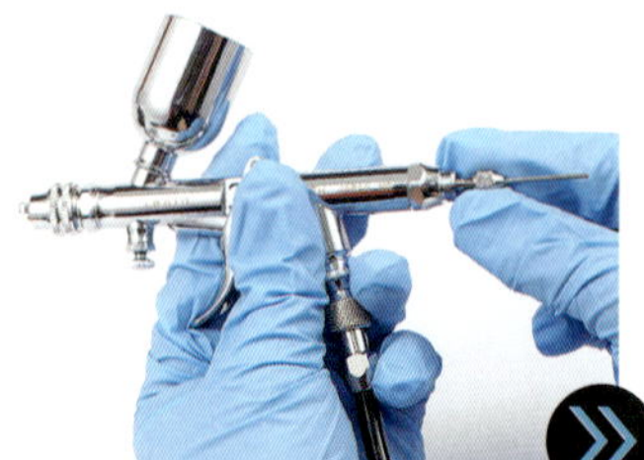

▲ニードル止ネジを緩める

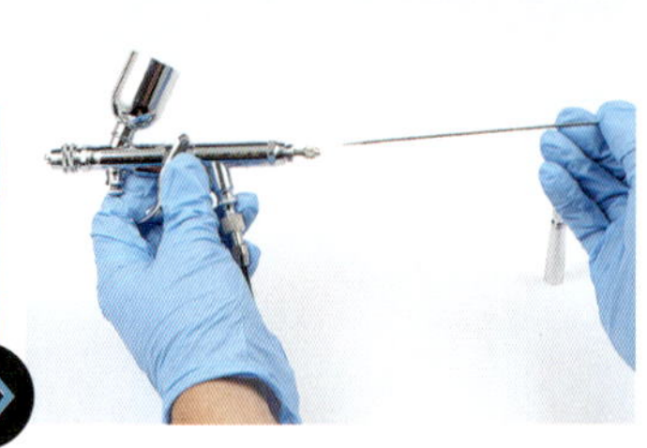

▲慎重にニードルを引き抜く。こじったりひっかけたりしないように注意する

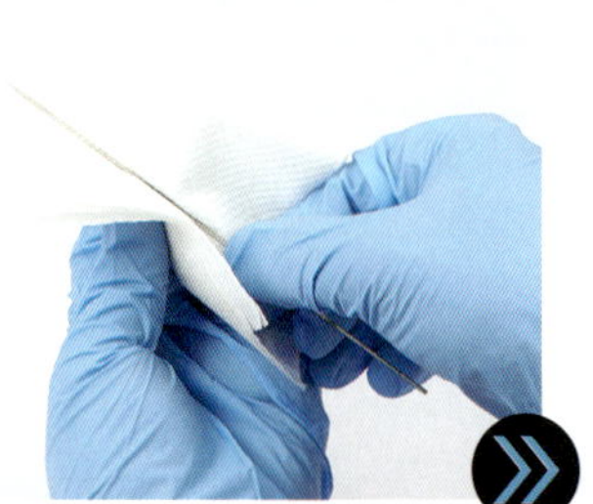

▲抜いたニードルは先に溶剤を含ませたキッチンペーパーで汚れを拭き取る。力を入れすぎて曲げないように注意する

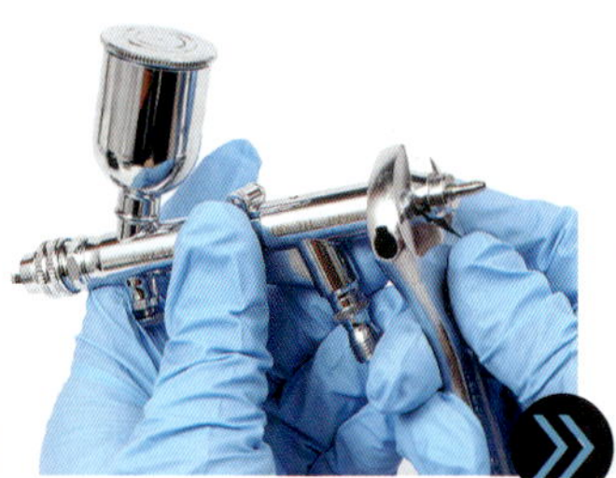

▲モンキーレンチを使って、スプリングケースを外していく。レンチは最初に緩めるだけに使う

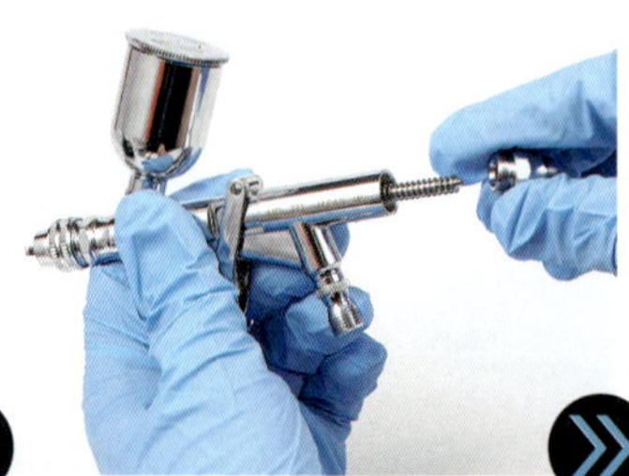

▲スプリングケースを外す。内部のニードルバネが飛び出さないように注意する

▲ニードルチャックを引き抜く

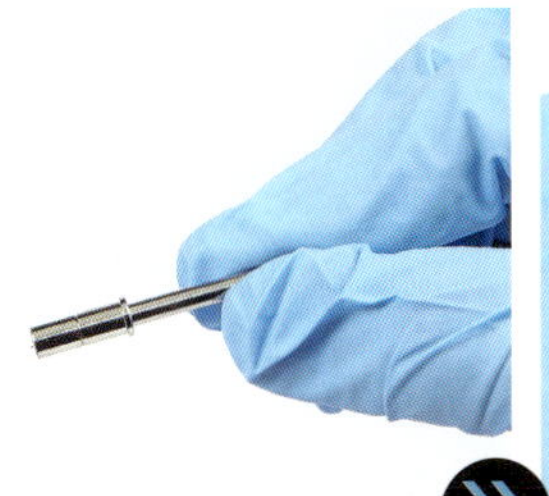

▲ニードルチャックは溝が彫ってあり、この溝にしたがって本体に挿入される。抜く際にこの溝の方向を確認しておく

▲内部のネジを固定してるビスを外す。本体を裏返すと、マイナスネジが見える

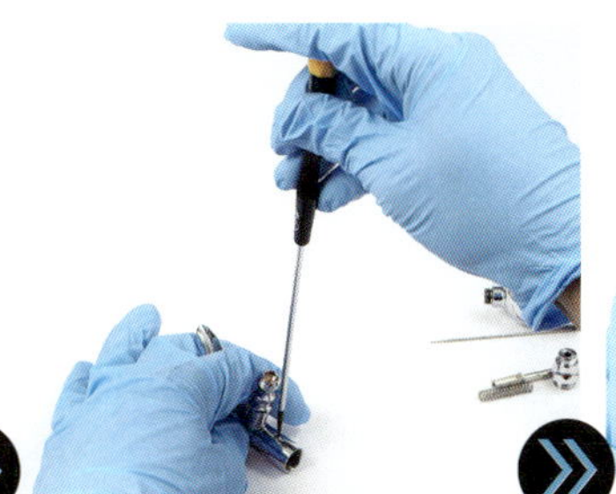

▲ほそいマイナスドライバーを使ってビスを回し外す。きつい場合があるがビスのヤマを舐めないように注意する

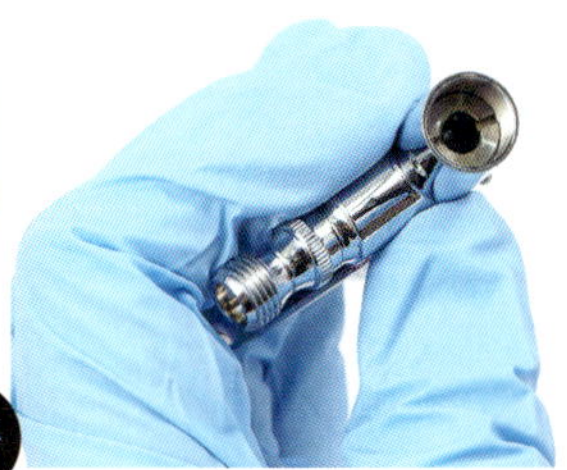

▲ビスを外すと、本体内部のドウタイリングが外せるようになる。中央に穴があき、マイナスの切り欠きがある

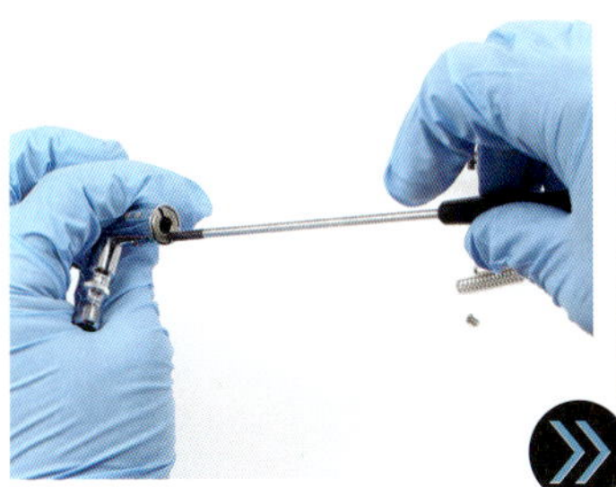

▲マイナスドライバーを切り欠きに添えてドウタイリングを回す。ゆっくり回すと外すことができる

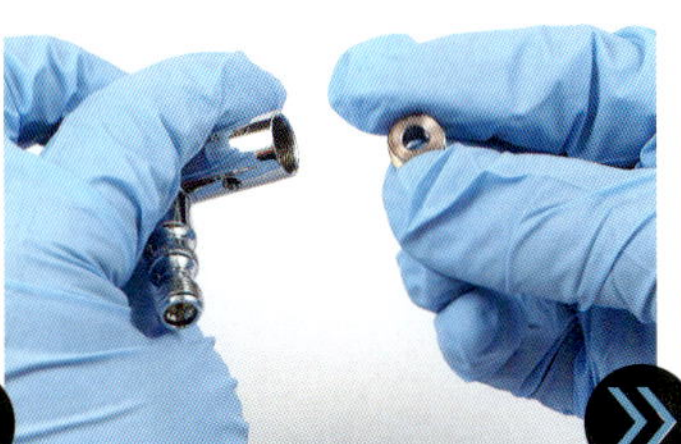

▲ドウタイリングはこのような薄いドーナツ型をしている。挿入時には前後があるので外した際に確認しておく

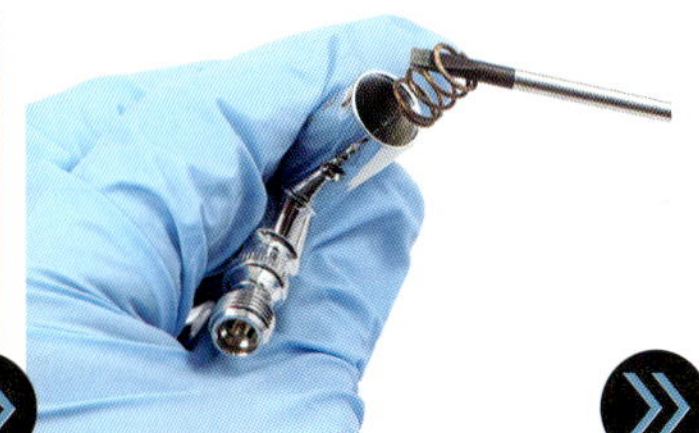

▲奥に大きなスプリングが入れてあるので、マイナスドライバーなどをつかって引き出す。スプリングが伸びないように注意

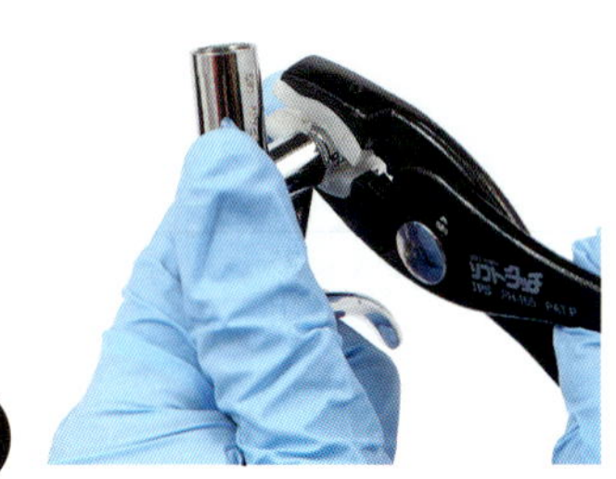

▲エアバルブ部を外す。ここはきつくしめてあるので、レンチなどを使用して緩める

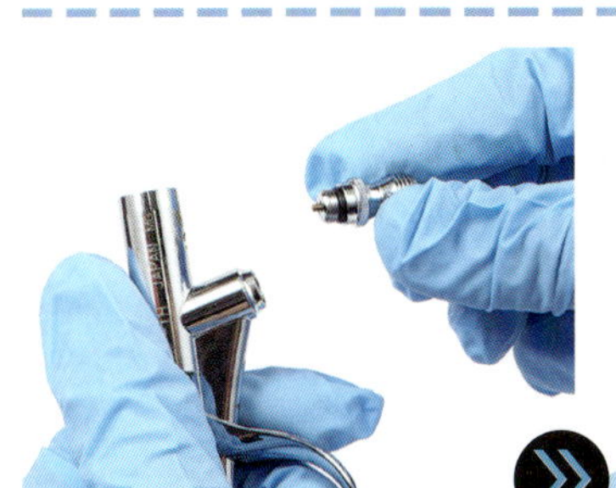

▲エアバルブの蓋部分を取り外す。

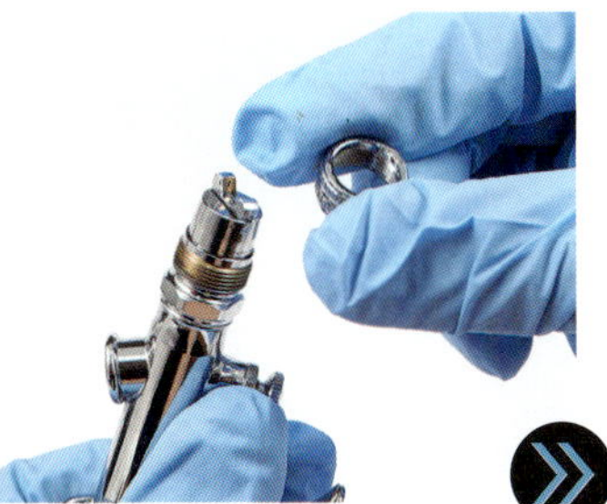

▲先端のエアキャップの固定ネジを外す。取り付ける際に向きがあるのでこの時点で確認しておく

▲エアキャップを外す。これを外すとノズルがむき出しになるので、取り扱いに注意する。この状態でテーブルなどに置かないこと

▲円形のバルブの根元は専用レンチ用にカドが作ってある。ここにレンチをあてる

▲レンチの切り欠きにノズルをはめる。正しくはまっていないとノズルを破損するので充分確認すること。レンチがはまったら左回りに軽く回す

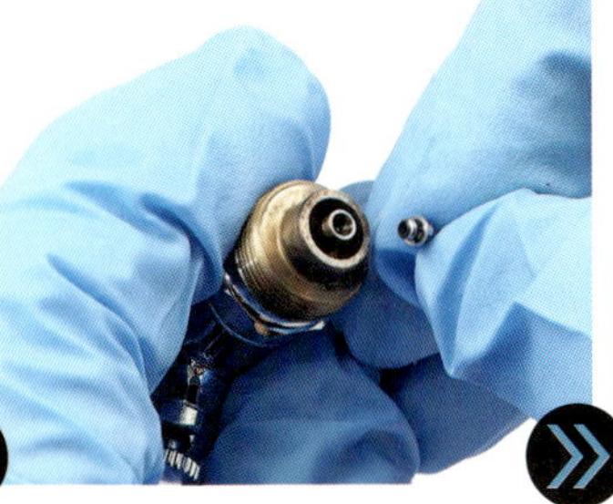

▲レンチを外し、指で回していくとノズルが外れる。繊細で変形しやすいパーツなので取り扱いには充分注意する

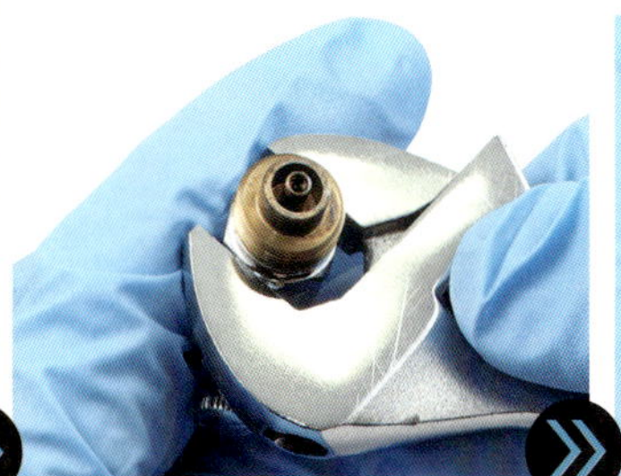

▲ヘッド部分を本体から外す。きつく固定されているのでモンキーレンチを使って緩める

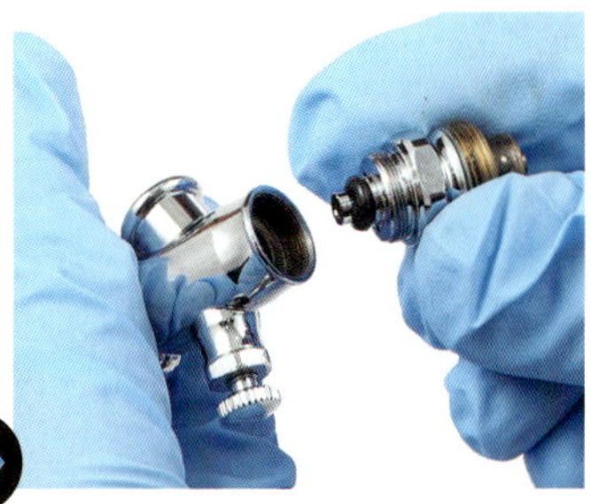

▲緩んだヘッドを指で回し外す。なかのゴム製のOリングなどが痛んでいないか確認する

胴体を完全に分解する

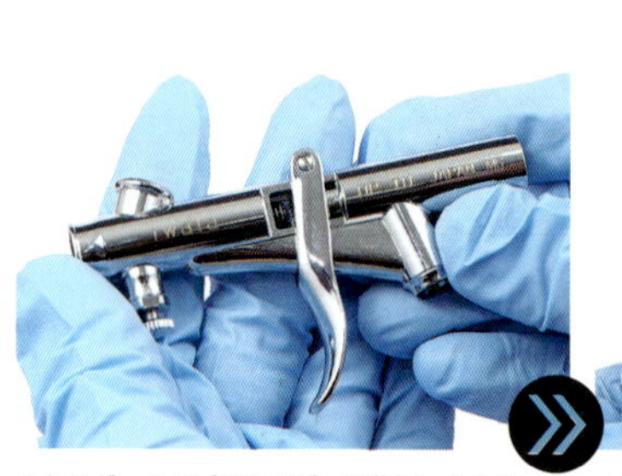

▲トリガータイプはトリガーも分解する必要がある。分解にはまず左側の支点にあるトリガートメネジを外す

▲マイナスドライバーを使ってトリガートメネジを外す。きつめに止めてあることがあるので注意しながら回そう

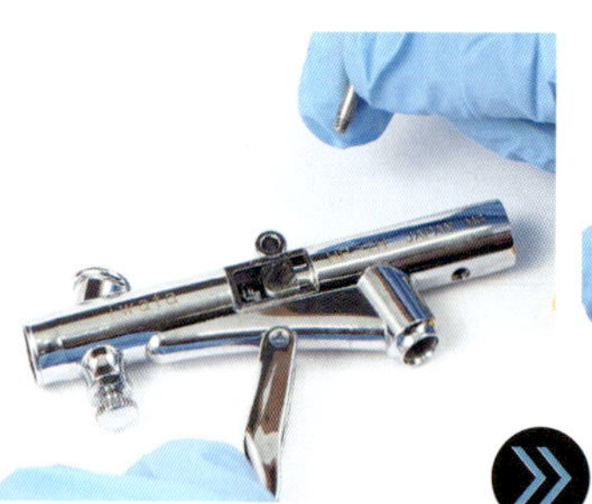

▲トリガートメネジは右側にのみネジが切ってあるので、その部分を外したら、あとはまっすぐ抜き取る。そうすると下にトリガーが抜き取ることができる

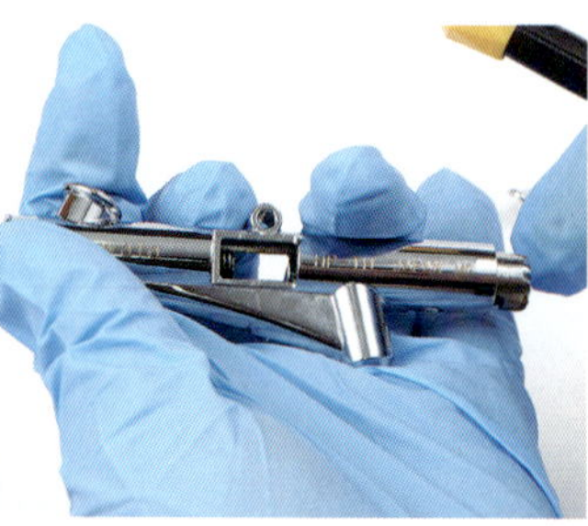

▲トリガーを外すと本体内部のスライドカムがフリーになるので、ドライバーなどで後ろに押し込んで外す

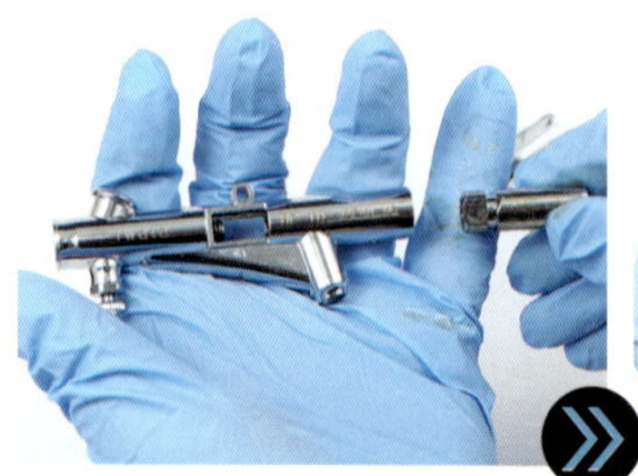

▲本体からスライドカムを抜き取った状態。スライドカムにはトリガーがはまり込む溝があるので、その向きを確認しておく

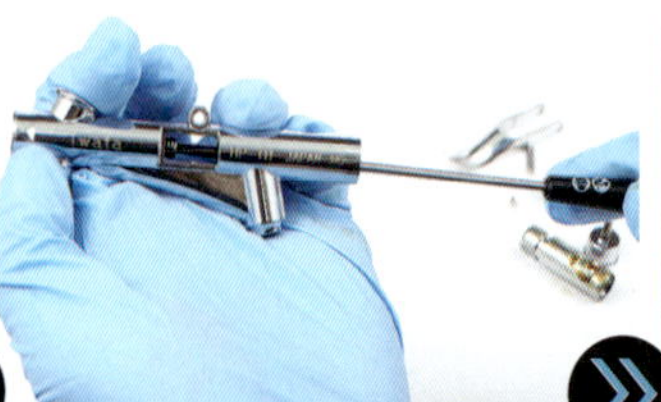

▲スライドカムを抜き取ると、奥のニードルパッキンを外すことができる。まずは細長いマイナスドライバーを差し込む

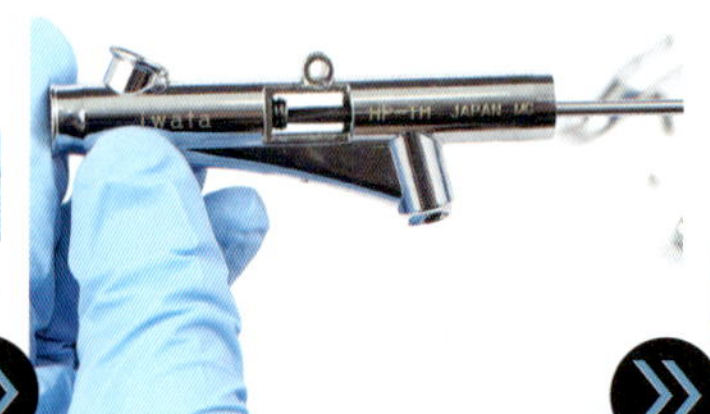

▲ニードルパッキンのマイナス溝にドライバーを差し込んでゆっくり回す

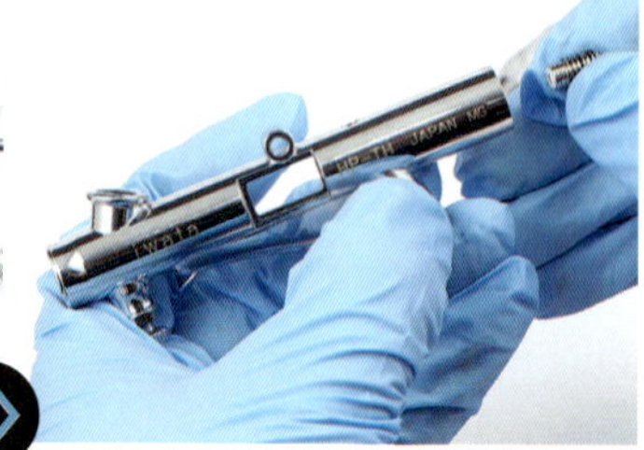

▲ニードルパッキンはゆるいと塗料が漏れ、きついとニードルが動かないという調整が難しい箇所なので、不必要であれば分解しないほうがいい難易度の高い部位だ

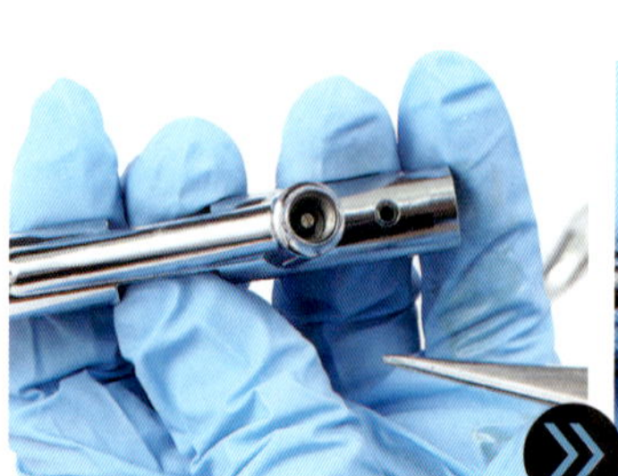

▲エアバルブのロッドを外す。これは外側に外れない仕組みになっている

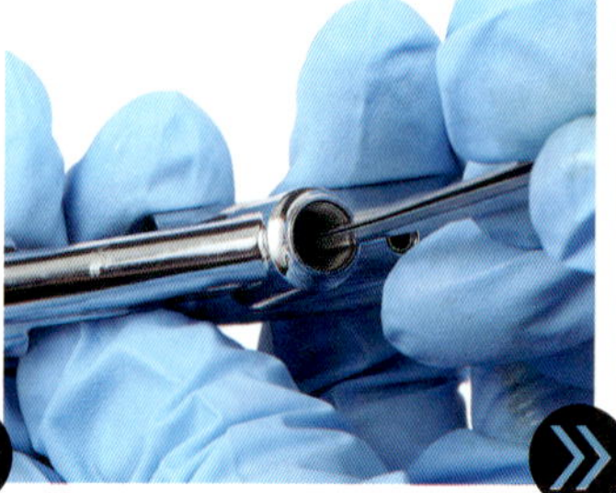

▲ピンセットを使ってロッドを奥に押し込んでやると外れて本体内部に落ちる

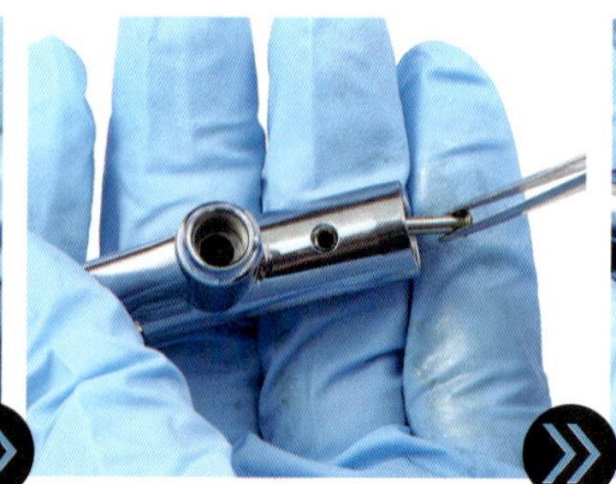

▲横から落ちたエアバルブのロッドを抜き取る。繊細なパーツなので紛失に注意する

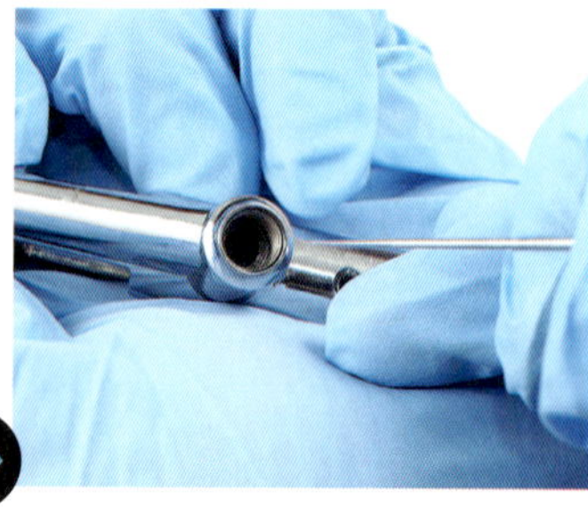

▲エアバルブのロッドが抜けたら、次にエアバルブのゴム製のOリングを外す。まずは鋭利な針状のもの（この場合、古くなったニードルを使用）を準備する

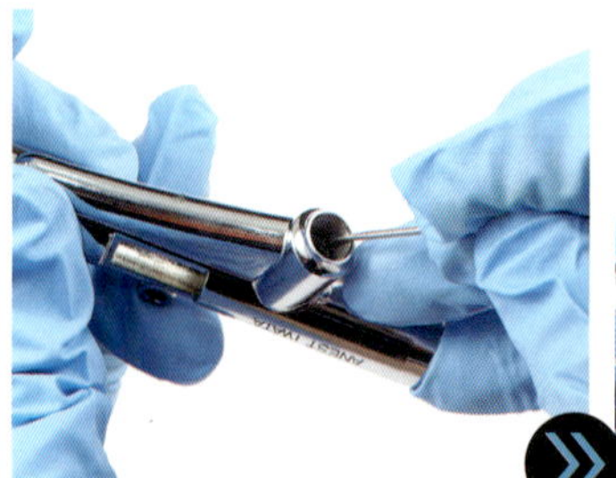

▲Oリングのフチに針先を引っ掛けるようにして軽くこじって引っ張り出す

▲Oリングはゴム製のため、無理にひっぱるとちぎれてしまうので、慎重に引き出す

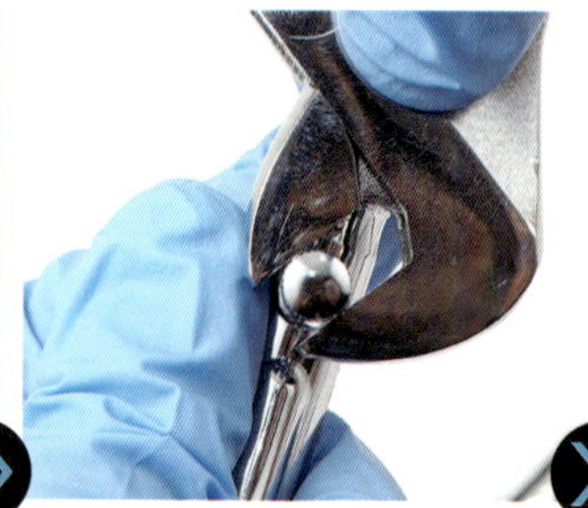

▲本体先端についているエアー調整バルブも外す。まずはモンキーレンチで緩める

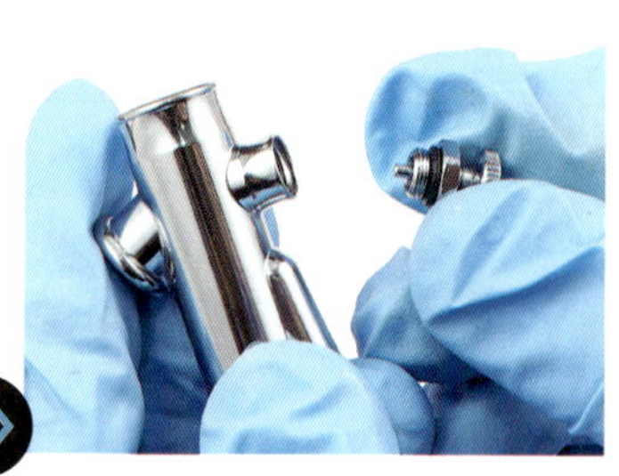

▲指でゆるめてエアーバルブを外す

取り付け部品の確認

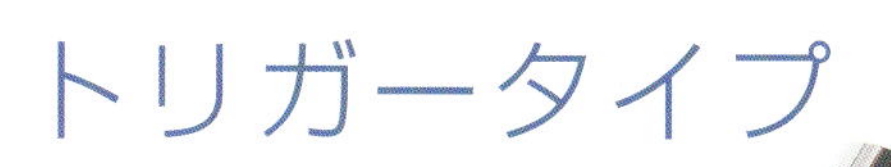

トリガータイプの分解を完了しました!!

▲エアーバルブロッドは汚れていないか、破損がないか確認する

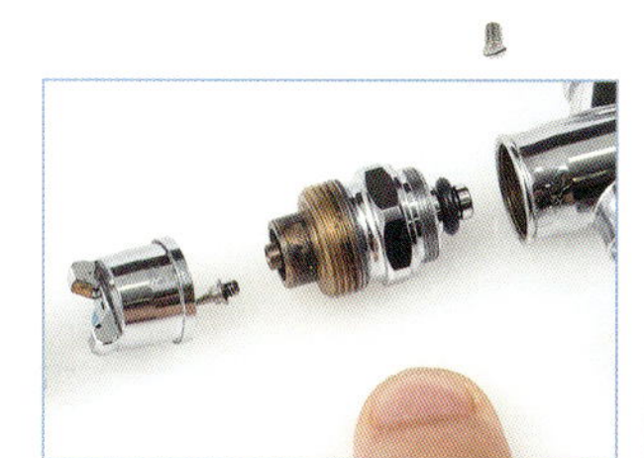

▲ヘッド、ならびに内部のシリンダー部分はともに重要ポイント。汚れたり塗料で固着していないか改めて確認する。ここが劣化しているとうまくミストが発生せず不具合が生じる

各部を丁寧に洗浄する

▲ヘッドを外した本体は、通常のメンテナンスでは洗浄しきれない塗料類がこびりついている。溶剤をつけたブラシで丁寧に洗浄する

▲ヘッドはゴム製のOリングがついており、これが溶剤などに触れると劣化する。指でめくって外しておく

▲ヘッドは短時間なら溶剤に漬けてしまってOK。汚れがひどい場合はいちど引き上げてこすり洗いしよう。数日浸けたままなどはNGだ

▲洗浄が終わったヘッドなどのパーツはキッチンペーパーで洗浄の際に残った溶剤をしっかり拭き取る

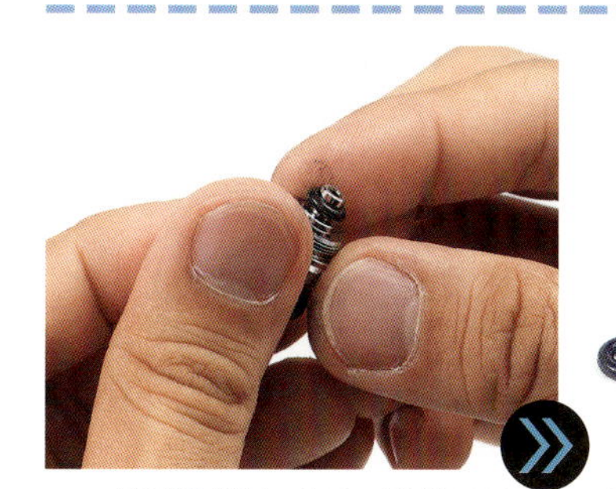

▲ヘッドの洗浄が終わったら、ゴム製のOリングを取り付ける。Oリングも汚れていたら、溶剤には漬けずにウエスなどで乾拭きして汚れを取り除く

▲ほかにも写真のような樹脂やゴム部分が劣化の恐れがあるため溶剤に直接漬けてはいけないパーツは、ウエスなどで乾拭きして清掃する

▲なかのシリンダー部も溶剤を含ませたペーパーウェスで表面を拭き取る。奥まった部分は綿棒などを使ってもよいだろう

▲ニードルパッキンをセットする。これは締め込むとなかの樹脂パーツがせばまり、通るニードルを締め上げるというパーツだ

本体の組み立て（1）

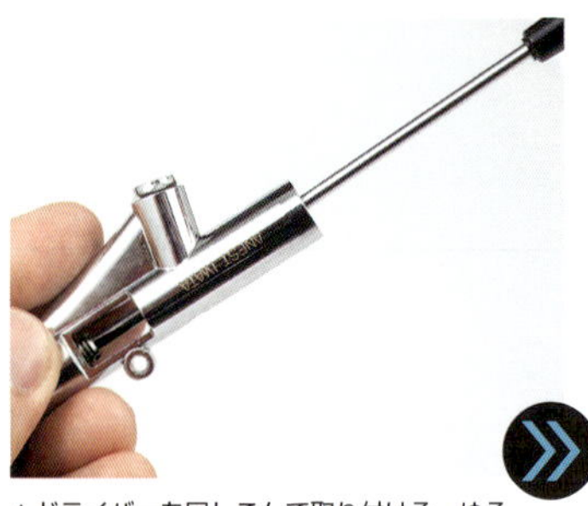

▲ドライバーを回しこんで取り付ける。ゆるいと塗料が漏れ、きついとニードルが動かない。非常に調整が難しいパーツだ

▲この段階でニードルを差し込んで、ニードルのキツさ加減をチェックする。まったく動かないようなキツさは明らかに締め付けすぎなので調整する

▲エアバルブのロッドを取り付ける前にOリングを取り付ける。まずは穴のなかの壁面の溝にOリングを当てる

▲溝にOリングを当てたら、ピンセットを使って溝に押し込んでやる。Oリングの内側からぐるりと一周押し込めばOリングがセットされる

▲分解時に下から押し出して外したエアーバルブのロッドは、内側のこの位置にセットされ、ピン頭で内部で引っかかり固定される

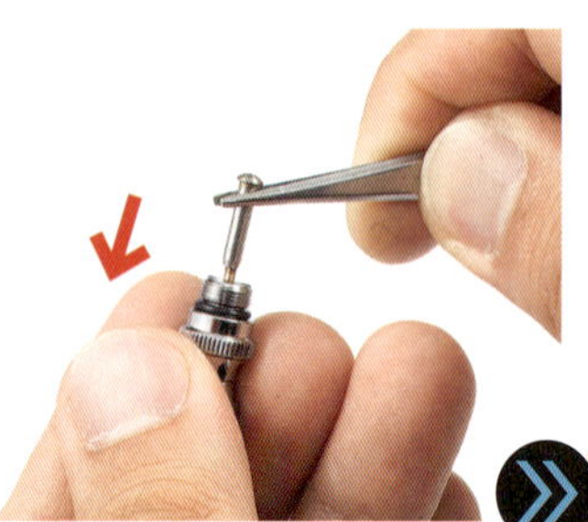

▲内部ではトリガーが引かれるとシリンダーがこのロッドの頭を押して下のエアーバルブを開ける仕組みだ

▲まずはロッドをグリスアップ。グリスのなかにロッドをつけてたっぷりと塗布する

▲本体の上の穴からロッドを差し込む。充分にグリスアップされていれば、ロッドが落ちていく心配はない

▲次にピンセットを本体後部から差し込んでロッドをつまみ、下に引きおろす

▲ゆっくりとロッドを下に下ろしていくと、ロッドが刺さる部分があるので、さらに下に下ろしていく

▲下まで下ろしきると、ロッドの頭が引っかかりセットが完了する。下から見るとこの程度ロッドが露出する

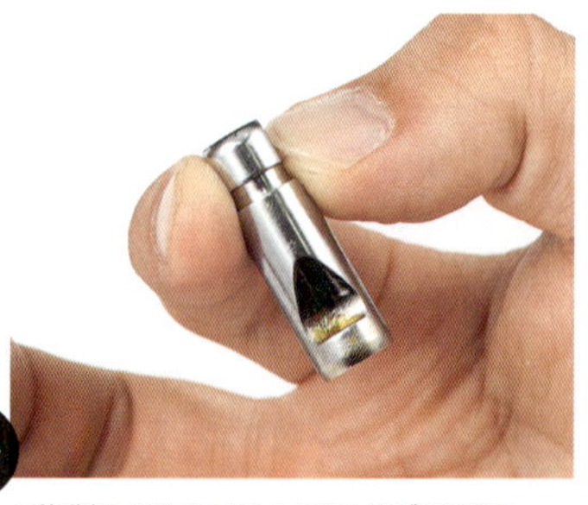

▲稼動部品であるスライドカムはゴミやほこりが付着しやすい部分。充分に清掃し、まずは乾拭きしておく。この切り欠きのある部分が下向きになる

▲シリンダーに彫られた輪状の溝とトリガーが連動してトリガーを引くと、このスライドカムも後ろに動く

▲スライドカムも組み立て前にグリスアップする。全体的に均等に塗布する

▲輪状の溝があるほうが先頭で、切り欠きがある部分を下向きにして挿入する

▲スライドカムを奥まで挿入したら、トリガーを差し込む。正しい位置で組み合わされば、スライドカムの支点の位置がぴたりと合う

本体の組み立て（2）

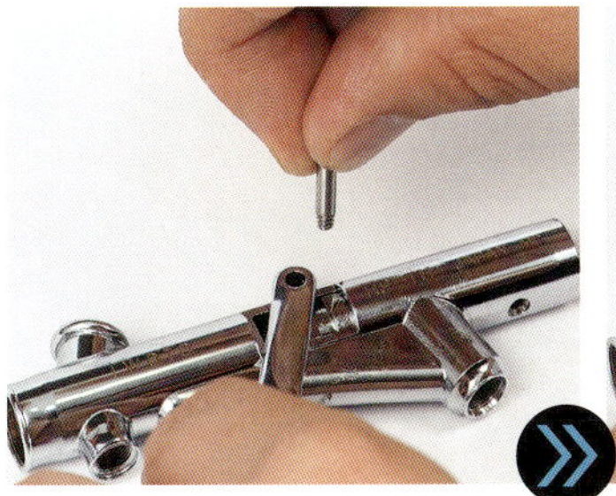

▲トリガートメネジを挿入する。これはトリガーの右側だけにネジ溝が切ってあり、奥まで挿入してからドライバーで固定する

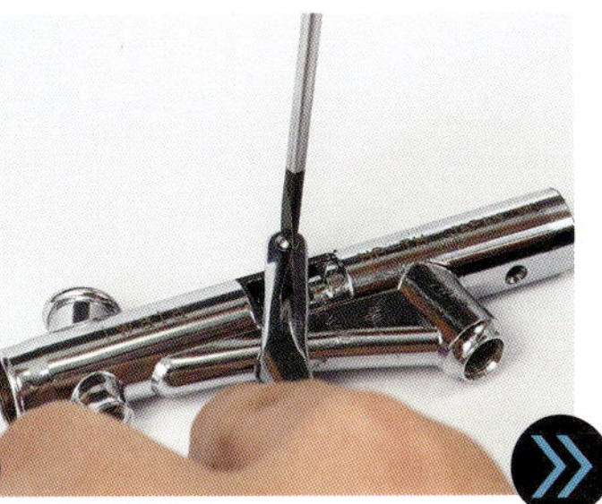

▲ドライバーで固定する。ここでの締め付け具合がトリガーの引き具合には影響しないのでしっかりと止めて問題ない

▲トリガーの可動を確認したら、スプリングを入れる

▲なかでスプリングがねじれていたりしないことを確認したらストッパーのドウタイリングを差し込む

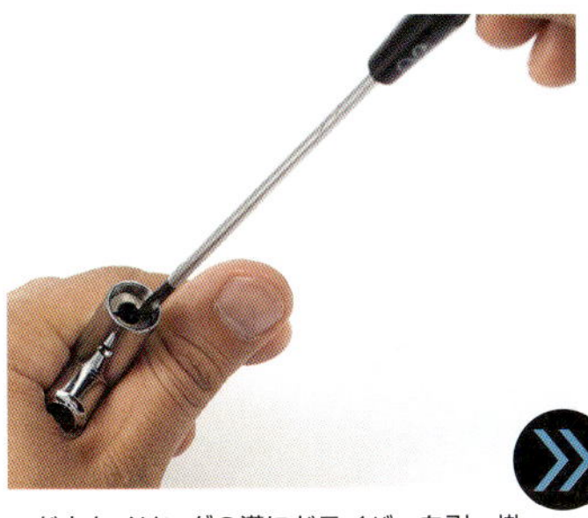

▲ドウタイリングの溝にドライバーを引っ掛けて回してねじ込んでいく

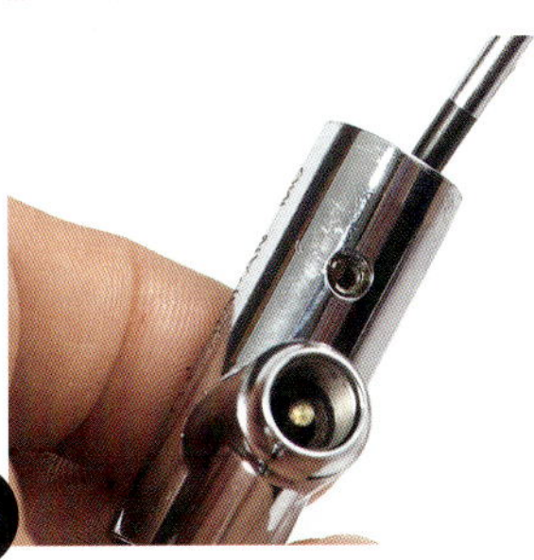

▲本体の裏側のネジ穴からドウタイリングに彫られている切り欠きが見えたらねじ込むのをストップする

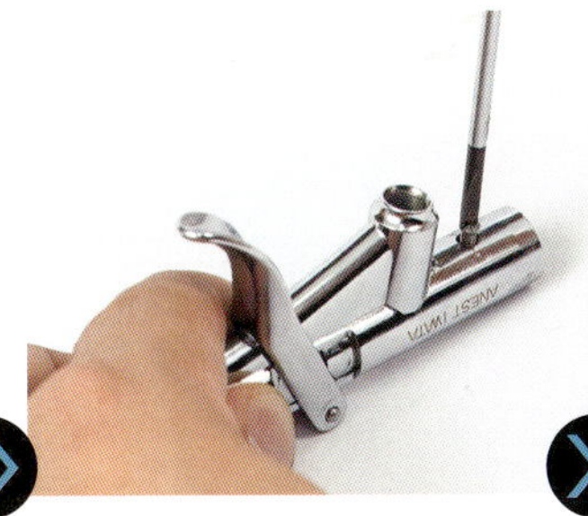

▲ストッパーを固定するようにビスを入れる

▲ビスがネジを貫くことで、ドウタイリングを固定する

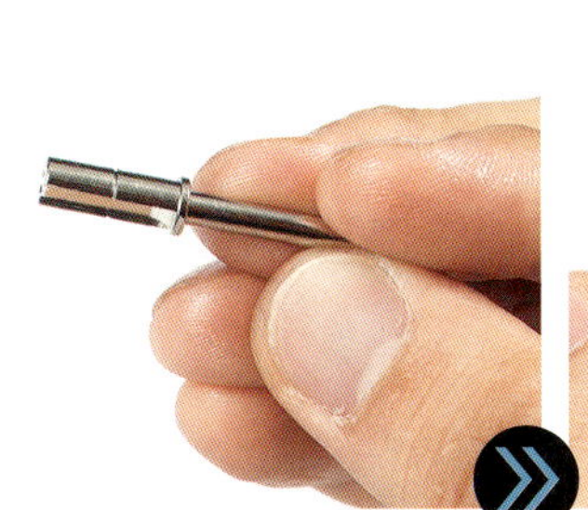

▲ニードルチャックも、もし汚れていたら溶剤を含ませたペーパーウエスなどで拭き掃除をする

▲ニードルチャックを本体に差し込む。しっかりと奥までいれておく

▲ニードルチャックにスプリングを差し込む

▲スプリングの上からスプリングケースをかぶせ、ネジを回して本体に固定する。動かなくなるまでフィンガータイトで回す

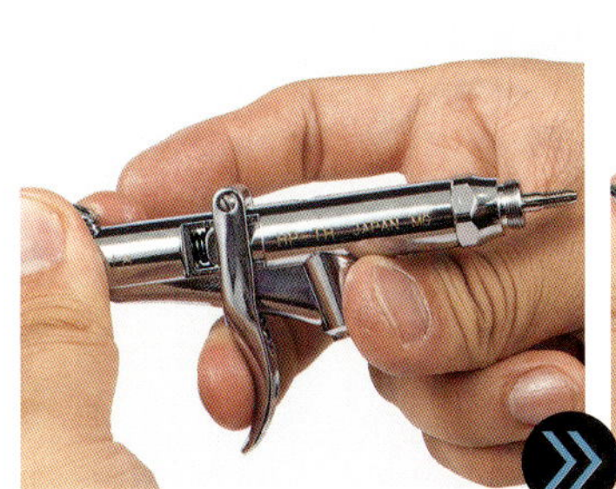

▲トリガーの動きをここで確認する。締め付けがきつすぎて、動かない箇所がないか確認する

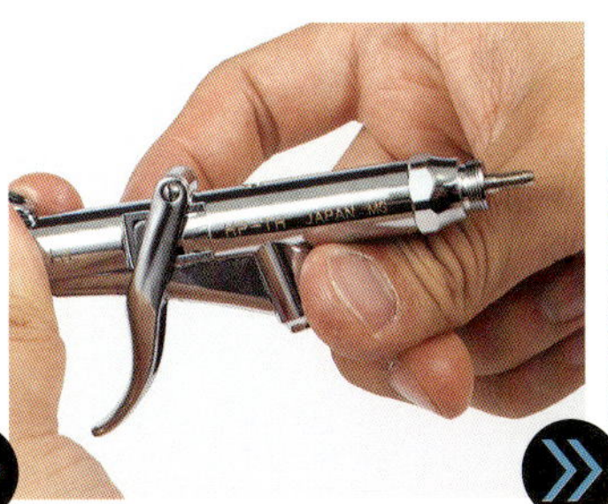

▲トリガーから指を離した際に、スプリングの作用でシリンダーが前方に移動するか確認いする。もし動きが不自然な場合は再度組み立て直す

▲エアバルブを固定する。エアバルブ周辺にゴミが付着していないか、再度確認してから取り付ける。指で回して締めて、最後にモンキーレンチで軽く締める

▲先端の空気調整バルブを取り付ける。指で回して締めて、最後にモンキーレンチで軽く締める

本体の組み立て（3）

▲ヘッドもまずは指で取り付け、フィンガータイトで止まったところでモンキーレンチで軽く増し締めする

▲繊細な作りのノズルは慎重に扱う。まず指で先端を軽くつまんでネジを合わせ右回し（時計回り）で軽く回す。簡単にネジ切れるパーツなので無駄な力をいれず慎重に回す

▲指で回るだけ回したら、専用レンチを取り付ける。しかしレンチで力まかせに回すと、すぐにネジ切れる。回すというより軽く当てる感覚だ

▲実際には、回すのではなく、このように指でチョン、チョンと触れてあげる程度。これでノズルの固定はOKだ

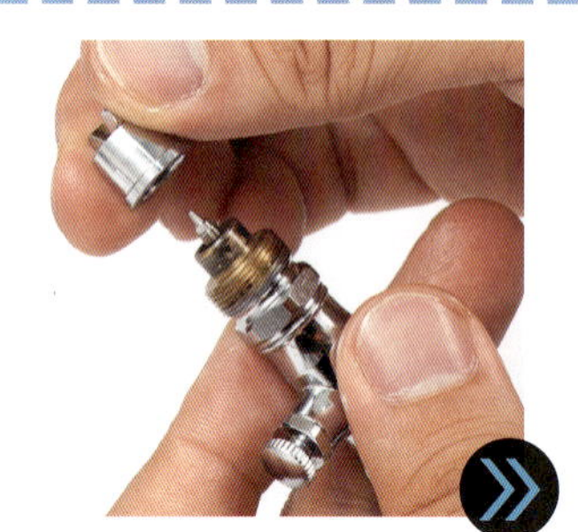

▲エアキャップをヘッドに被せる。ノズルにぶつけたりしないように慎重に作業する

▲エアキャップ固定用のリングを装着する。あまりきつく閉めすぎないように

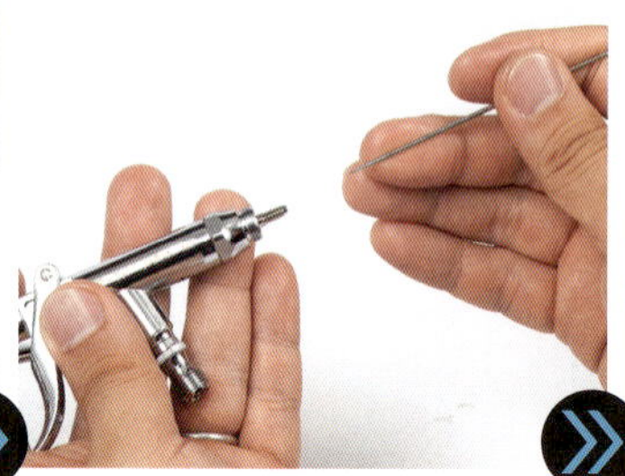

▲ニードルを挿入する。必ずヘッドキャップを固定してからニードルを入れること。押し込みすぎるとノズルが壊れるので注意

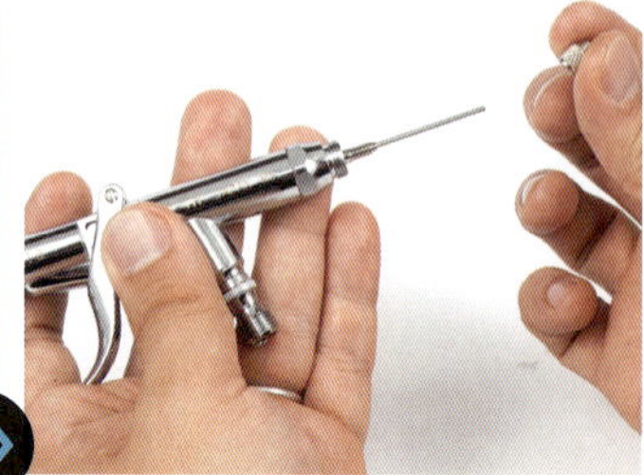

▲ニードル止ネジを装着する。この際のニードルの位置で塗料が不用意に吹き出してしまうことがあるので慎重に位置を決める

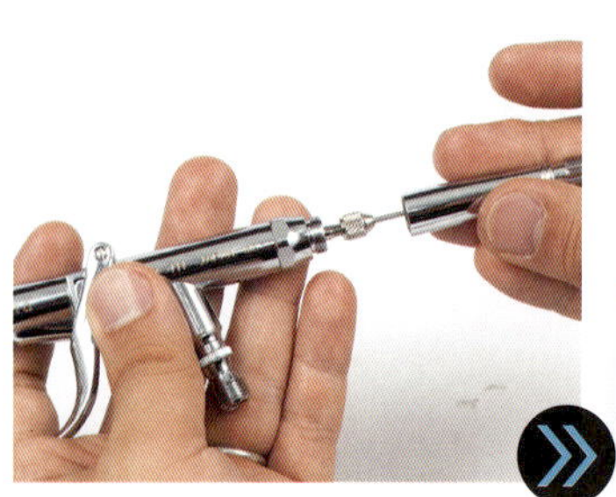

▲キャップを装着する。ニードルにぶつけて曲げてしまわないように注意

▲カップを装着する。きつく締めすぎないように

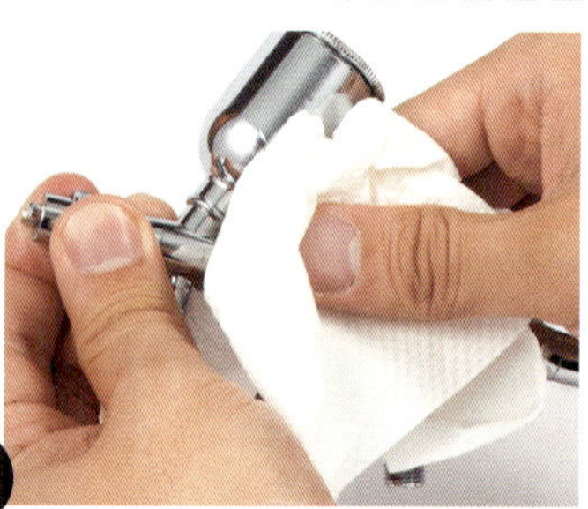

▲組み立て中にはみ出したグリスや油、ほこりなどのよごれを拭き取る。

メンテナンス＆組み立て完了！

●これで一連の分解と組み立てを完了した。大きなポイントはノズル、ニードルなど繊細で注意が必要なパーツの扱い方と、各部の組み合わせによる分解／組み立て手順だ。組み立て後は使用前にエアー漏れ、塗料漏れが起きないかを確認すること

NEWS!

専用メンテナンスキットが発売!!

本書では市販のドライバーやモンキーレンチなどを使ってメンテナンスを行っているが、じつは自社製品メンテナンス用にアネスト岩田が専用ツールセットを開発していたのです

エアーブラシの性能を最大限に発揮するにはメンテナンスは不可欠です。ただ、市販の工具では部品を傷つけてしまったり、メンテナンスが億劫になる要素ばかりです。そこでiwata by ANEST IWATAのエアーブラシを最高のパフォーマンスで長くご愛顧いただくために、メンテナンスツールを開発することとなりました。ただ単に道具を一式にまとめるだけでなく、痒い所に手が届く、部品を傷つけず正しくメンテナンスできる道具をお届けするべく市場調査と試作を繰り返し、こだわりの詰まった製品ができました。

このキットがあれば、不具合が出ないための最低限のメンテナンス、さらには最大限のパフォーマンスのためのファインチューニングまで対応できます。(アネスト岩田　伊藤)

●『プロフェッショナル エアーブラシ・メンテナンスキット』(価格、発売日時未定)。ふたつおりにできる専用のケースに収納されて販売される予定だ

01. ソフトジョープライヤー

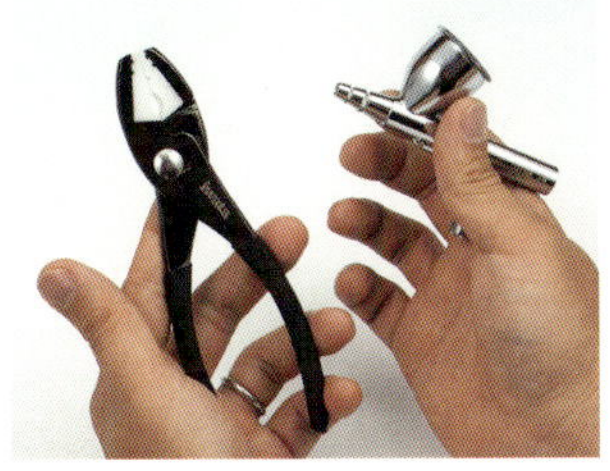

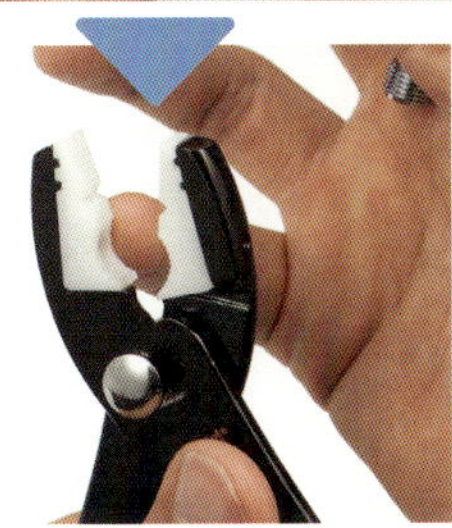

●歯の部分に硬化樹脂を採用したプライヤーチ。これによって各部の固いパーツを挟んで回してもエアーブラシ本体に傷がつかない

02. ノズルレンチ

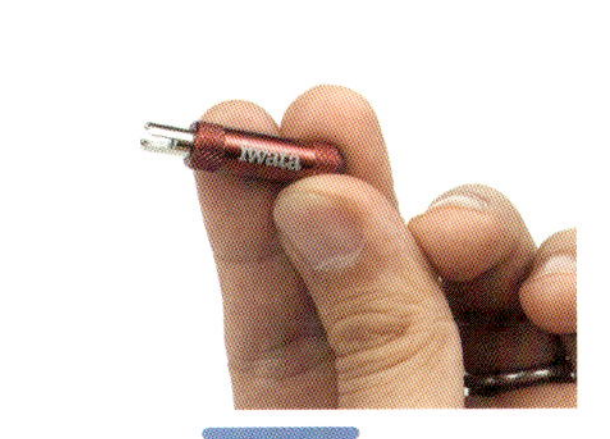

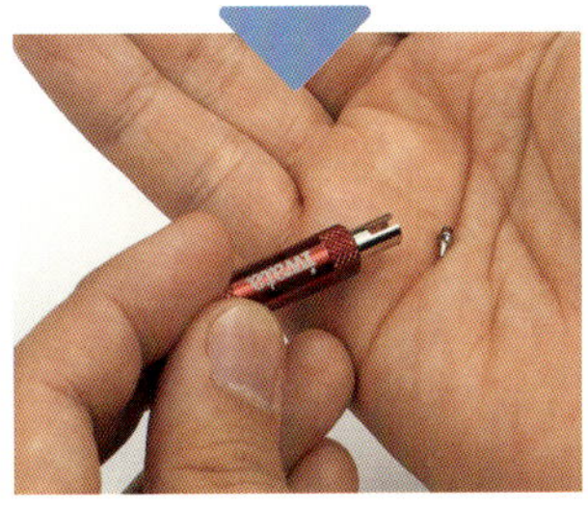

●繊細な作業を必要とするノズルの着脱を簡単にこなす専用レンチ。斜めにこじって破損する心配がない

03. ニードルパッキンネジドライバー

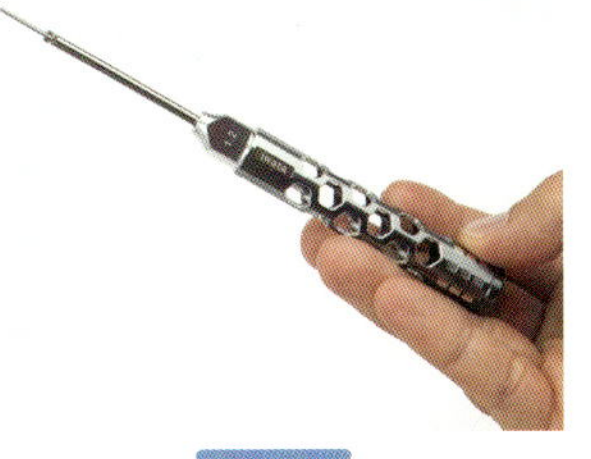

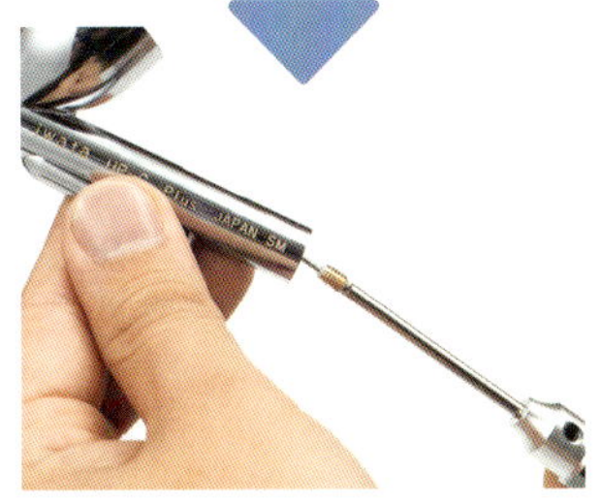

●エアーブラシの奥に固定されるニードルパッキン用の長さ、幅の専用ドライバー。すっと差し込むだけでピタリと位置決めが可能

04. エアーバルブガイドレンチ

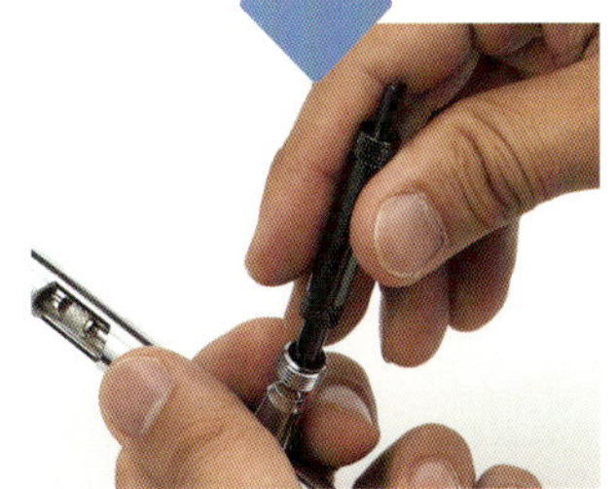

●エアーバルブの蓋部分の切り欠きにフィットする専用レンチ。すっと差し込んで回すだけで取り外し／固定が可能だ

iwata by ANEST IWATA CASE 002 / Revolution シリーズ

HP-TRのメンテナンス方法

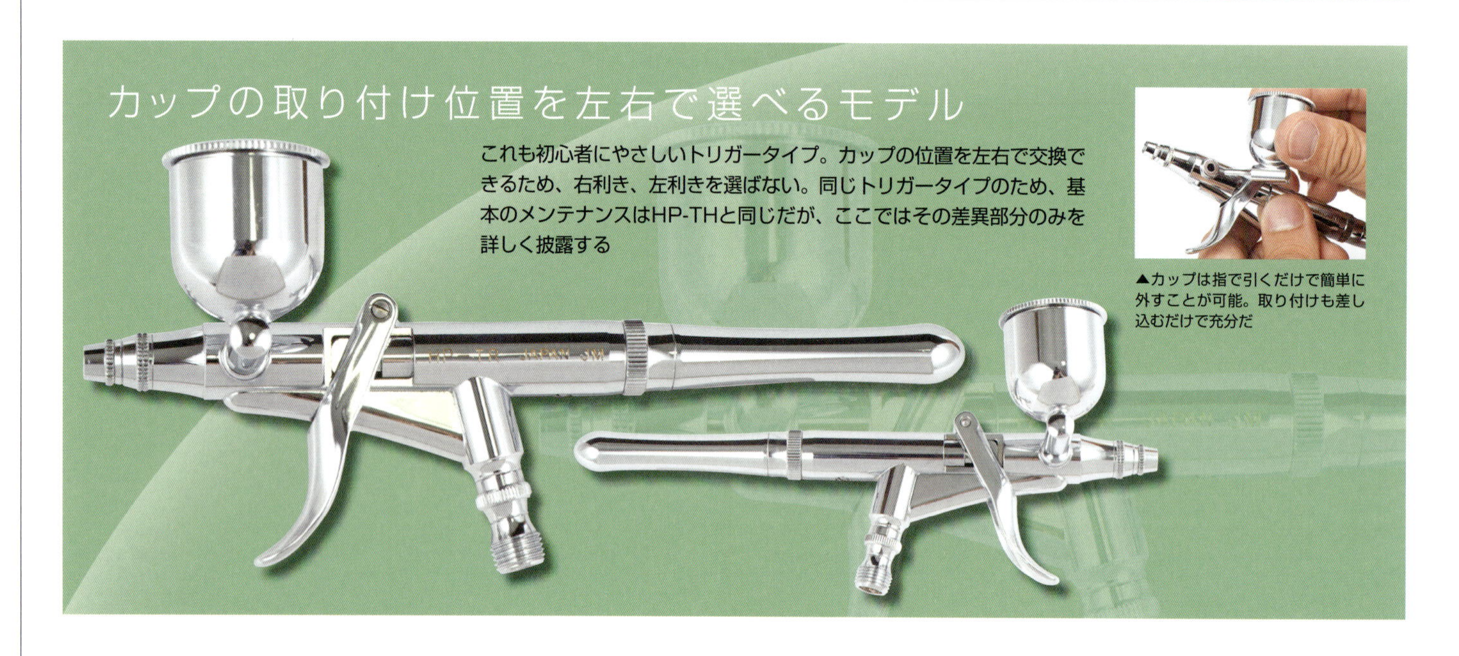

カップの取り付け位置を左右で選べるモデル

これも初心者にやさしいトリガータイプ。カップの位置を左右で交換できるため、右利き、左利きを選ばない。同じトリガータイプのため、基本のメンテナンスはHP-THと同じだが、ここではその差異部分のみを詳しく披露する

▲カップは指で引くだけで簡単に外すことが可能。取り付けも差し込むだけで充分だ

本体の基本的な分解

▲カップの接続は差し込むだけだが、差し込み口は繊細な作りになっているのでぶつけたりしないように外す

▲カップの反対側にはカップ接続用の穴を塞ぐパーツが差し込んであるのでこれも忘れずに外す

▲まずは指で回してキャップを外す。外す際に、ニードルにぶつけないように注意

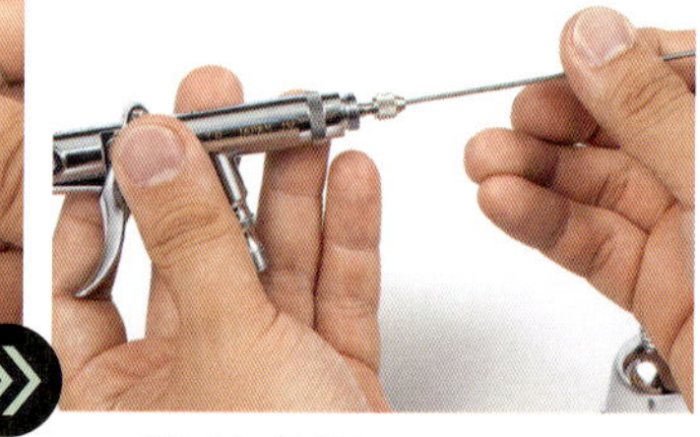

▲ニードル止ネジを緩め、ゆっくりとニードルを引き抜く。ひっかかる場合は無理にこじらないようにする

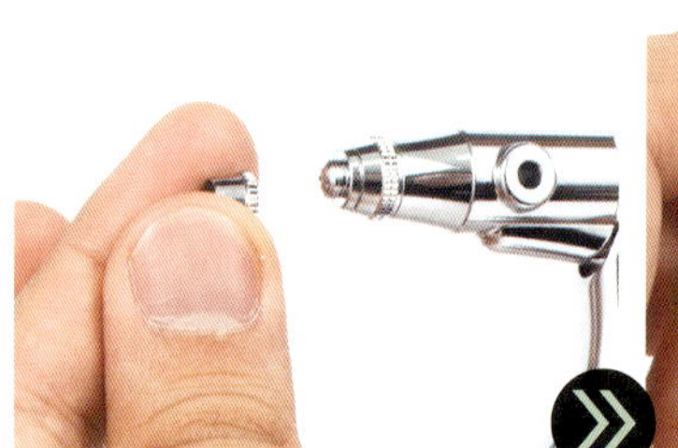

▲先端のニードルキャップを指で回して外す。きつい場合は布をあててペンチなどで軽くまわしてもよい

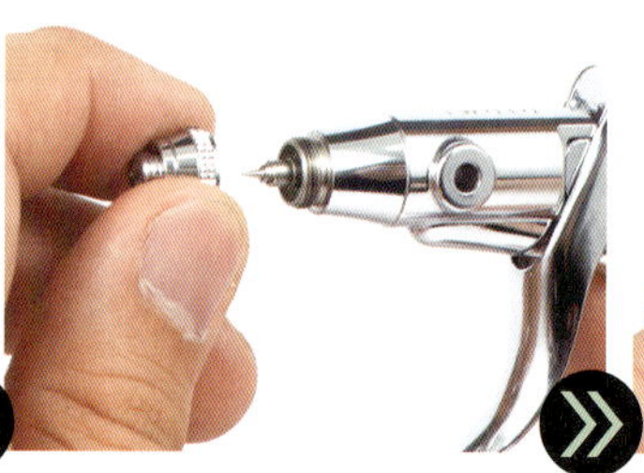

▲ノズルキャップを外す

▲専用レンチを使ってキャップを緩める。確実にレンチの角がレンチでキャッチできているのを確認してからゆっくり回すこと

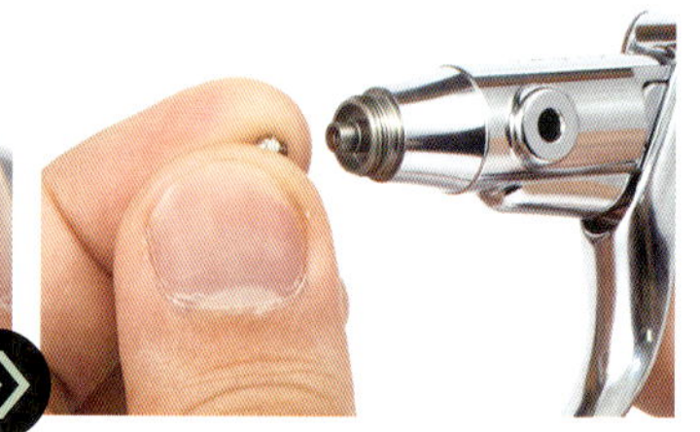

▲レンチでノズルが緩まれば､あとは指で回してノズルを取り外すことができる。繊細なパーツなので不用意に力を入れてつぶさないこと

HP-TR特有の洗浄ポイント

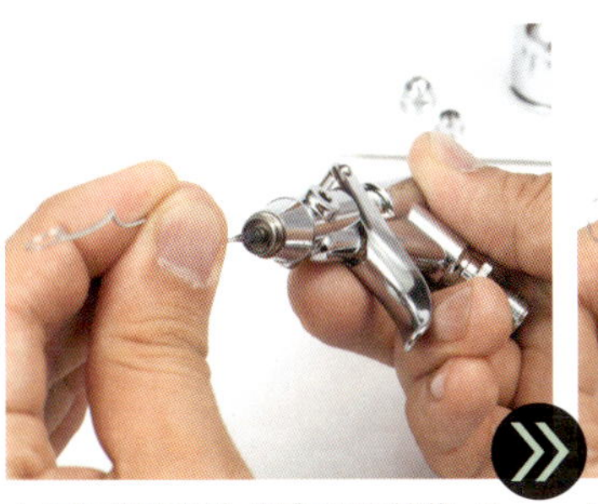

▲ノズルが外れれば、細ブラシなどを使って、先端の塗料流路などを洗うことができる。専用の溶剤をつけて洗浄する

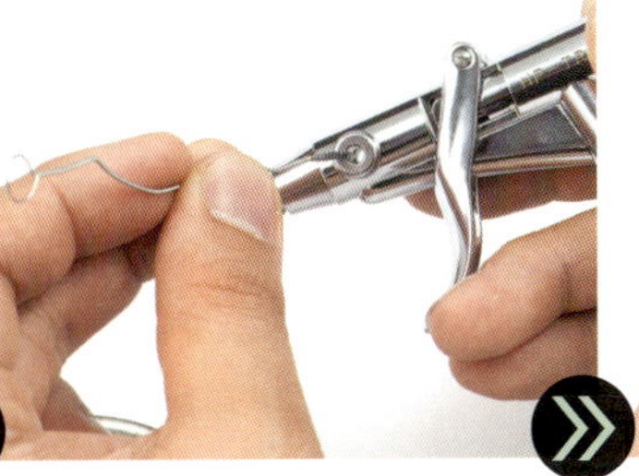

▲カップを外した口からも細ブラシを入れて内部の汚れを落とす

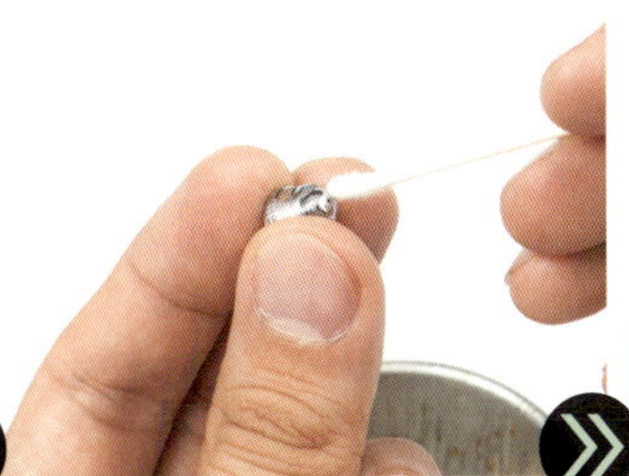

▲ノズルキャップの先端も繊細なので、専用のコシの強いブラシでこすり洗うか、溶剤を浸した綿棒で汚れを洗い落とす

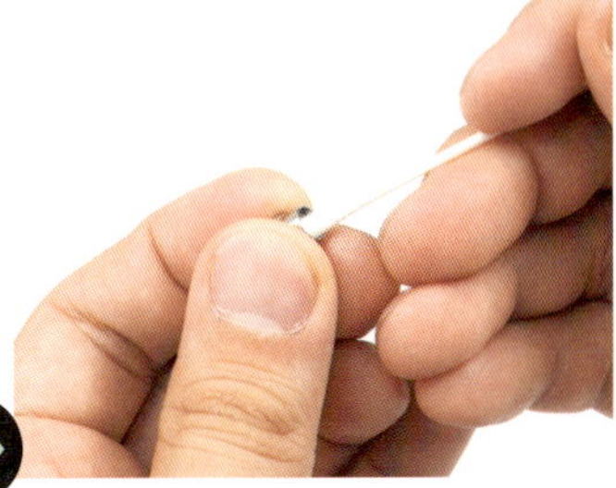

▲ニードルキャップは内側が汚れているので、同じく綿棒を使用して汚れを落とす

▲ノズル自体は非常に繊細なパーツで、簡単に変形してしまう。こすり洗いをせずに、容器に溶剤を充してつけおき洗いをする

▲洗浄がおわったらまずは指でノズルをはめる。この際にも無理に力をこめてつままないようにする。ゆっくりと指で回し止める

▲最後に専用レンチを当てて、軽く止める。レンチのお尻を指でかるく「トンッ！」と触れる程度でよい

▲ノズルキャップを被せる場合もノズルに当てないように注意しながら取り付ける

▲ノズルキャップの上にニードルキャップを取り付ける

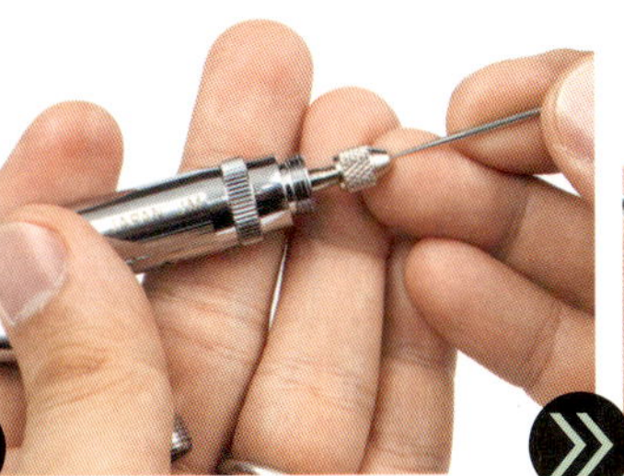

▲ニードルキャップを取り付けてから、はじめてニードルを入れる。先端を絶対にぶつけないように指先でガイドをしながら挿入する

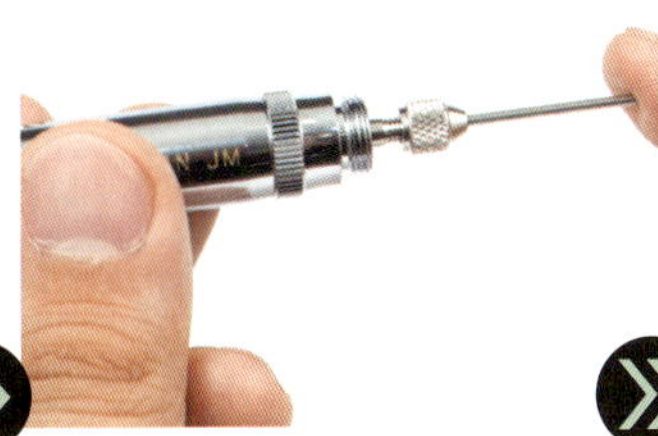

▲ニードルは押しすぎるとノズルを変形させてしまうので、指先でチョンと押しこむ程度にする

▲ニードル止ネジをしっかりと止める。ここでの調整がうまくいかないと、トリガーを引いてすぐに塗料が吹き出すなどのトラブルにつながる

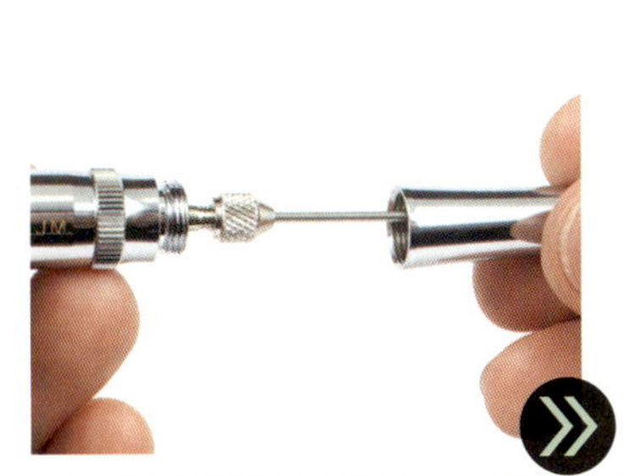

▲ニードルに触れないようにキャップをかぶせ、指で回し止める

▲任意の側にカバーを差し込む

▲カップを接続部に差し込む。きつく押し込まなくても正しく固定できる

▲全体をペーパーウェスで拭き完成

iwata by ANEST IWATA CASE 003 / HPplus シリーズ

HP-CPのメンテナンス方法

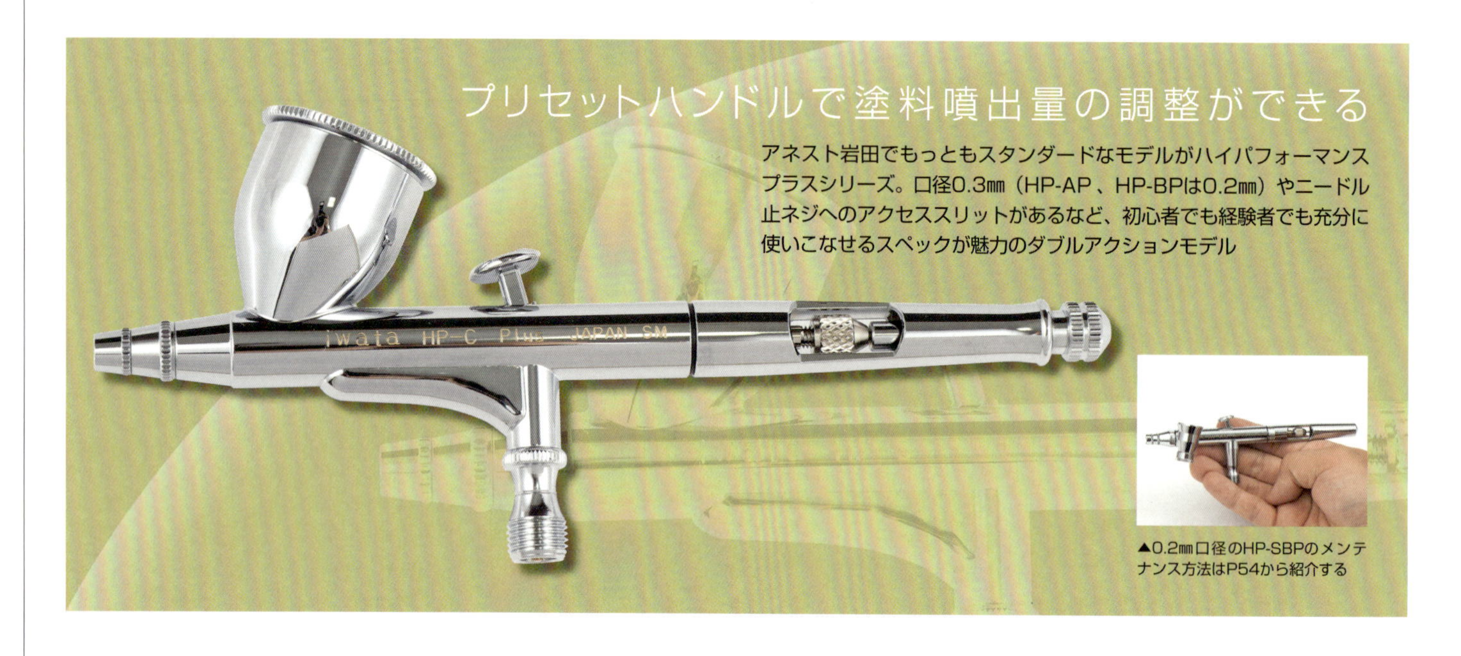

プリセットハンドルで塗料噴出量の調整ができる

アネスト岩田でもっともスタンダードなモデルがハイパフォーマンスプラスシリーズ。口径0.3㎜（HP-AP、HP-BPは0.2㎜）やニードル止ネジへのアクセススリットがあるなど、初心者でも経験者でも充分に使いこなせるスペックが魅力のダブルアクションモデル

▲0.2㎜口径のHP-SBPのメンテナンス方法はP54から紹介する

本体の基本的な分解

▲キャップを指で回して外す。ニードルに不用意にぶつけないように注意

▲ニードルを抜く。抜く際にはニードル先端をひっかけて傷をつけたり、曲げたりしないように人差し指を添えて慎重に引き抜く

▲ニードル止ネジを回し外す

▲スプリングケースを回し外す。多少きつめに止められているが、もしきつい場合はレンチを使用してもよい

▲スプリングケースを外すと、スプリングが飛び出すが、飛ばさないように注意

▲スプリングケースを取り除く。内部のスプリングにひっかけて伸ばさないように気をつける

▲スプリングを引き抜いて外す

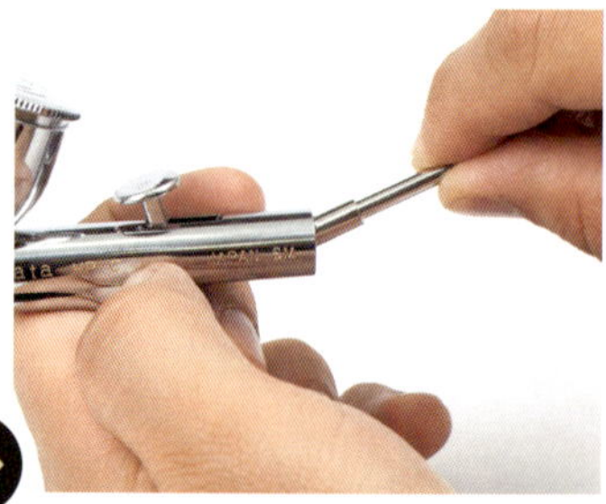

▲ボタンオシニードルチャックを引き抜く。先端のボタンオシが上面スリットから頭を出しているので斜め上に引きあげる

押しボタン周辺の分解

▲斜めのまま後ろに引き出すと、ボタンオシニードルチャックが引き抜ける。これで押しボタンがフリーになる

▲フリーになった押しボタンを、まずは上にまっすぐ引き上げる。すると本体の受け部分から押しボタンが外れる

▲次にそのまま左回り（反時計回り）に90度回転させる

▲再度引き上げると、本体から押しボタンを引き抜くことができる

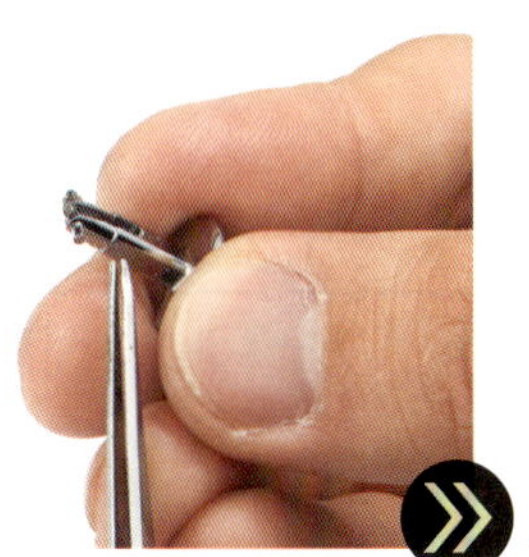

▲押しボタンの軸には、根元で一段細くなり、ニードルが通るスリットがある。根元には前後可動用の軸があり、この軸が本体のきりかきにひっかかり可動軸となる

▲さらに押しボタンには前後がある。後ろ側になる部分に切り欠きがある

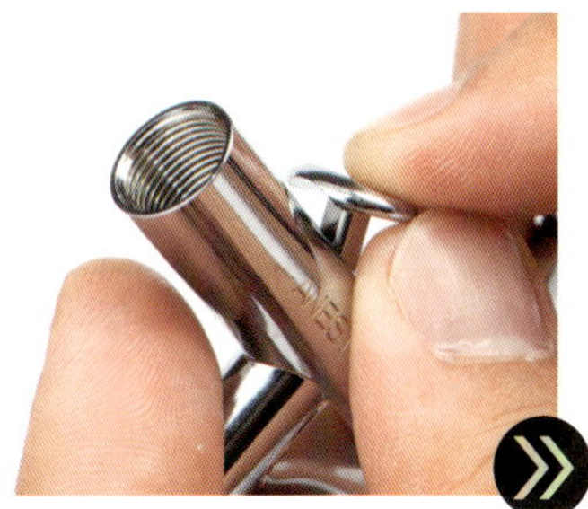

▲この切り欠きは、押す／後ろに引く動作を受ける際、後ろに倒れたときに本体と干渉しないような工夫だ

▲エアーバルブを外す。硬く閉められているので、レンチを使って緩める

▲エアーバルブのボディが緩んだあとは、指で回せば外すことができる

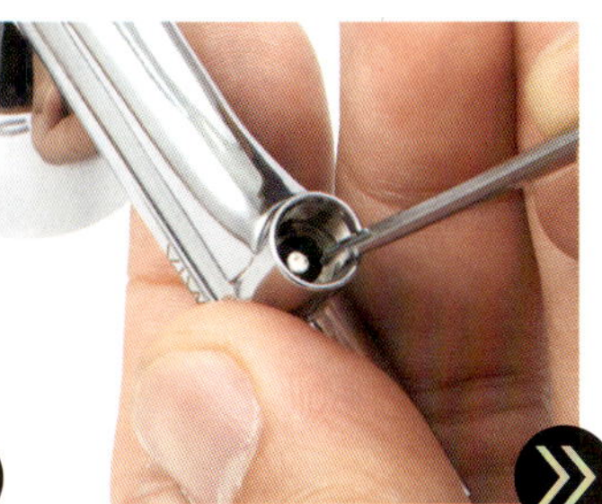

▲バルブボディが外れると、なかからバルブロッドが露出する。これは突起がひっかかり下に落ちてこない仕組み

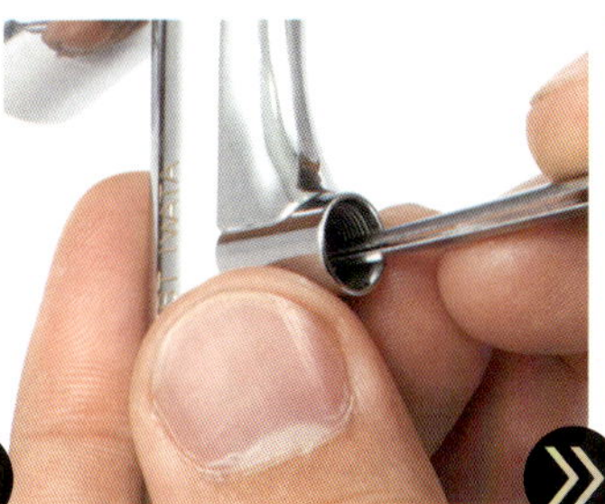

▲なので下から内側にピンセットで押し込んでやると、内側に外れて落ちる

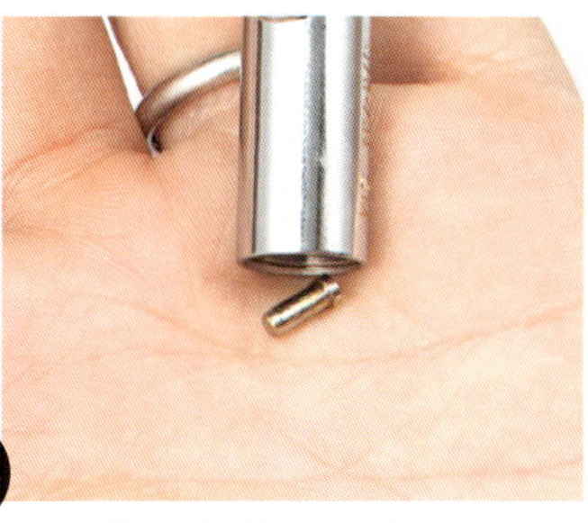

▲内側に外れたバルブロッドをピンセットでつまみ出す。小さいパーツなので注意してつまむこと

▲エアーバルブ内のOリングも外す。曲げてしまって使えなくなったニードルなど針状のものを使ってフチを軽くひっかける

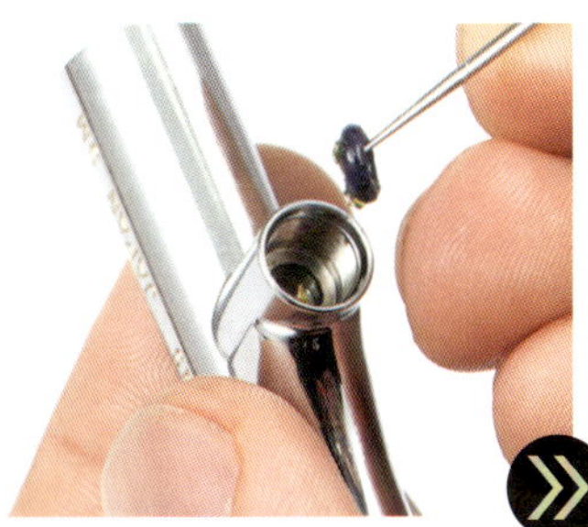

▲軽くほじくりだす感覚でOリングを引っ掻き出す。ゴム製なので無理に力を加えるとちぎれてしまうので注意すること

▲ニードルキャップを指で回して外す

▲続いてノズルキャップを外す。ニードルキャップとノズルキャップは洗浄用の溶剤に浸けても問題ない

ノズル＆ニードルパッキンの取り外し

▲ノズルを外す。付属のレンチを使って緩める。ノズルは非常に繊細なパーツなので力を入れすぎて曲げてしまわないこと

▲レンチで緩めたら、指でゆっくりと回して外す。軽くつまむ感じで力をいれてノズルを曲げてしまわないこと

▲本体の奥にあるのがニードルパッキン。中央にニードルの通る穴があるが、フチにドライバー用の切り欠きがある

▲その切り欠きにマイナスドライバーをあてて回すとニードルパッキンを外すことができる

ダブルアクションモデルをすべて分解しました!!

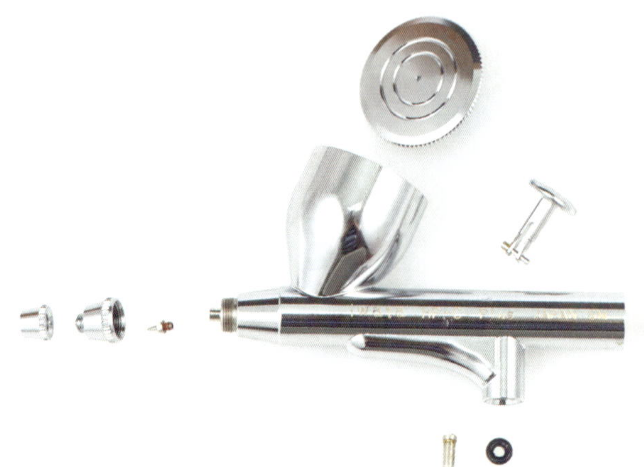

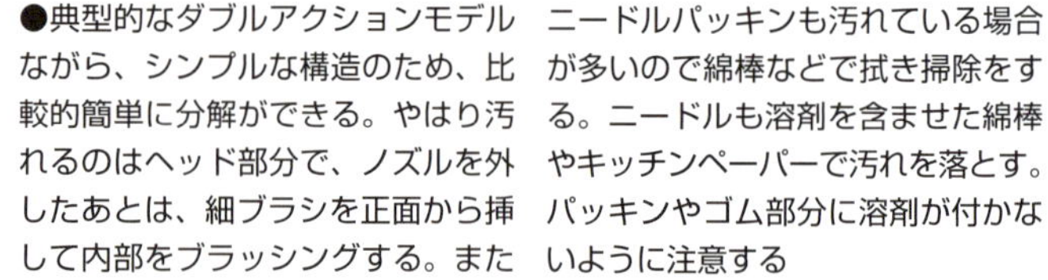

●典型的なダブルアクションモデルながら、シンプルな構造のため、比較的簡単に分解ができる。やはり汚れるのはヘッド部分で、ノズルを外したあとは、細ブラシを正面から挿して内部をブラッシングする。またニードルパッキンも汚れている場合が多いので綿棒などで拭き掃除をする。ニードルも溶剤を含ませた綿棒やキッチンペーパーで汚れを落とす。パッキンやゴム部分に溶剤が付かないように注意する

ニードルパッキンの調整

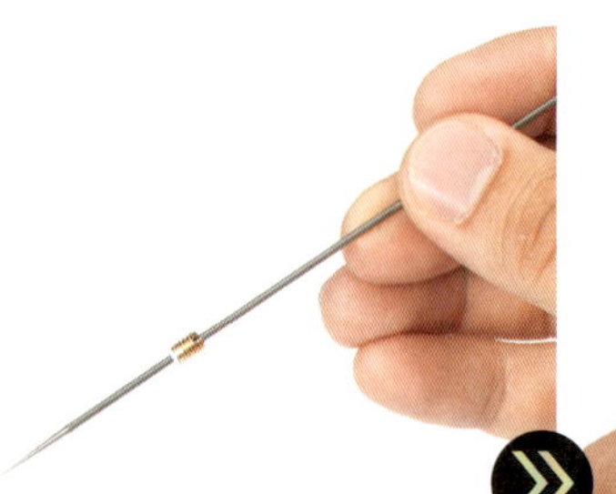

▲ニードルパッキンは内部でこのようにニードルを通しており、締め付けると、なかの樹脂部分が寄せられニードルを締め付ける。塗料を遮りつつニードルを前後させる仕組みだ

▲取り付けの際のしめつけ具合できつさを調整するが、実際に不要なニードルを使って、その締め付け具合を実際に確認する。取り付けがゆるいと塗料が漏れ出す

▲きつくてニードルが動かなかったらマイナスドライバーを使って再度調整する

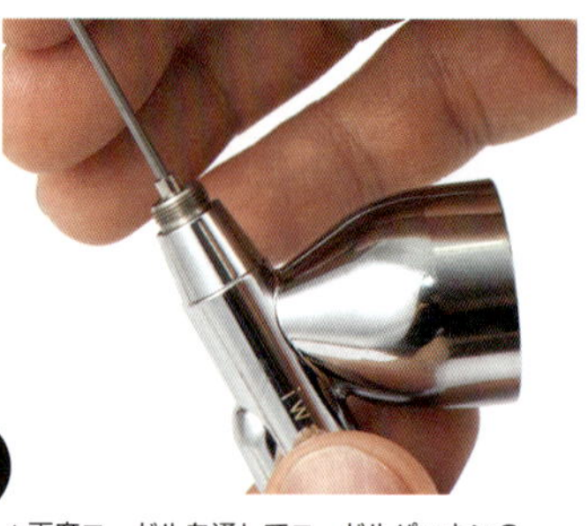

▲再度ニードルを通してニードルパッキンのきつさを確認する。これを数回繰り返して微調整する

本体の組み立て（1）／各所のグリスアップ

▲エアーバルブ部にはロッドにOリングが組み合わされてこの位置にセットされる。この状態を内部で組み立てる

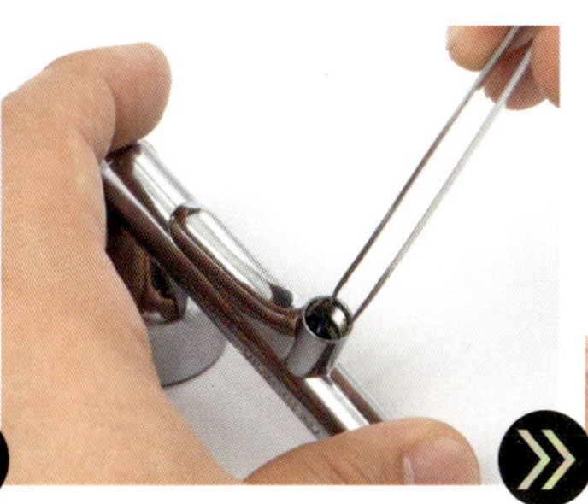

▲まず下側からOリングを挿入する。フチにOリングがはまる溝があるので、そこに置いたら、ピンセットでOリングの内側から溝に押し込んではめていく

▲Oリングがきれいにはまると写真のようになる。無理やり押し込むとシワになりちぎれたりするので注意すること

▲バルブロッドはまずグリスをまんべんなく塗布する

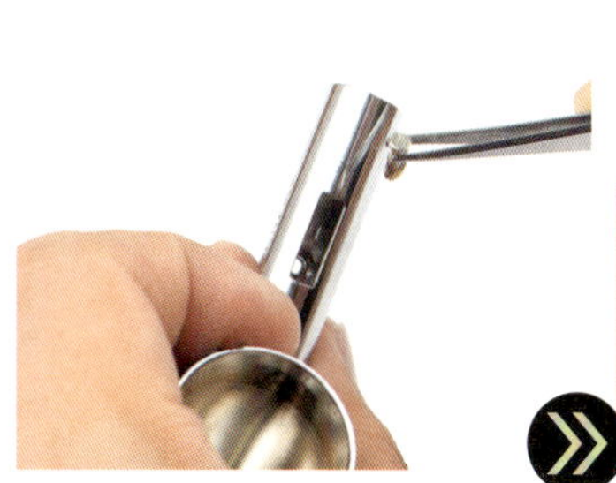

▲エアバルブの位置までは、本体上部に開けられたスリットからロッドを挿入する

▲位置を決めて落とすように置いたら、本体後ろからピンセットで下に差し込んでやる。ちゃんとOリングにささり、ある程度入ったら上から押し込む

▲正しい場所にはまると写真のようにバルブロッドの頭がこの位置に見える

▲下側から見た写真。Oリングにバルブロッドがちゃんとはまっているのがわかる

▲押しボタンを取り付ける前に、先端にある可動軸にグリスを塗布する

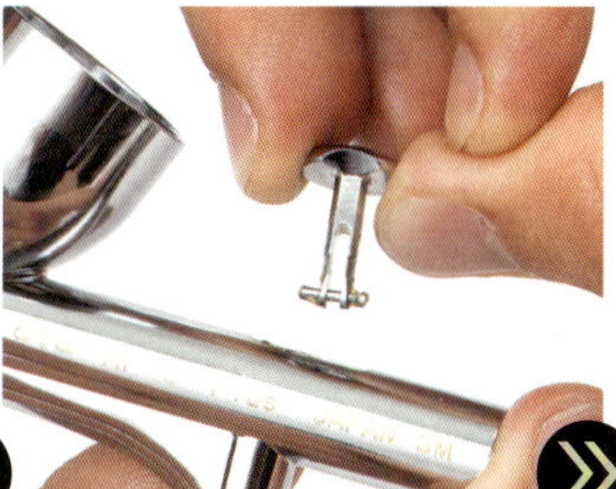

▲まずは切り欠きのある後ろ側を左側に向けて押しボタンを挿入する

▲一番下まで押し込むと可動軸がなかの縦溝にはまる

▲今度はゆっくりと左まわり（反時計まわり）に回しながら、可動軸を本体にある受け部にはめてやる

▲本体のなかを覗いた様子。この溝が押しボタンの可動軸の受け部。左右にこの受け部があるので、うまく押しボタンの軸をここにはめてやる

▲押しボタンが本体の受け部に正しくはまった状態。受け部には上下に動くための長さが作られているのがわかる

▲押しボタンの可動軸が本体の受け部にはまったら上下にスムーズに動くかテストする

▲次に前後に押しボタンが動くかテストする。正しく動かない場合は可動軸が正しくはまっていないので再度調整する

本体の組み立て（2）

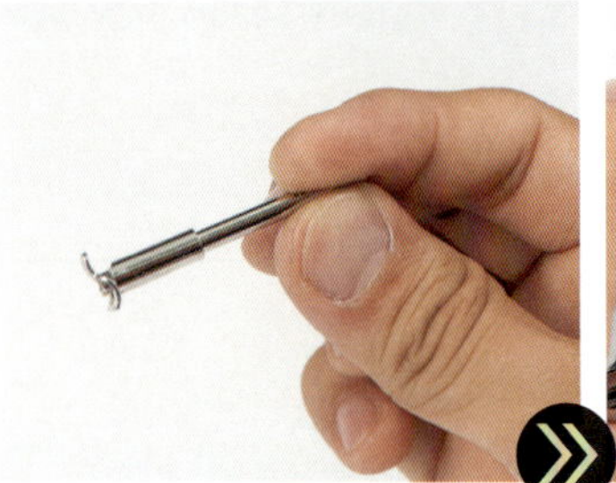

▲ボタンオシニードルチャックは正しく組み込まないと動かない。入れる向きは写真のとおり。上下を間違わないこと

▲先端のS字のボタンオシが正しく押しボタンに接触する必要があるので、斜め下に向けながら挿入する

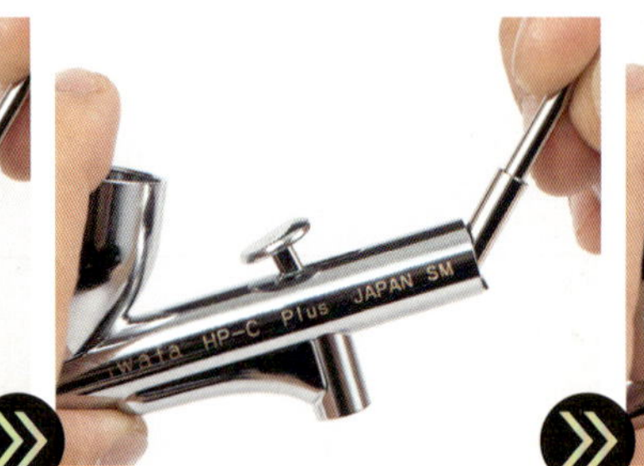

▲この角度でボタンオシニードルチャックを押し込んでいく。押しボタンは前に倒しておくとよい

▲角度を浅くしながらボタンオシニードルチャックを押し込んでいく

▲オシボタンニードルチャックの先端のボタンオシの先端が本体の切り欠きから顔を出すのが正解

▲最後まで押し込むと写真のような位置にレバーガイドの先端が見える

▲エアーブラシ内部での、ボタンオシニードルチャックと押しボタンの位置関係は写真のようになるのが正しい

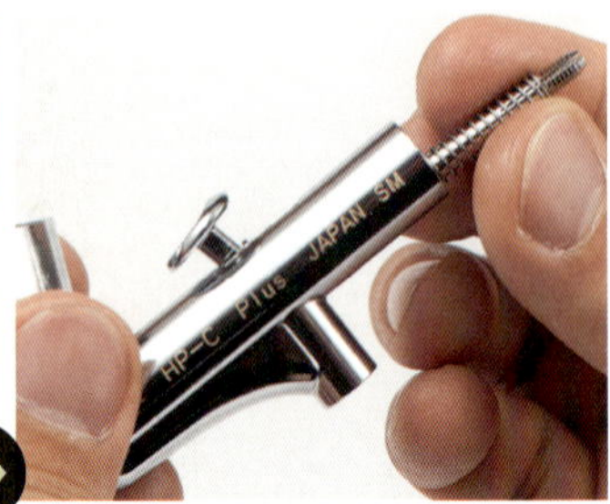

▲ボタンオシニードルチャックの位置が決まったら、スプリングを被せる

▲スプリングをスプリングケースでゆっくり押し込む

▲スプリングケースはしっかりとねじ込みながら組み付ける

▲バルブボディを取り付ける。これを取り付けると押しボタンを押しても押し返して戻るようになる。取り付けたら押しボタンのテストをする

▲ノズルを取り付ける。ノズルは繊細なパーツなので、指でつまんでつぶしてしまわないように注意。軽くつまみ、力を入れずに、ねじらずに取り付ける

▲ノズルは指で回し取り付けたあと、専用レンチで回して固定するが、絶対に回しすぎないこと。ちょっとでも回しすぎるとすぐにちぎれてしまう

▲感覚的には、ノズルを指で回しながら取り付けたあと、専用レンチでは“軽く当てる”程度。ぐるりと回すとノズルをねじきってしまう恐れがある

▲ノズルが組み上がったら、保護を兼ねてすぐにノズルキャップを取り付ける。ノズルに当てないように注意

▲さらにニードルキャップを取り付ける。ニードルキャップを取り付ける前にニードルを差し込んではいけない

本体の組み立て（3）

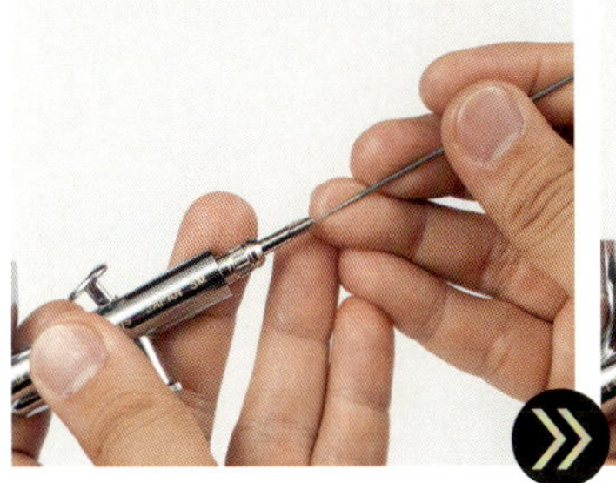

▲ニードルキャップを取り付けたらニードルを差し込む。かならずボタンオシニードルチャックの挿入口に指をそえて、ニードルの先端が不用意にぶつからないようにする

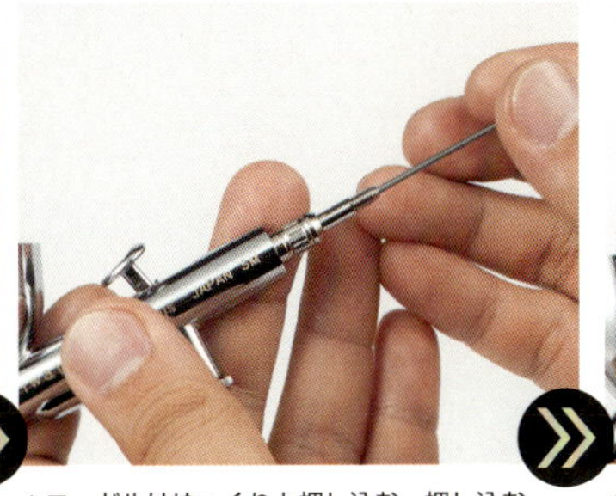

▲ニードルはゆっくりと押し込む。押し込む感覚に違和感があった場合、無理に押し込まず、いったん引き抜く

▲最後まで強く押し込みすぎるとニードルがノズルを壊してしまう。最後は指先でトントンとニードルの後端をふれて押し込む

▲ニードル止ネジを固定する。これが正しく固定されていないとニードルが正しく前後に動かない

▲キャップを被せる。正しく被せないとニードルと干渉してニードルが曲がってしまうので注意

▲指で回しながらキャップを固定する

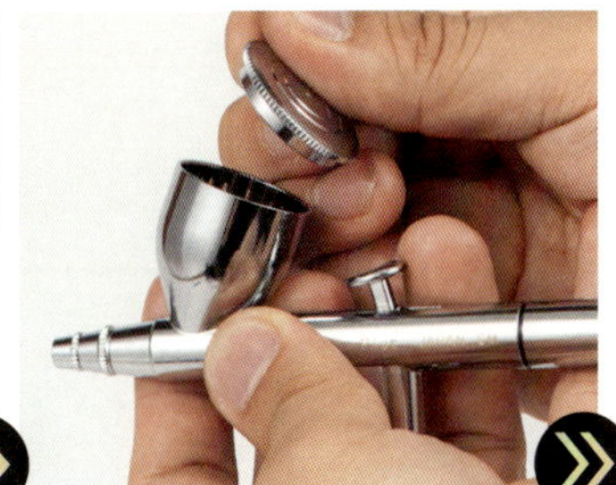

▲塗料カップのフタを被せる

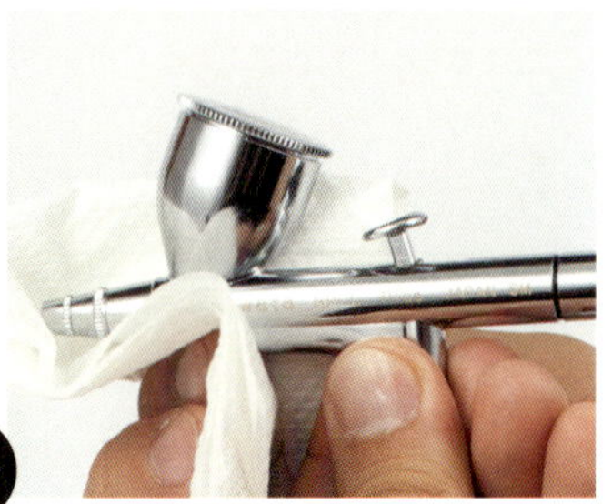

▲キッチンペーパーなどで余分なグリスなどの油分を拭き取る

再組み立て完了!!

HP plus series

HP-CP

●これで一連の分解と組み立てを完了。大きなポイントはノズル、ニードルなど繊細で注意が必要なパーツの扱い方と、各部の組み合わせによる分解／組み立て手順だ。特にS字型のボタンオシがついたボタンオシニードルチャックの組み込みは、間違うとエアーブラシが正しく動かない。またエアーバルブのバルブロッドの差し込み方法にも注意が必要だ

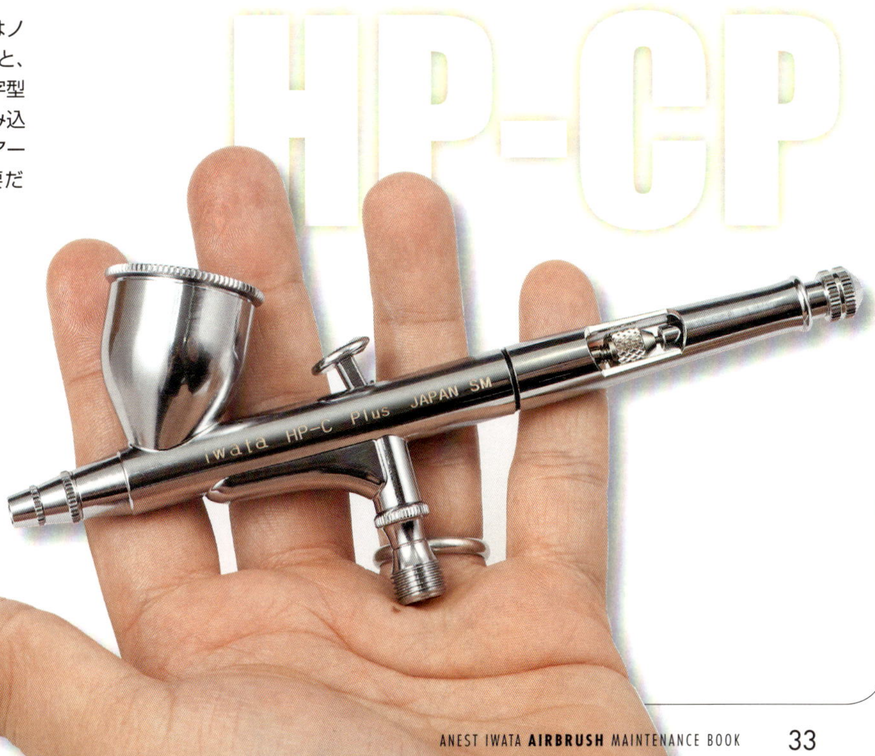

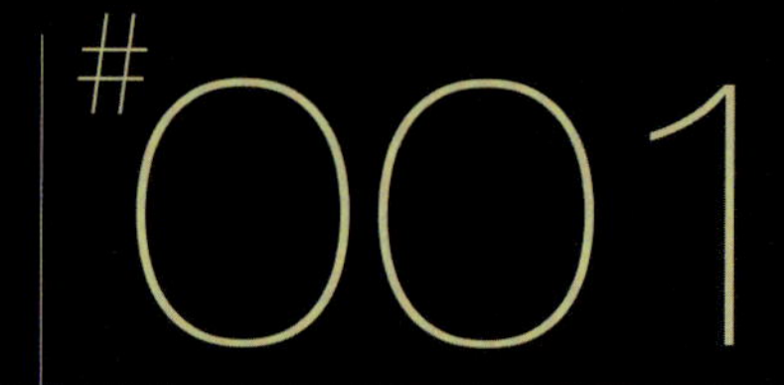

☑Hajime Sorayama
☐Tetsuya Nakamura
☐Shin Tanabe

アネスト岩田
ユーザーインタビュー

#001

どんなに乱暴に使っても壊れない。それが高級品の条件だ ——— 空山基

（イラストレーター）

'70年代のハイパーリアリズムブームを牽引した空山基氏は、意外にもエアーブラシ使用の頻度は下がっているという。それでもアネスト岩田製のエアーブラシ以外は使えないと語る

——これまでエアーブラシ自体は、何種類くらい試されたんですか？

空山　前はオリンポスを使っていたよ。50年ぐらい前に、ハイパーリアリズムだとかフォトリアリズムのムーブメントが起きたころ。オリンポスのを使って描いていた。そうしたら、岩田の営業の人間が私のところにやってきて自分とこの製品を「使ってくださいね」と言っておいていった（笑）。その当時はみんな、オリンポスのエアーブラシを使ってたな。それをなんとかiwataに変えようと、営業マンやお姉ちゃんがわーわー来て。でも、最近はエアーブラシもネイルアートやお化粧に使うのが主流になったらこっち（イラストレーター）には見向きもしないんじゃないの？　そういうもんよ（笑）。あのころは営業マンが私のアトリエに来たときにね、私のエアーブラシをメンテナンスしてくれてたんです。ほら、私エアーブラシを掃除しないから。

——ちなみに面相筆で描かれるときとエアブラシと、同じ絵の具なんですか？

空山　同じだけどエアーブラシはほとんど使わない。大きいグラデーション描くときに使うだけなんで。技術はそこらの学生以下なの。だけど私は、「このポイントだったら効果があるんだ」っていうエアブラシの何たるかがわかってるわけよ。みんな、エアブラシのポイントというか、本質がわかってないから、ゴミみたいな絵しか描けないの。適材適所ってあるのよ。例えばトラックの絵なんか描いてるのは、あーあ、ペンキの無駄遣いって思うだろ（笑）？　まず透明感出せないし、おもちゃ塗ったりする人たちも、アニメの色しか塗れないじゃん。透明感を出すには、はやっぱり本気でやらないとダメだよ。

——エアーブラシを使うところがわかってるからこそ活きるわけですね。

空山　そうそう、反対にわかっていない素人さんが入ってくると、エアーブラシに使われるのよ。エアーブラシって筆より繊細にグラデーションが引けるからね。若葉マークがいきなりF-1に乗るようなもんなのよ。F-1に乗るならそれなりの修行がいるの。それがないから、だから作品がぐちゃぐちゃになるんじゃないの？

——免許取り立てでもF-1のペダル踏めばいい音しますからね。

空山　それで怪我したり失敗するの。気持ちいいからエアーブラシ吹き付け過ぎるのよ。それで、取り返しのつかないことになる。私なりの経験でアドバイスするんだったら、控えめ。常に足りないくらい吹いてれば取り返しつくからね。そういうもんなの。

——確かにそうですね。

空山　やりすぎてしまった後で、修正しようとするとグッチャグチャになるの。使い易すぎるんじゃないの？　グラデーションが勝手に引けちゃうからね。でも知り合いで着物屋さんがいるんだけど、そこの製品に手描き友禅とエアブラシの友禅があるの。エアブラシの友禅はすごい綺麗なの。外国人にはすごい受けるんだけど、日本のお客さんたちは手描きでムラがあったり下手くそなところが手描きって証明になるんだって喜ぶらしいよ。でも、そうかい？　グラデーション綺麗に塗ってあったほうがいいじゃん（笑）。そのへんがなんかね、私は屈折してるね。その屈折してるところに画材屋さんだとか、エアブラシ屋さんだとかは逆手に取っていこうとしてるけど。どっちにしたって、私はエアーブラシもペンキ屋さんの道具に変えるべきだと思うね。ペンキ屋さんだっていまはローラーで、みんな素人さんだってやっちゃうでしょ。

——iwataだからいいってところはありましたか？

空山　それは断然メジャーだから。そりゃたとえば、パーツ交換が急に必要になったとしても部品調達はメジャーで大手のもののほうが楽だろう？　俺は部品買い替えたことないけどさ。例えば車でいえば、トヨタ車に乗ったほうが安心だし、何かあったときの対処だっていいのと一緒だよ（笑）。

——そうですね。

空山　そうですよ。使い勝手がいいにこしたことはないけど、だったら仕事の道具ならメジャーなものを使うのがいい。趣味で味わいを楽しむ対象ではないんだ。

——空山さんはいつも「エアーブラシが重い！」っておっしゃってますね。

空山　そう。重いの嫌なの。前のノズルキャップも後ろのキャップも外して使ってるし。例えば新しい人たちは鉛筆もシャーペンのグリップが金属のやつ使うじゃん。私は未だに鉛筆使うのよ。軽いから。そういう最初から重いのに慣れてる人はいいかもしれないけど、当時はプラモデル作っていた頃は一番せこいやつ使ってたし、軽いのに慣れてると重いのが嫌だね。

——先生みたいに長い時間使うと……。

空山　長い時間使わないって言ってるだろう馬鹿野郎（笑）。

——面相筆でも長時間描くから。

空山　長時間やるから筆にもアダプターつけてて使ってる。一番いい大きさ、ちょうどいい軽さがあるのよ。完全に時代から取り残されてるから、鉛筆も注文じゃないとダメ。俺なんか10Hなんか

空山基（そらやまはじめ）

1947年愛媛県生まれ。中央美術学園デザイン科卒業。広告代理店旭通信社（現ADK）を経てフリーのイラストレーターに。メタリックなロボットに女性のエロスを融合した「Sexy　Robot」で一世を風靡。国内外で30冊を超える作品集を刊行。現在もなお世界の最前線で活躍する日本を代表するイラストレーター

仕事で使うなら5つか6つ、新品を確保していないとダメだね

使うから、そういうのは店に置いてないから。文房具屋に行ったって、5Hくらいしか置いてないんじゃないかな。で、面相筆もたぬきの毛だとか竹はあるんだけど、いまは職人がいなくなってきている。業界が職人を育てるほどの金もないし、今後無くなっては困るんだよな。だからこっちの防衛手段としては買い置きしかない。筆は買い置きをいまでも500本持ってるんだ。

エアーブラシも、本当にエアーブラシ使う（って仕事する）人は5つか6つ持っとくといいと思うよ。レストア用。クラシックカーもみんなそうしてるじゃん。そうしたらいいと思うんだけど、壊れても問題ないじゃない

——空山さんはエアーブラシはなんでもいいし、1本あればいいよ、という感じですか？

空山　うん。なんでもいい。いや、1本ってわけじゃないけど、口径が太いのから、細いのまで揃えているよ。ハイライトの馴染む部分の表現なんかはほそい方がいいし。

——いま何本くらいお持ちですか？

空山　30本くらいあるんじゃないの？　使えなくなったの全部置いてあるし、iwataが最近メンテナンスしてくれないから困ってる（笑）。それは冗談だけど、エアーブラシの調子が悪いと絵描くモチベーションに響くんだ。だから新品で箱から出してないやつ何個もあるもん。それを出して使うじゃん？　すると重い（笑）。でも高級品だということはわかる。アメリカで高級品というと、うやうやしく使うんじゃなくて、ガンガンに使い込んでも壊れない、というのが高級品なんだ。アメリカ人は「高級品というのは繊細にいろいろできるんじゃなくて、ガンガン使っても丈夫なものを指す」そういう発想しかないんだって。高級ランジェリーってあるじゃない？　ああいうのはヨーロッパでは根付いたんだけど、アメリカでは根付かなかった。繊細なレースの出来が分からないアメリカ人はランジェリーもスニーカーも洗濯機に放り込むからな。もちろんヨーロッパに下着買いに行く人は別だよ？　アメリカはがさつな国だから。車見てればわかるだろ？

——多少ぶつけても壊れないのがいいんだと。

空山　それが高級だからな。

——使えなくなったら次行くんだよ、とおっしゃってましたけど、じつはこの本はエアーブラシをメンテナンスをしようって本なんですよ。

空山　そんなことしたら新しいの売れないじゃない。企画間違ってるよ（笑）。

——アネスト岩田で、そういう部門の方がいて、ここまでお手入れすると使い勝手がちがいますよ、って啓蒙するんです。

空山　それ天敵じゃないiwataの（笑）エアーブラシだって使い捨てすればいいじゃないの。こんなものはいちばん高いのでも8万円もしないだろ。普通に安いやつでいいから、それ使い捨てればいいじゃない（笑）。そういう、フェラーリだとかロールス・ロイス、マイバッハ作りながらカローラ作ればいいんだよ。

——iwataは入門モデルもありますからね。

空山　それを使えばいいじゃない。■

Sorayama

iwata by ANEST IWATA CASE 004 / Custom Micron シリーズ

CM-CP2のメンテナンス方法

カスタムマイクロンシリーズは数あるエアーブラシのなかでも最高峰となるiwata by ANEST IWATAのフラッグシップシリーズ。繊細で正確な吹付けが可能なノズルヘッドシステムを採用し、すべての製品が熟練の技術者による1本ずつの厳格な吹付け検査・チューニングをうけている

プロフェッショナル達へ向けた最高クラス!

●本シリーズは高品質・高精度を追求し製作されたエアーブラシで、ノズル口径は最も小さいφ0.18mmとφ0.23mm（CM-CP2は後者）。スタンダードなダブルアクションモデルだが、新型のヘッドはより空気の流れを考慮した作りで、低圧の空気でも高粒子化が可能だ

高級ケースに収納

▲専用にあつらえられた収納ケースは重量感たっぷりな作りだ

本体の基本分解①
基本パーツの取り外し

基本構造はスタンダードなダブルアクションモデルと同様なので、後部の構造から順番に分解する流れだ

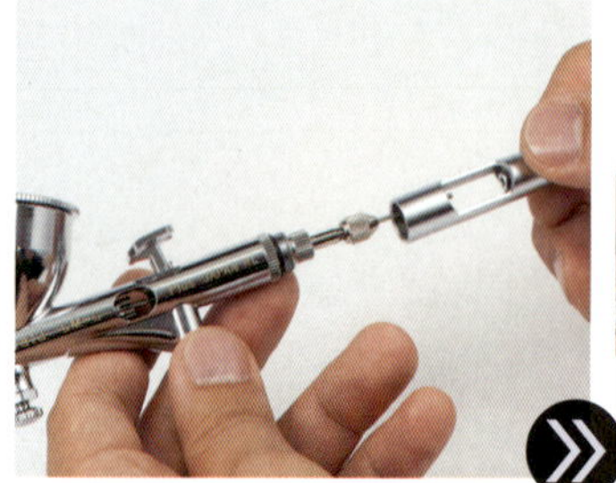

▲キャップを手で回して外す。ニードルにぶつけないように注意する

▲ニードル止ネジを回し外す

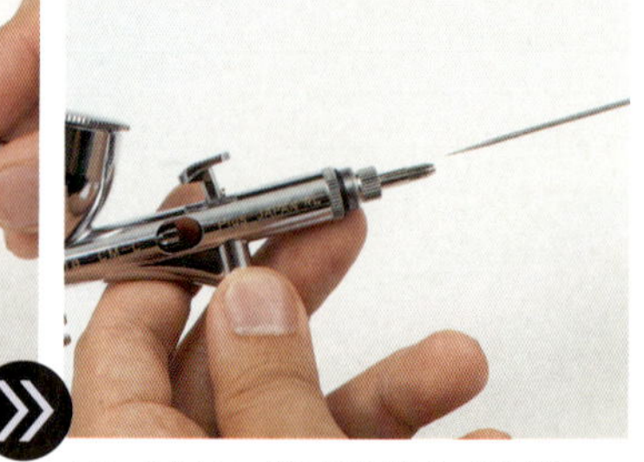

▲ゆっくりとニードルを引き抜く。抵抗がある場合などは無理をするとニードルを破損する恐れがあるので注意

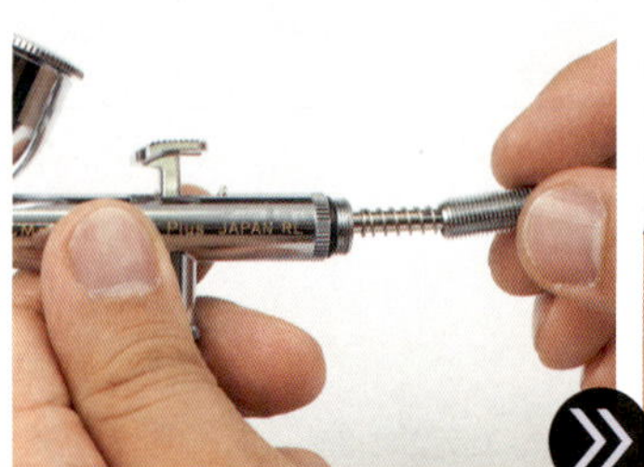

▲バネ調整ネジを回し外す。スプリングが飛び出してくるので注意

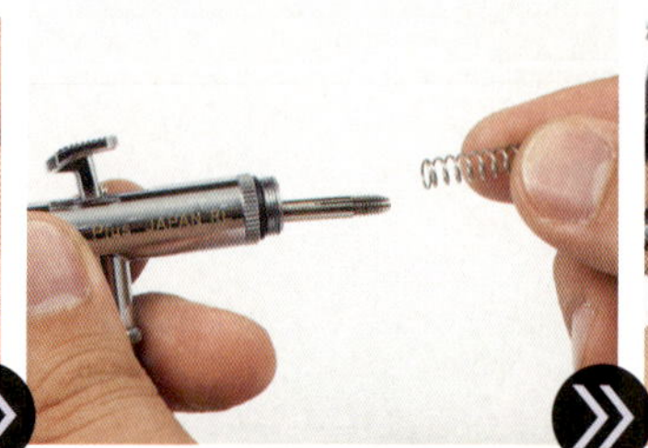

▲スプリングを取り外す。不用意にひっかけてスプリングが伸びないように注意

▲スプリングガイドネジを指で外すとオシボタンニードルチャックを外すことができる

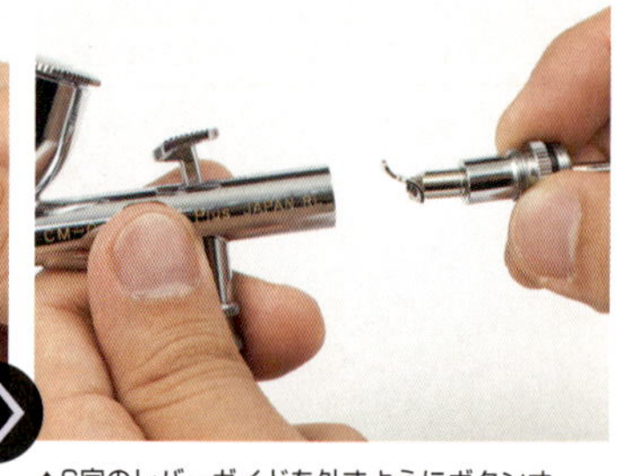

▲S字のレバーガイドを外すようにボタンオシニードルチャックを引き抜く

本体の基本分解②
ボタン類の取り外し

押しボタンの取り外しも通常のダブルアクションモデルと同様の手順で行なう

▲オシボタンニードルチャックからスプリングガイドネジを外しておく

▲押しボタンをまっすぐ上に引き上げると、本体内部の受け部分から押しボタンの可動軸が抜ける

▲本体から押しボタンが抜けたところで左に90度（反時計周り）押しボタンを回す

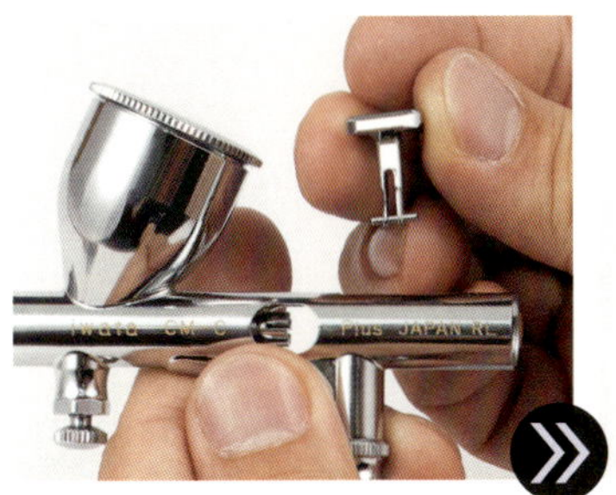
▲そのままさらに上に引き上げると押しボタンが本体から抜ける

▲押しボタンは中心軸にニードルが通る穴があり、端には前後可動の中心となる回転軸がある。ボタンには前後があり、後ろ側には本体に干渉しないような切り欠きがある

▲エアーバルブのボディを外すには、きつく本体に固定されているので、最初にレンチなどで緩める

▲緩んだあとは、ゆっくりと指で回し外す

▲エアーバルブのボディにはゴム製のOリングがはまっているので、よごれや破損がないか確認しておく

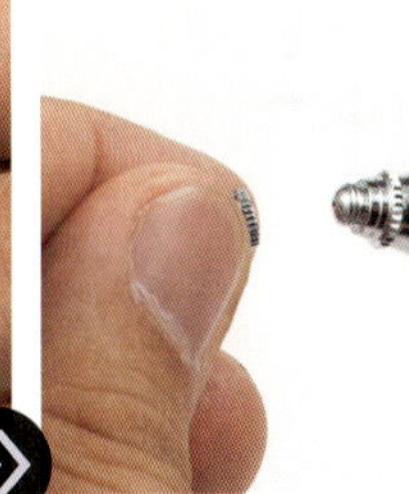
▲指でニードルキャップを外す

▲次にノズルキャップも外す

▲ノズルキャップは不用意にノズルに当てないように注意しながら作業する

細吹き迷彩のテクニック①

ここでは、アネスト岩田に代表される細微なエアーブラシならではの表現を紹介しよう。たとえば1/35戦車模型の細吹き迷彩などは、細吹きテクニックが活かされるジャンルのひとつ。実際には細い帯幅にボケ足がつく迷彩をそれらしく再現するにはいくつかの条件が必要だ

エアーブラシは0.2㎜口径が良

▲使用するエアーブラシは口径0.3㎜以下。できれば口径0.2㎜を準備したい。高級モデルならば塗料がつまる場合も直前で感触で判断可能だ

塗料はラッカー系を使おう

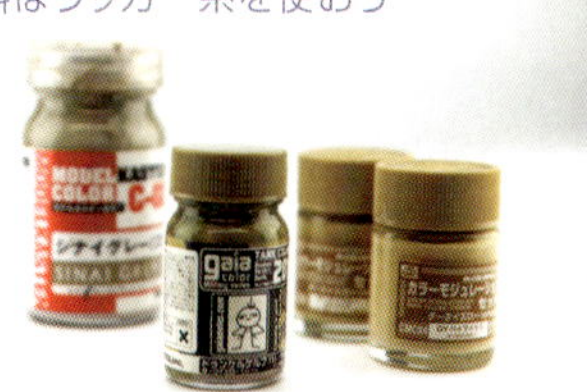
▲使う塗料はいわゆるラッカー系塗料をいつもより薄めにして使用するのがベスト。アクリル系塗料などはノズルが詰まりやすくなるクセがある

本体の基本分解③
ノズルの取り外し

ノズルは思っている以上に繊細なパーツ。不必要に力を込めた結果、ねじ切ってしまうというトラブルが起こりやすい

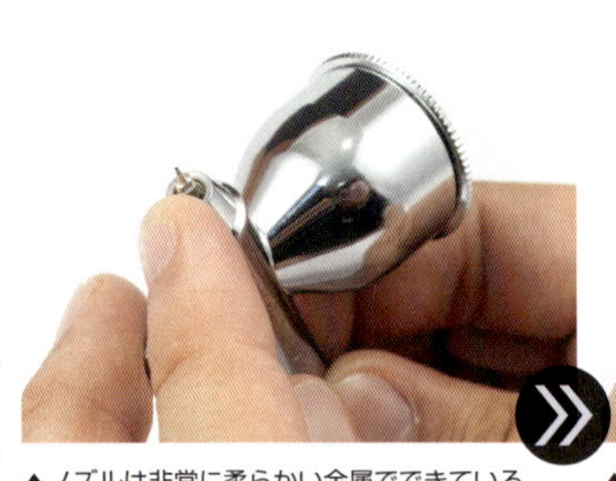

▲ノズルは非常に柔らかい金属でできている。ノズルカバーを外してノズルがむき出しになったら、決してそのまま机に置いたりしないこと。また不用意にさわらないこと

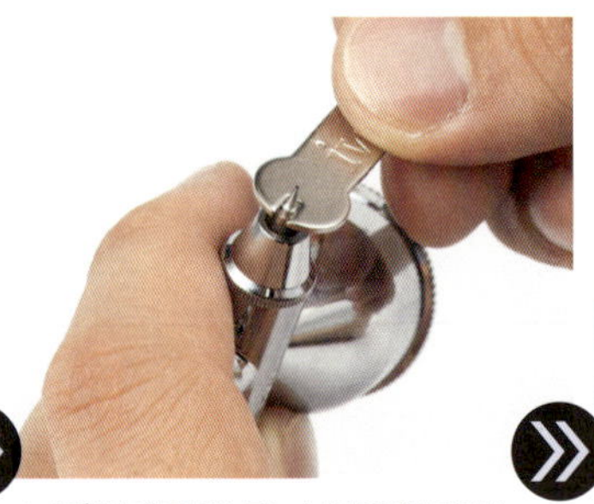

▲ノズルに作られた回し止め用の角に専用レンチを当てて左側（反時計まわり）に回す。軽く抵抗があるだけで簡単にネジが緩む

▲ネジが緩んだあとは、指先でノズルをゆっくりと回して外していく。力を込めすぎるとノズルが変形する場合もあるので注意

本体の基本分解④
ヘッドとエアーバルブの取り外し

ヘッドやエアーバルブは工具を使わないと外れないよう組みつけられている。本体に不要な傷をつけない工夫をしたい

▲専用のレンチなどをつかってヘッドを緩める。塗料で固着している場合もあるので、その場合は無理せず壊さないようにゆっくりと回すようにする

▲ヘッドが緩んだら指で回して外していく。内側はノズル状に伸びてパッキンに刺してあるのでまっすぐに引き抜く

▲CM-CP2のヘッドは通常のモデルが1つなのに比べ空気の送風口が3つ空いている。これによって、より細密なミストを作ることができる

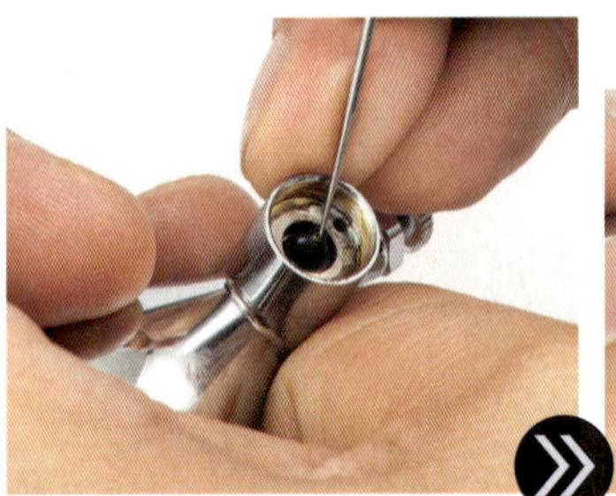

▲本体内側にはパッキンとしてOリングが挿入されている。ニードル状の道具を使って引っ掛けるように内側の溝から引っ張り出す

▲Oリングはゴム製なので無理な力をかけるとちぎれたり、破損したりしてしまう。無理のない力のかけかたで引き出す

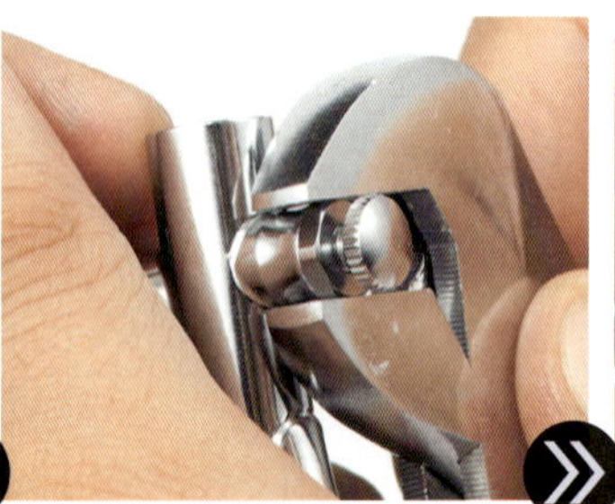

▲CM-CP2には空気調節ツマミがついているのでこれを外す。まずモンキーレンチで緩める

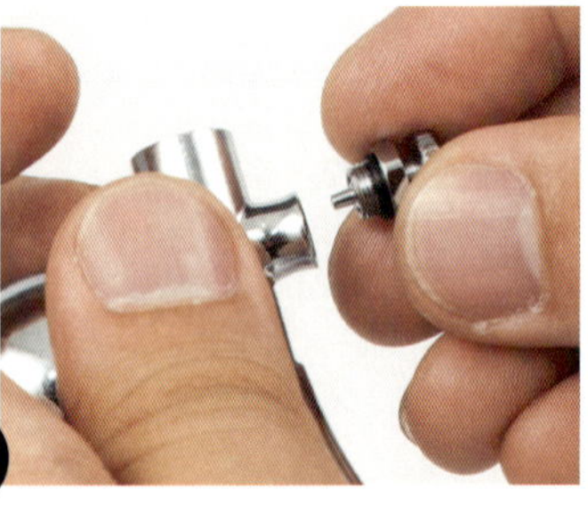

▲次に指で回して取り外す。空気調節ツマミにもゴム製のOリングが内側についているが、これも破損したり汚れたりしていないか確認する

応用メンテナンス
ニードルパッキンの分解と洗浄

エアーブラシの使い勝手を左右する部位だけに作業は慎重に行なう。場合によってはプロに作業をまかせること

▲CM-CP2も押しボタンの奥にニードルパッキンがある。マイナスネジが切られているので、ドライバーを使って取り外す

▲マイナスドライバーをゆっくりと回していくと、本体内部でニードルパッキンが外れる。落とさないように注意

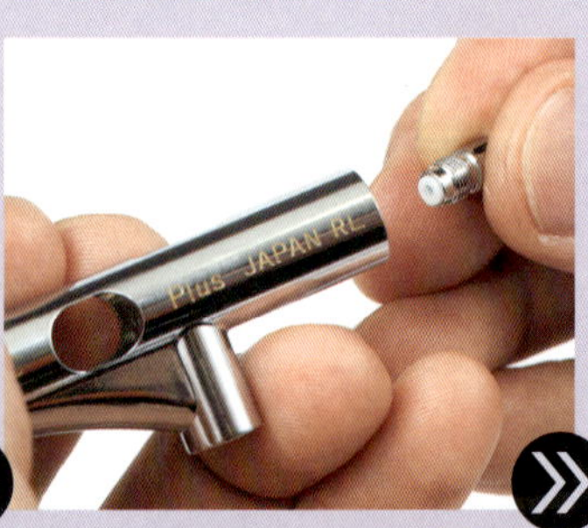

▲ピンセットなどで取り出す。取り付けの場合は、ドライバーの先にニードルパッキンを乗せ、上から本体をかぶせて位置決めする

本体の基本分解⑤
バルブロッドの取り外し

Oリングのある場所はすべて塗料などに浸かるのがNGな場所。塗料で汚れていれば使い方が間違っている証拠だ

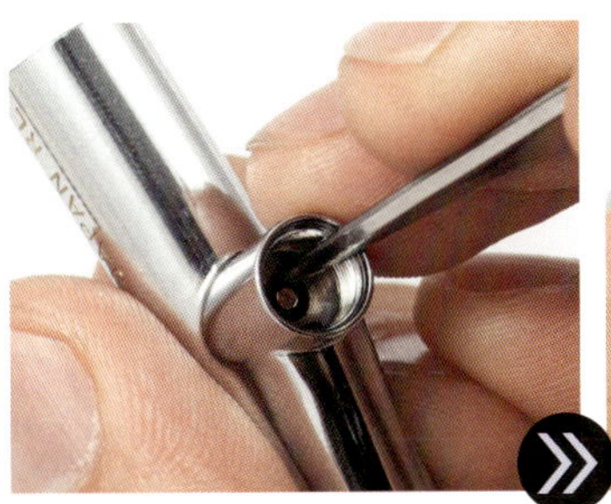

▲エアーバルブのピストンは内側から差し込んである作りなので、下からピンセットなどで内側に押し込んで外す

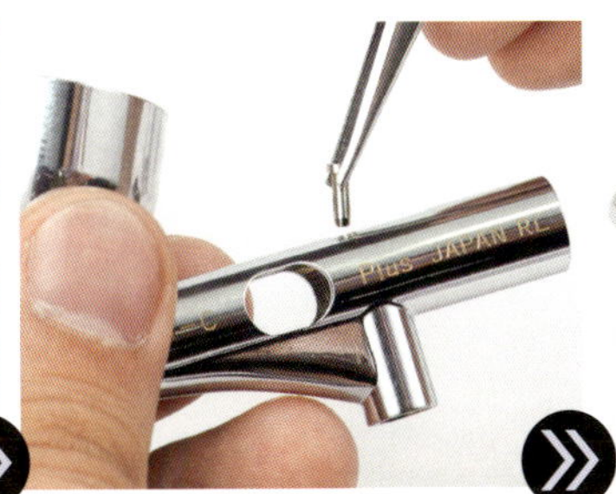

▲Oリングから抜けて内側にはずれたピストンを抜き取る。押し込んだ拍子になくさないように注意

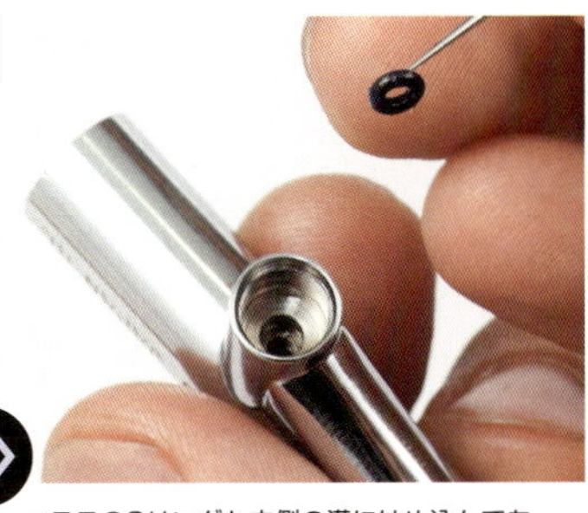

▲ここのOリングも内側の溝にはめ込んであるのでニードル状のツールを使って引っ掛けて取り出す

完全分解完了!!

通常のダブルアクションタイプと基本的な構造は同じだが、独自の構造部分も多いCM-CP2。分解したパーツの状態や組み付けられ方も確認してほしい

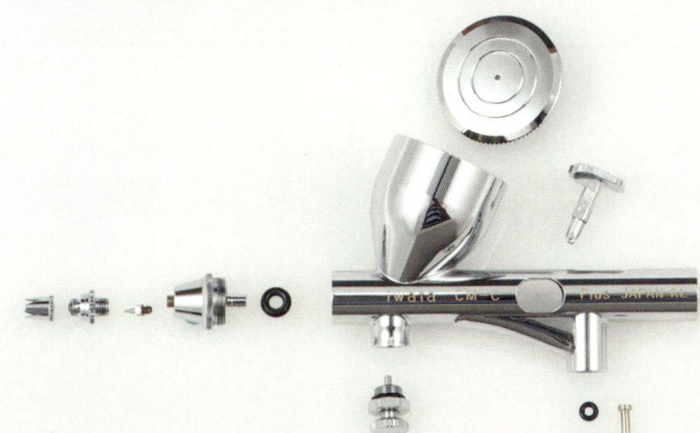

●ノズルやヘッド内は通常のメンテナンスでは洗浄しきれない塗料が残りやすい場所なので細ブラシなどで徹底洗浄する。そのほか、Oリングが塗料で汚れていないか確認する。繊細な道具だけにメンテナンスの仕方で使い勝手が変わると考えていいだろう

▲ノズルはやはりメンテナンスのキモ。ニードルキャップやノズルキャップと一緒に溶剤に浸して洗浄していいだろう。それ以外のパーツは基本的に拭き清掃する

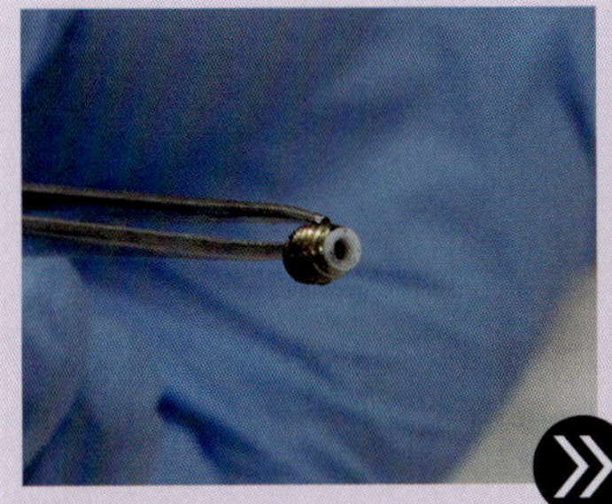

▲実際に使用していたエアーブラシのニードルパッキン。肉眼でも非常によごれているのがわかる

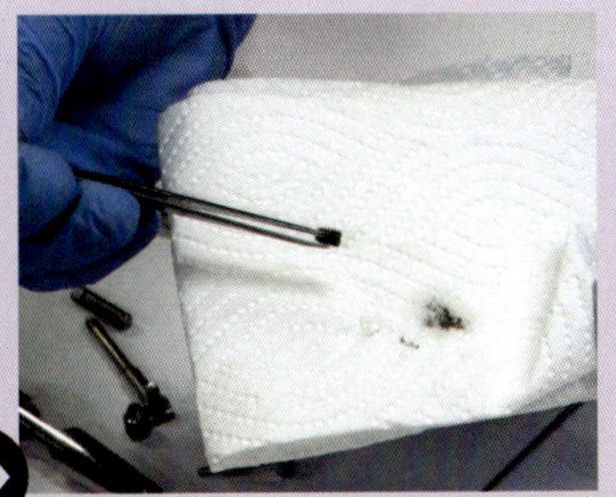

▲金属と樹脂からなるこのパーツは劣化を避けるため、キッチンペーパーなどで丹念に拭き掃除をしてやる

CAUTION ニードルパッキンの取り扱いは慎重に

エアーブラシの中心といってもいい部位であるニードルパッキンはやはりその取り扱いにも充分注意したい。できればメンテナンス時には綿棒など傷をつけないものを使って拭き掃除を中心に行ないたい

本体の組み立て①
バルブ部の取り付け

清掃後の組み立ては分解の手順の逆で組んでいく。バルブ周辺は正しく組み立てれば調整の必要がほとんどない

▲エアーバルブ部のOリングは本体内側に彫られた溝に埋まっているのが正しい位置。まずは無理に押し込まずに位置をあわせる

▲次にOリングの内側にピンセットを当てて、少しづつ押し込んでいく。

▲ちゃんとはまっていればOリング自体が歪みなく収まる。もしひねったまま入るなどしていたら、一度抜き取って再度はめ直す

▲Oリングがはまったら、ピストンを挿入する。まずはグリスアップする。周囲にまんべんなく塗布しておく

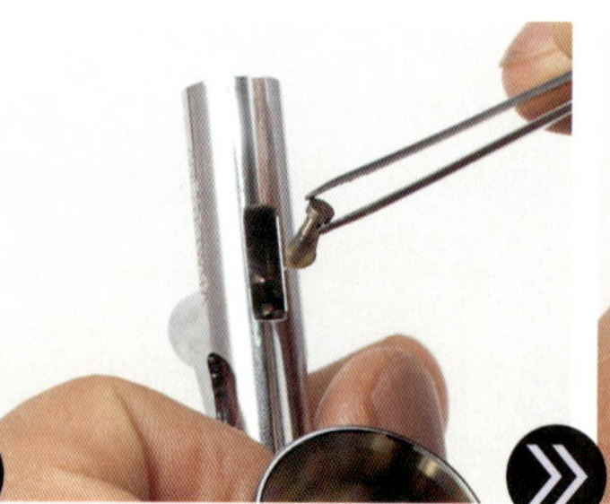
▲ピストンは本体の上のスリットから挿入する。ここはエアのみの通路なのでグリスがはみ出しても塗料と混ざることはない。ピストンの上下を間違えないこと

▲上からのぞくとOリングが見える。そこにまっすぐ差し込んでやる。Oリングにはまったら、そのまままっすぐ奥まで入れる

▲正しい位置にピストンが入った写真。Oリングが正しく設置されていれば、差し込む場所に迷うことはない。

本体の組み立て②
押しボタンの取り付け

押しボタンの設置は以外と手こずるポイント。内部のどこにボタンのどの部位がはまるかを確認して作業する

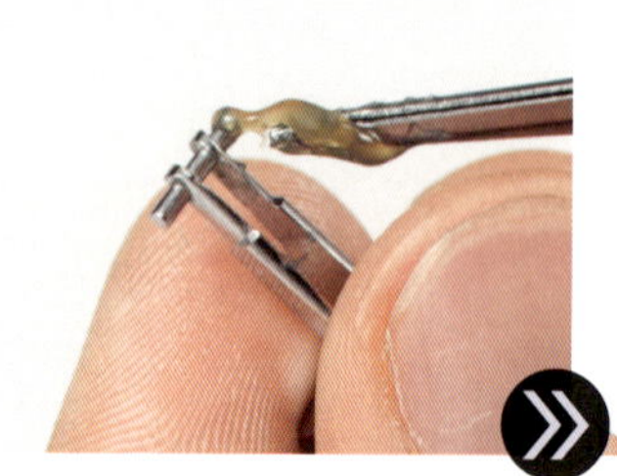
▲押しボタンの先端にある可動軸にグリスアップする。スリット部はニードルが通るのでできればグリスは付着させたくない

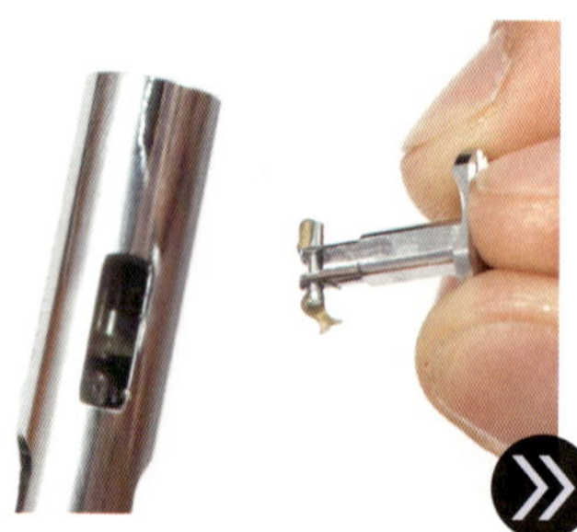
▲押しボタンの後ろ側(切り欠きのあるほう)を左向きに本体に挿入する。(写真の本体は先端が下を向いた状態)

▲本体のスリットに押しボタンを挿入する。押しボタンが本体内部の可動部となる切り欠きにぶつからない程度の深さにいれる

本体の組み立て
ニードルパッキンの取り付け

奥まった位置にニードルパッキンを取り付けるにはちょっとしたコツがある。調整も慎重に行なうこと

▲まずはマイナスドライバーの先端にニードルパッキンの切り欠きをあわせて乗せる

▲そのドライバーの上に本体を被せるように乗せて位置をあわせ、ドライバーをねじ込む。締めすぎるとニードルが通らない

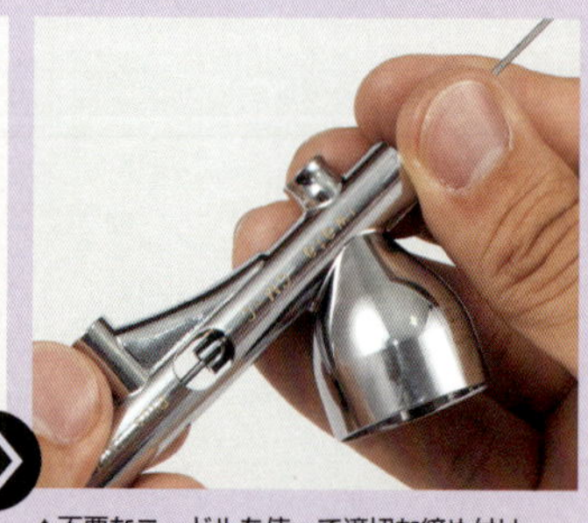
▲不要なニードルを使って適切な締め付け具合に調整する。きつすぎてもだめだが、ゆるすぎても塗料が漏れる原因になる

▲押しボタンをなかで浮かせた状態で右側（時計周り）に回す

▲バルブロッドの位置まで押しボタンを移動させると、グリスを塗った可動軸が切り欠きにちょうどはまる。ちょうど左右のきりかきに可動部が乗る状態

▲左右の切り欠きに押しボタンの可動軸が乗っていれば、押しボタンは前後に可動する

▲なかの様子。カッチリとハマって固定されている状態ではないが、この状態でOK

本体の組み立て③
ボタンオシニードルチャックの組み付け

ボタン押しが適切に押しボタンにフィットしないと、ニードルが正しく動かない。取り付け角度に注意する

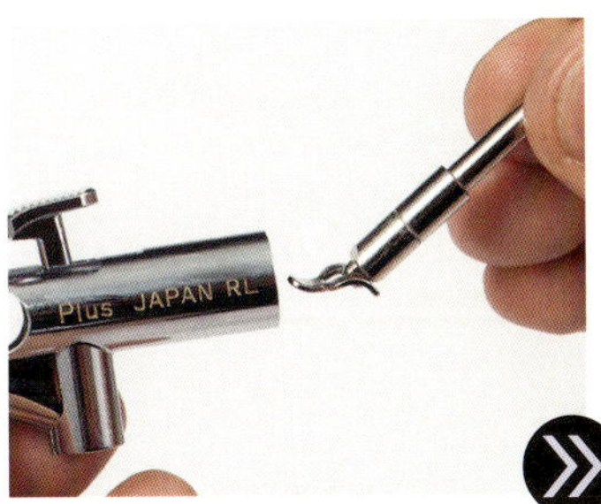

▲押しボタンにボタン押しが正しくフィットしないのは挿入時の角度が悪い場合がおおい。まずは写真のように角度をつけて挿入するとうまくいく

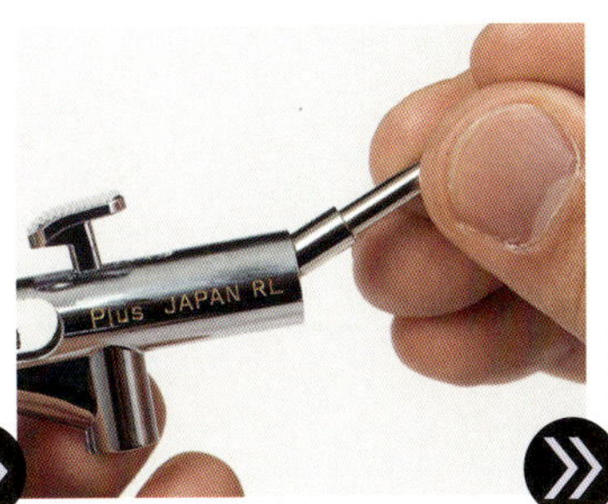

▲角度を保ったまままっすぐボタンオシニードルチャックを押し込む

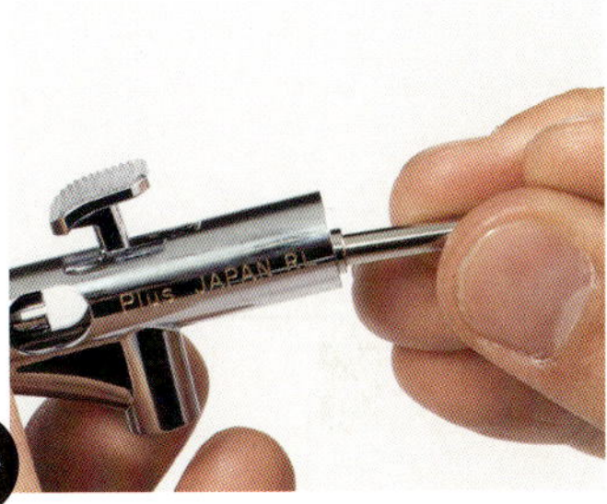

▲押しボタンにフィットしたらボタンオシニードルチャックを若干下むきに向ける

▲最後までボタンオシニードルチャックを押し込むと先頭が本体のスリットから顔を出し、押しボタンの後ろにフィットする。これで正しい位置になる

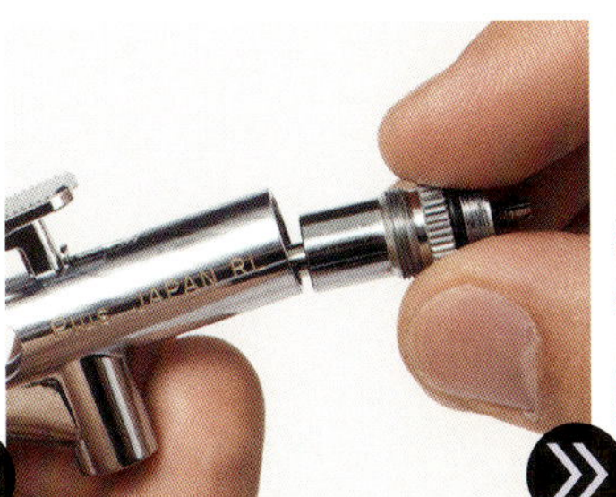

▲ボタンオシニードルチャックを固定するスプリングガイドネジを挿入する

▲本体にネジ込むとオシボタンニードルチャックが固定されるが、S型のボタンオシが動いたりずれたりしていないか確認する

▲最後までフィンガータイトにねじ込む

▲スプリングを挿入する

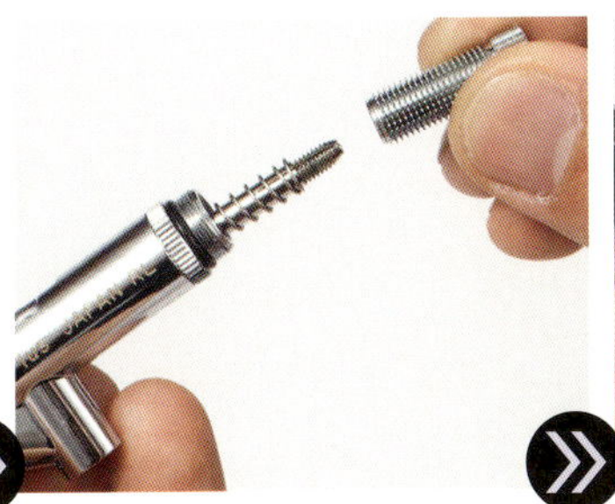

▲スプリングの上からバネ調整ネジを被せる。

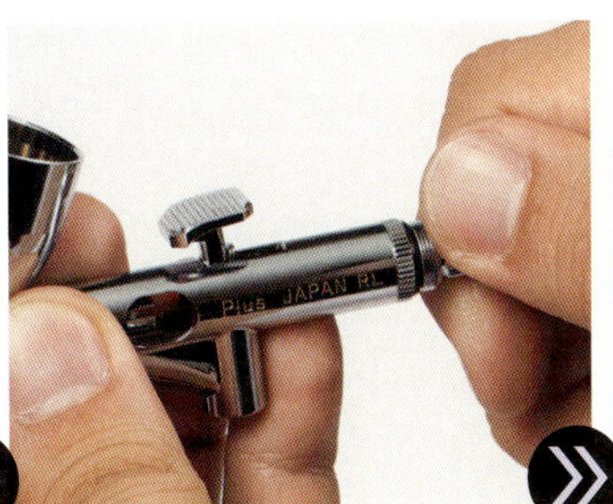

▲CM-CP2はスプリングケースがふたつに分かれる作りになっているので、どちらも確実に固定すること

▲組み上がると、ボタンオシニードルチャックの後端がこのぐらい露出する

本体の組み立て④
各バルブの取り付け

Oリングの付属しているパーツは組み上げる前にチェックをすること。劣化しているとパーツがはまらない場合がある

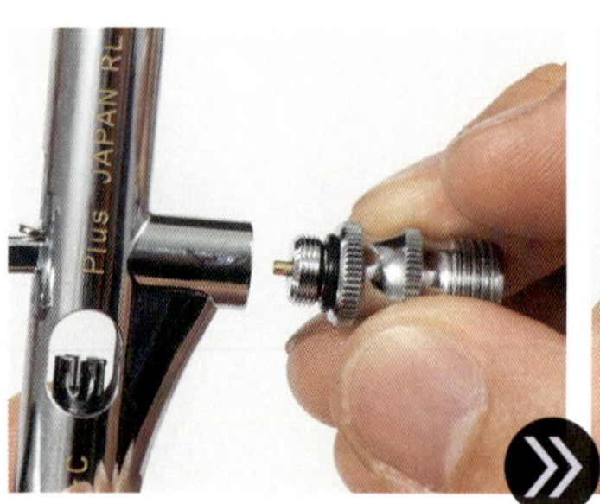

▲エアーバルブのボディを取り付ける。これがつくと押しボタンを押した際に戻りが生まれる

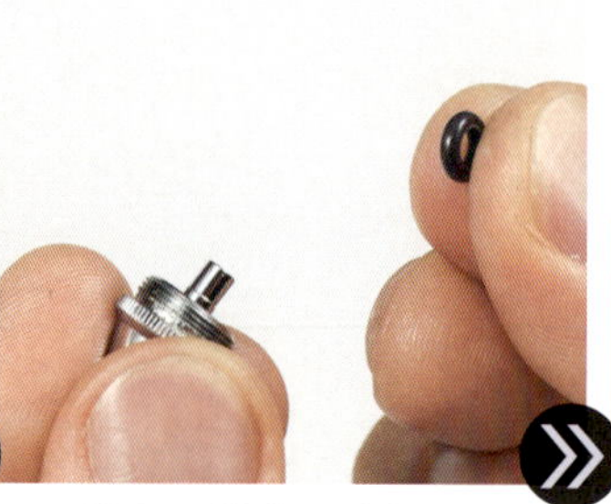
▲ヘッドはOリングを分けて洗浄したので、まずはOリングを取り付ける

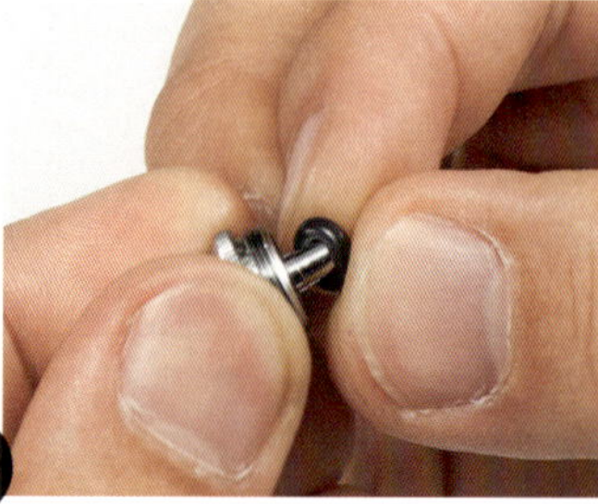
▲取り付けるときはOリングを先にヘッドに装着して取り付ける。奥までしっかりと押し込む

▲このまままっすぐヘッドごとOリングを差し込む

▲Oリングが挟まったりせず、まっすぐ収まってヘッドが取り付けることができればOK

▲空気調節ツマミも指で回し取り付ける

▲最後までしっかりとねじ込み、固定する

本体の組み立て⑤
ノズルの取り付け

ノズルの固定はもっとも気を使うポイント。コツは余計な力をいれないこと。がさつに扱うと破損する恐れがある

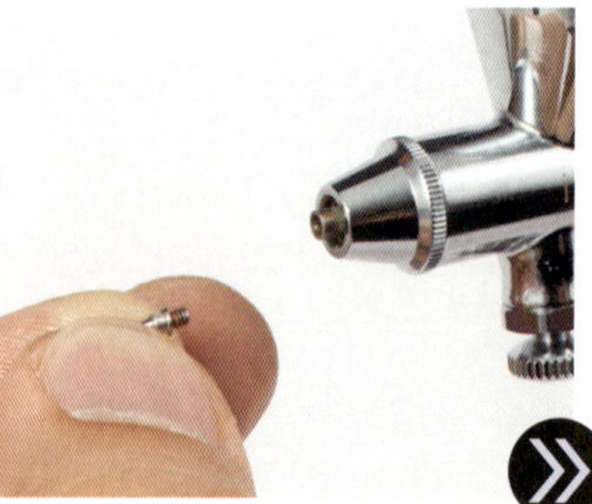
▲指先だけで力まずにノズルを持ち、本体にセットする。力任せに回すとネジ切る恐れがある繊細なパーツだ

▲まっすぐにノズルをヘッドに合わせる。こじらずに軽くヘッドを回してねじ止めをはじめる

▲必要であれば、ノズルではなくてエアーブラシ本体を回して固定してもいい。力が入ると回している間にノズルが変形する

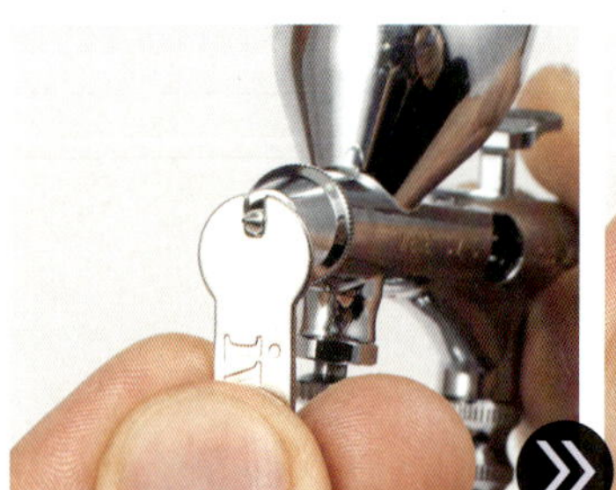
▲最後までノズルをネジこんだら、専用レンチを当てて、軽く締める。締めるというよりは、レンチのお尻をほんのちょっと押してやる程度

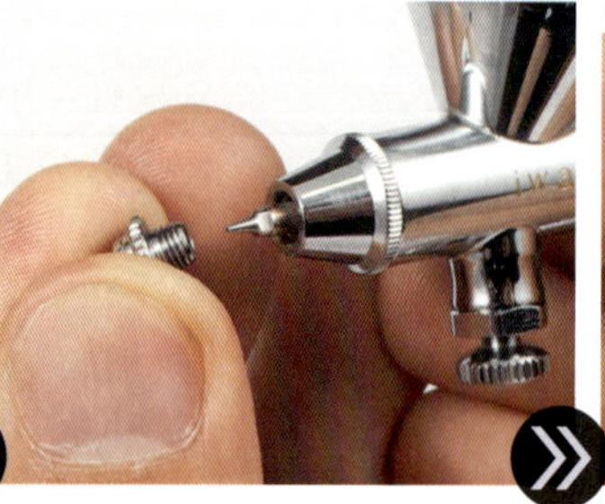
▲ノズルが固定されたら、すぐにノズルキャップを装着する

▲メンテナンス時は絶対にノズルをむき出しにして放置しないのが鉄則だ

▲次にニードルキャップを固定する。これでニードルを挿入することができる。ニードルキャップを外した状態でニードルを差し込まないこと

本体の組み立て⑥
ニードルの取り付け

ノズルと同様に気を使うのがニードルの扱い。ここではニードルを扱う際の指の動きに注目してほしい

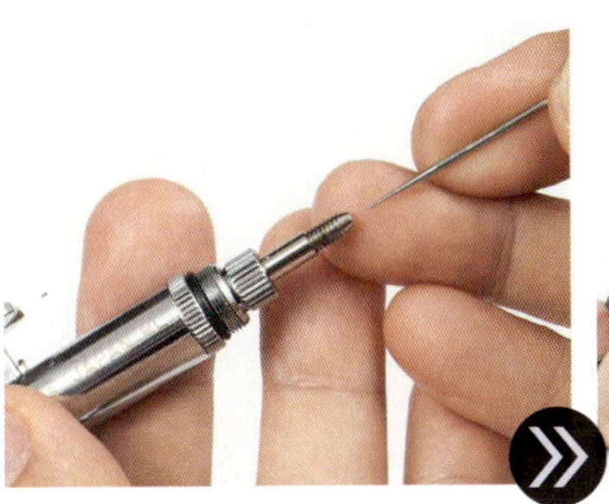

▲ニードルは先端を軽くぶつけただけで使いものにならなくなる。確実に挿入するために、ホルダーの後端の周辺に指をそえてガイドとし、確実にニードルの先端を納める

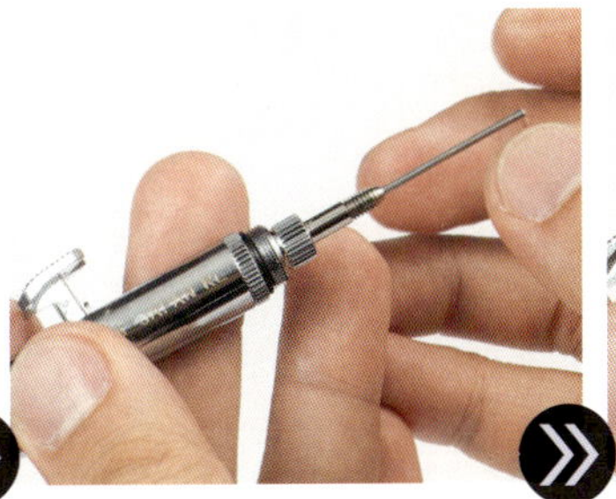

▲ニードルの先端が収まったらゆっくりとニードルを押し込む。手応えに違和感があったら無理に挿入せず、入れ直す

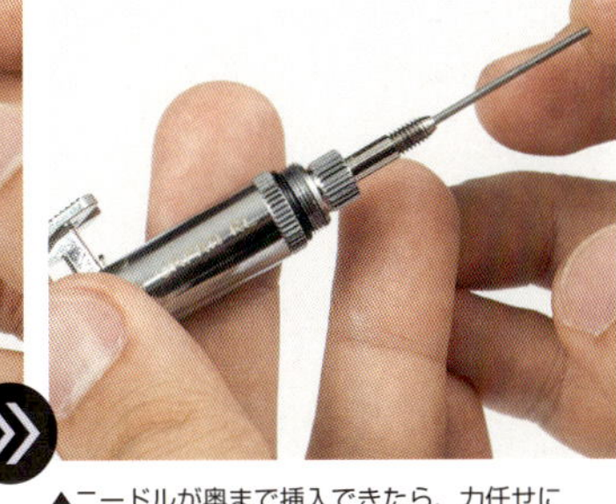

▲ニードルが奥まで挿入できたら、力任せに押し込まず、最後はニードルの後端を指でトントンと触れる程度で調整する

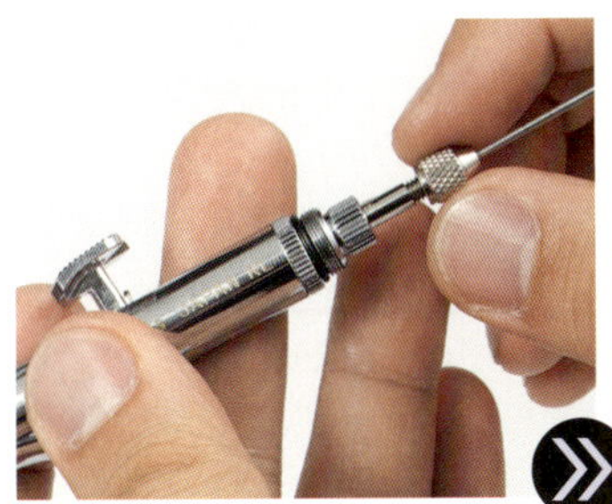

▲ニードル止ネジを差し込んでニードルとボタンオシニードルチャックを固定する

▲ニードルの後端にぶつけないようにプリセットキャップを被せる

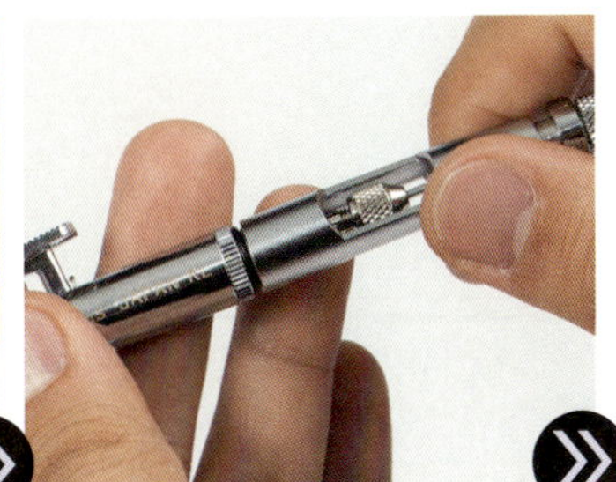

▲キャップを本体にネジ込んで固定する

▲全体に緩みがないか確認したら、各所に付着したグリスや油、よごれを拭き取る

組み立て完了!!

●やはり、ノズルとニードルの扱いは最大の配慮をしたい。高級フラッグシップモデルだけあって、各部の作りは非常に繊細なモデル。なのでほかのモデル以上にメンテナンス時にはていねいに取り扱う必要がある。最強のポテンシャルをもつモデルだけあり、常にベストな状態を保っておきたい

クラウンは外しておける

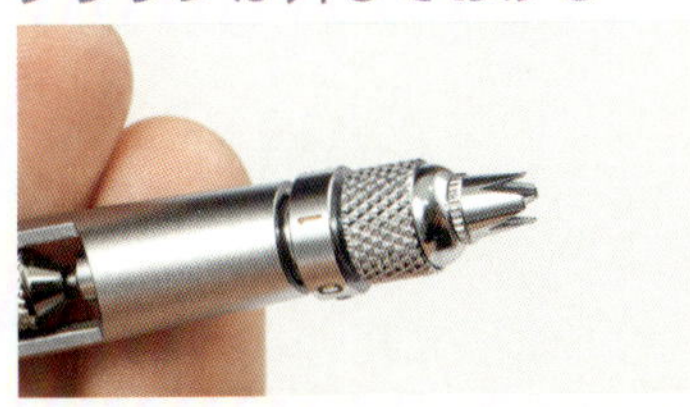

●ニードルキャップ（クラウン）が邪魔になる作業の場合、調整ダイヤルの後端に装着しておくことができるのも、ちょっとした気配りだ

ガイアノーツ インタビュー

「エアーブラシ用の塗料って販売しないんですか? もしくはガイアノーツの塗料の濃度の秘密」

2004年より活動を続けるガイアノーツは模型／ホビー向けの各種塗料や工作ツールを販売する塗料メーカー。そんなメーカーにエアーブラシと塗料の気になる関係をうかがってみた。

お話を聞いた人
矢澤 乃慶
(ガイアノーツ株式会社)

エアーブラシで塗装する際の塗料の濃度、みなさん非常に悩まれていると思います。よくモノの本には「牛乳のような濃度」なんて書き方をされてるものを目にします。しかし店頭に並んでいるあいだに、それぞれの塗料の溶剤が揮発して濃度が変わっていることを考えると、売ってるものに対して「何ccの薄め液を入れてください」と具体的な数字を言えないという現実があります。でもそれって、いったい誰がOKだしているんだという問題もあります。エアーブラシを吹くのに適した塗料の濃度というのは、結局はエアーブラシメーカーがいったいどんな濃度で吹き付け塗装をした際に最大限のスペックを発揮するようにエアーブラシを作っているのか、という問題になりますよね。彼らが、溶剤なりなにかを使って「これが綺麗に吹けたときに商品化として合格」みたいな基準があると思うんです。それが明らかになれば、塗料メーカーはそれにあわせて塗料を作ることができますからね。エアーブラシと塗料の話になるとついそのことを考えてしまいます。

ガイアノーツの塗料の濃度に関してですが、じつは色によってそれぞれ違う濃度で出荷されています。

まず、15年前にガイアノーツがスタートする際に、ひとつの「塗料の濃さの基準」というものを作りました。その濃さというのは「筆塗りに適した濃度」です。もちろん工場では好きな濃度に調整できるわけですが、元となる濃度の塗料ができてきます。その元は後で触れますが、これを元に好きな濃度を決めてくれ、と工場から言われるわけです。そこで考えたのが、筆塗りに適した濃度にしようということだったと思います。

で、まず、その塗料を使用するときに使う人が粘度調整ができるように、ある程度の幅を最初から持たせてあります。

いちばんはじめの塗料のおおもと、原型の塗料は、製造工程のなかで「混ぜやすさ」を考えて作られています。塗料の製造工程のなかで、顔料やほかの材料などが機械のなかでうまく混ざるようにしないといけない。そうすると、製造の段階である程度の濃度にせざるを得ないんです。つまり製品化の際には「どのぐらい濃くしておくか」ではなく「どこまで薄くするか」の問題と言えます。塗料を買った皆さんは塗料の濃度を濃くすることはできないけど、薄めることはできるでしょうと考えて、ギリギリの濃さにしてあるわけです。そこから使う際に使い安い薄さにしてください、というわけです。

また「塗料の保管、保存のために、ある程度粘度を調整している」という側面がじつはあるんです。たとえばシルバー系の塗料ですが、塗料が薄いと沈殿して凝固してしまうんです。ほかの顔料などもそうです。逆に濃くしておくと、沈殿しずらい。じつはある程度の粘度があったほうが塗りやすいこともあるんですよ。

なので、ガイアノーツの濃度粘度では製造工程での基準があるのですが、そこから薄くはできる。なので、本当ならギリギリまでユーザーが使ういちばんの濃さにしたいのですが、これだと濃すぎるので、筆塗りのときにちょうどいいぐらいに調整しています。買ってきて瓶をあけて、すぐに筆塗りできる濃度になっています。逆にいうとこれ以上濃いと筆塗りが難しい濃度だと思います。

ではそのガイアノーツがいう「筆塗りできる濃度設定」とは何か？　決して僕らが実際に塗った感覚で言っているのではなく(笑)、粘度カップというものを使って計測しています。そのカップですくいあげた塗料が何秒で落ちきるか、といった方法で粘度を図るもので、粘度秒数を単位としています。サラサラだとすぐに落ちきって、ドロドロだとカップから塗料が落ちきるまで時間がかかるわけです。

これがガイアカラーの場合、一部の特殊塗料を除いて、だいたい25秒〜45秒で設定しています。この設定が「ガイアカラーの設定は筆塗りに適した濃度にしてある」設定なんです。幅を持たせているのは色によって粘度のぶれ幅が大きいためです。これが、最初に言った塗料によって粘度が違うという理由です。というのも色によって比重が異なっているからで、たとえば、白は比重が重くて、黒は軽い。実際に4ℓ缶で製造すると、重そうなイメージのあるアルミを使った金属色より白のほうが重いんですよ。こういった比重の違いのなかで、比重が重いと粘度が濃くなる傾向があります。比重が重くなるということは顔料が増えることでもありますので塗装のしやすさや、ツヤにも関わってくることなのです。たとえば極限まで顔料を入れて隠蔽力を上げたアルティメットホワイトですが、ツヤの加減は光沢となっているのですけど、バランスがいいのはEX-ホワイトなんです。シルバーも金属粒子をたくさん入れたからといって金属感が出るわけでもない。顔料は入れすぎるとエアーブラシで吹きづらくなる。逆に粘度が低すぎると沈んじゃう。これはエアーブラシでの希釈でも同じです。なのでガイアカラーは比重なども調整しながら製造しています。

　さて、そうやってできたガイアカラーですが、もちろんそのまま筆塗りできるんですが、塗装時には希釈してもらっています。エアーブラシ塗装時はだいたい「1対1」で薄め液で希釈してもらっています。これはさきほどの秒粘度でいうと、だいたい約半分の濃度といったところです。これが塗料メーカーとしての推奨粘度です。推奨粘度とは「この塗料が塗膜物性試験にて良い結果を出すために必要な条件」です。引っ掻いてもはがれないとか、セロファンテープを貼っても剥離しないとか、そういうテストですね。それがメーカーのスペックです。余談ですが、乾燥時間もよくお客さんに聞かれます。「15分で乾く」と言いますが、それは塗装面を指で触って手につかない状態なだけで、スペックとしては温度60度で30分、常温でしたら72時間乾燥させてほしい、という基準があるんですよ。お客さんには手で触ったり、なんとなく次の作業に移れるのは15分くらい。たとえば、あるパーツを塗って他のパーツを塗ってと一周してきたら、もう触れるんじゃないですか、と答えています。ただし、研ぎ出しであったり、塗膜に力を加えるような作業の際には1日は置いてください、と念を押しますね。

　また、ガイアカラーではエアーブラシ用の塗料というのは発売していませんが、エアーブラシ塗装に必要な特性というのはいまのガイアカラーに備わっているんです。「流展性」と呼ばれるものです。それが強く効いているので、筆塗りでもムラが出にくかったり、指紋がついても消え気味になったり。流展性は塗料が表面張力によって均等になろうとする力で、ガイアカラーのその力はとても強いです。この流展性を英訳すると「レベリング」となります。「レベリング効果」をもたらすものとしてリターダーという乾燥の遅い添加剤が販売されていますが、エアーブラシ塗装の場合はリターダー入り薄め液で薄めるだけでいいので、あえてエアーブラシ用塗料は販売していないんです。もちろん要望はあります。メーカーとして「これがエアーブラシで吹くのに適した濃度です」とチューニングした塗料を販売してほしいと。

最近では、ラッカー系塗料のみならずエナメル系塗料の販売も始めたガイアノーツ。ほかに調色可能な瞬着パテをも販売するなどモデラーに寄り添った活動が特徴だ

そうなると個人的にはお客さんは塗料の基準を知りたがるけれども、エアーブラシの基準は知りたくないのかな？ と思いますね。

　まとめますと、まず工場での製造工程での扱いやすさというのがあって、次にお客さんが混ぜることができるギリギリ、そして筆塗りできるギリギリの濃度として作っています。筆塗りするには、まずこのまま何かに試し塗りしてもらって、濃いと思ったら（薄いということはないと思います）、溶剤を足して調整してください、というのが答えです。で、エアーブラシでは基本は1：1で薄める、というのが理想ではあるんですが、大きなものを塗るのであれば、さらに薄めたほうがいいですし、繊細なものを塗るには、さらに薄めたほうがいいです。これがガイアノーツとしての考え方、なのです。

　ガイアノーツの塗料の場合、エアーブラシですと0.3㎜口径のエアーブラシで吹けるもの、というのは製造の工程で確認して開発しています。0.5㎜口径のエアーブラシじゃないと吹けないという塗料は稀です。持っている人が少ないからです。以前にラメの塗料を開発したときははじめから1対1で希釈して「イージーペインター」用塗料ということで販売しました。イージーペインターなら0.5㎜相当の口径になっているのでラメ塗料でも綺麗に吹けるからです。アルペジオカラーも蓄光顔料が入っていますが、0.3㎜口径で吹ける塗料です。0.2㎜口径だと厳しくなります。

　基本的にガイアカラーはエアーブラシのほうが綺麗に塗ることができると思っていますが、基準を筆塗りにしているのは、ガイアノーツが始まった15年前では、まだまだエアーブラシの普及率が低く、筆塗りで模型を楽しんでいるモデラーさんのほうが多かった、という事実があります。いまではだいぶエアーブラシも普及して当たり前な道具になっていますが、それでも筆塗りを全くしない人はいません。なので買ってエアーブラシで吹きたい人は「1：1」で希釈してください、というわかりやすい言い方でお願いしています。最初から希釈していると筆塗りにはきびしいですからね。■

iwata by ANEST IWATA CASE 005 / Revolution シリーズ

HP-SARのメンテナンス方法

レボリューションシリーズは、アネスト岩田のラインナップのなかでも比較的購入しやすいエントリーモデルのエアーブラシ。口径も0.3〜0.5と幅広く、操作方式もスタンダードなダブルアクションのほか、トリガーアクション、シングルアクションもラインナップされている

安価かつ使いやすさを追求したホビー向け

●このHP−SARはシングルアクションでありながら、塗料調節器を回すことにより、色材の噴出量が調整できる。色変えにも便利なボトルカップを採用している

▲同シリーズでもダブルアクションのHP-BCRもラインナップされている

本体の基本分解①
基本パーツの取り外し

まずは重要なパーツのひとつ、ニードルを取り外すため後部の分解からはじめる

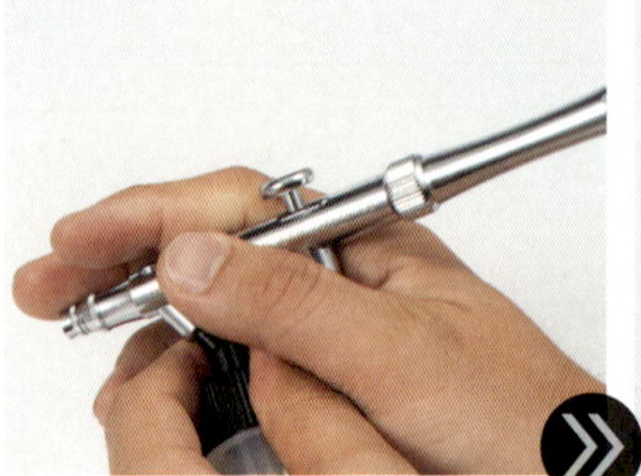

▲このモデルは塗料を吸い上げるタイプなので、下にボトルカップが装着されている。これをまず引き抜く

▲スプリングケースを押さえながらニードルキャップを緩める

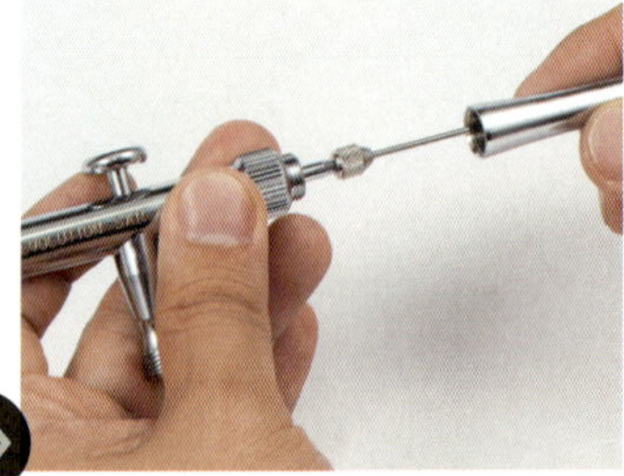

▲ニードルにぶつけないように慎重にニードルケースを引き抜く

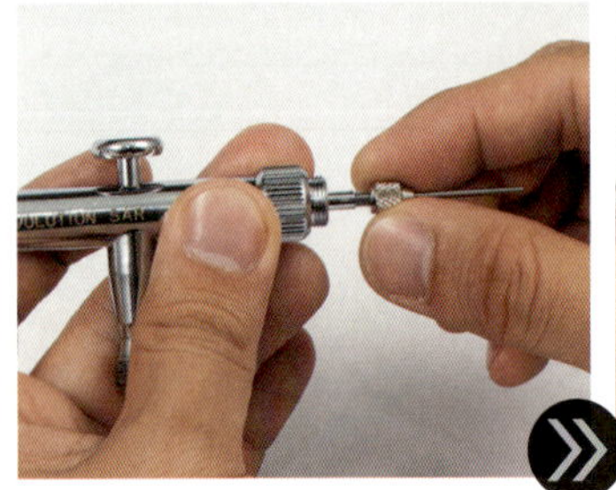

▲ニードル止ネジをゆるめて、この時点で取り外してしまう

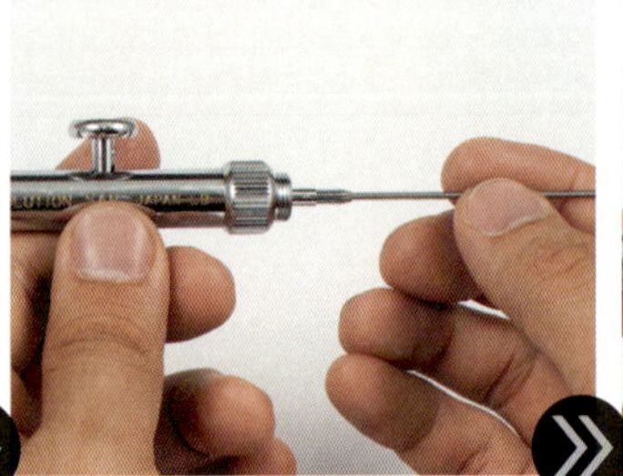

▲フリーになったニードルを慎重に引き抜く。固着している場合は無理に引き抜こうとしないこと

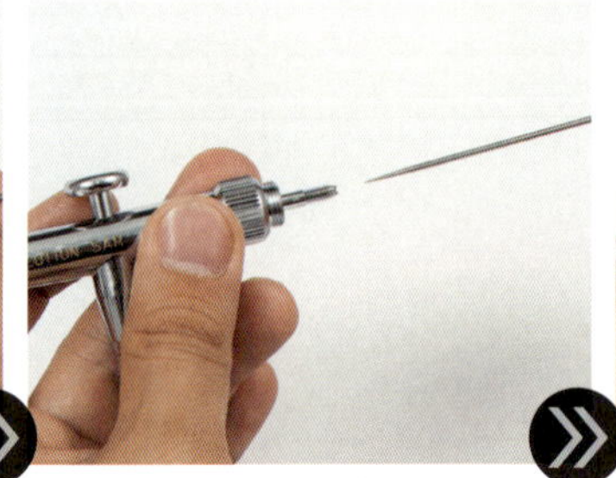

▲ニードルは、とくに先端に気を使う。先端がちょっと曲がっただけでもパフォーマンスに影響が出るので注意

▲塗料調節器を本体から外す

本体の基本分解②
押しボタンとノズルの取り外し

ノズルは薄い金属を微細に加工したパーツでちょっとした力が加わっただけで変形する。その扱いには充分注意する

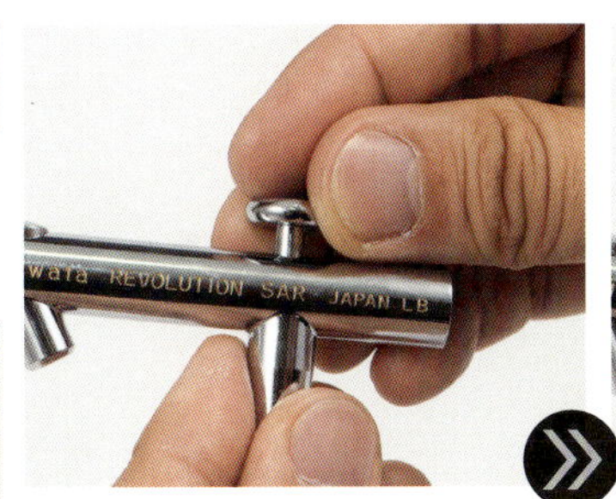

▲ニードルを取り外すと、押しボタンがフリーになる。押しボタンを掴んでまっすぐ引き抜く

▲押しボタンはエアバルブ部のOリングに刺さっているのでそれをまっすぐ引き抜く

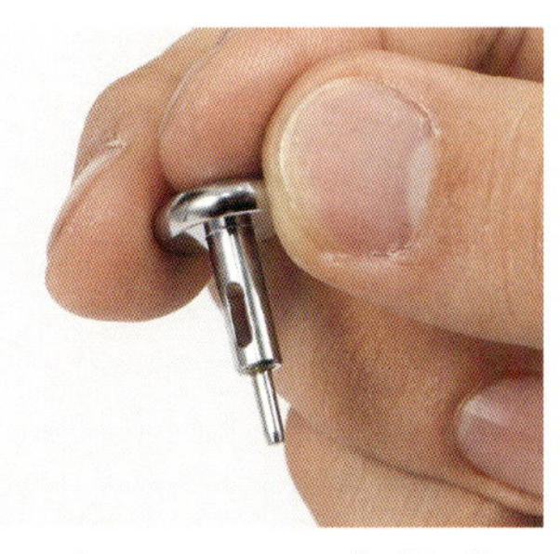
▲EclipseとRevolutionシリーズの押しボタンは構造が単純。下の突起がエアバルブ部のロッドを押す構造

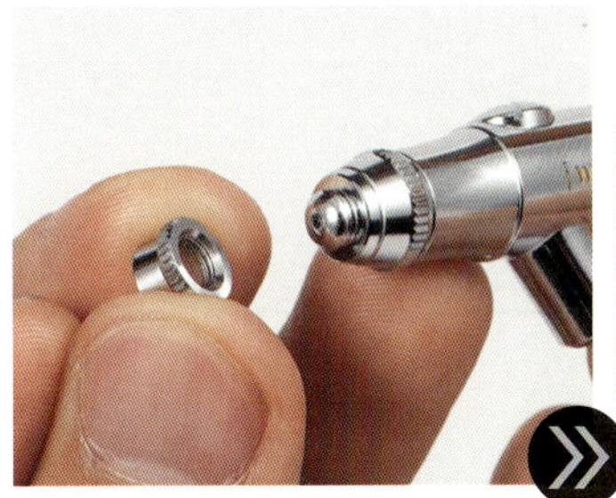
▲ニードルを抜いたらニードルキャップを外す。ニードルキャップは内側が塗料で汚れるので綿棒などで丹念に内側を洗浄する

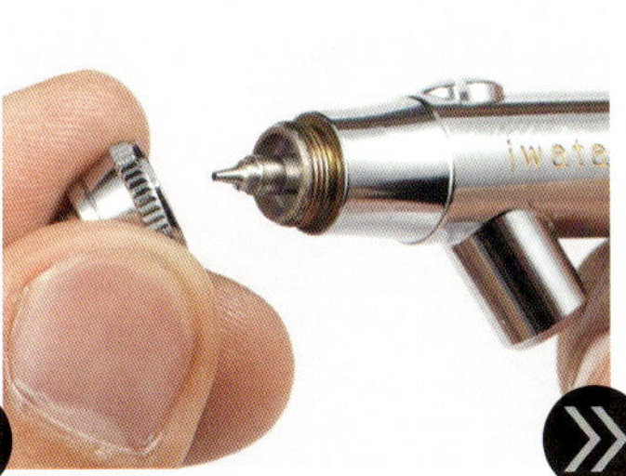
▲ノズルキャップを外す。ノズルキャップはニードルキャップ同様パッキンが入っていないので溶剤に漬けて洗浄してもよい

▲ノズルの取り扱いは慎重に。まずは専用レンチを当ててゆっくりと回す。まっすぐに正しく当てないとねじ切れる場合がある

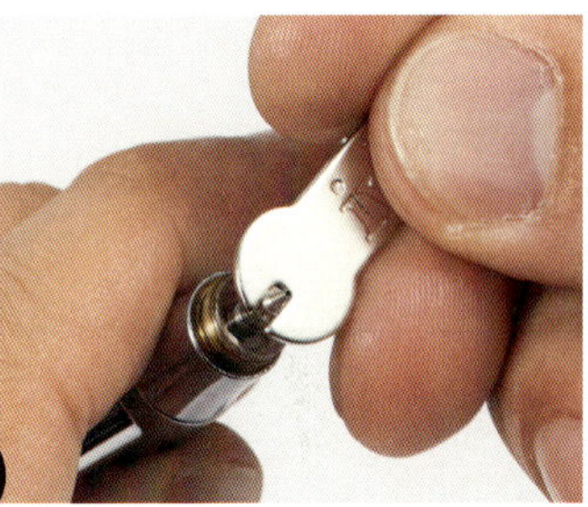
▲ゆっくりと力を入れすぎないようにレンチをまわすとノズルが緩む

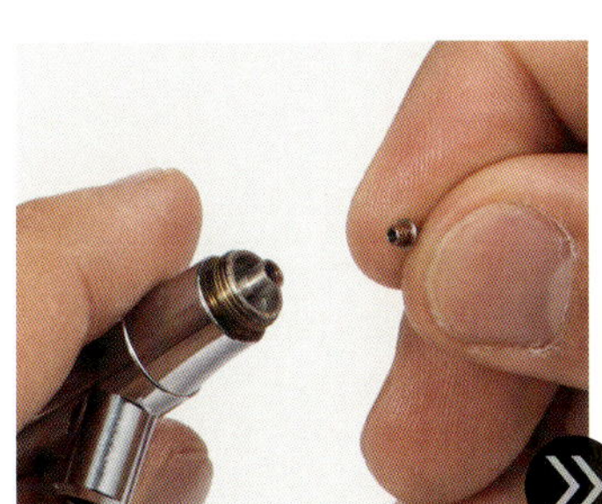
▲ノズルが緩んだら、あとは指先でそっとつまんで回す。ちいさなパーツなので紛失に注意する

▲エアバルブ部はバルブアンナイネジでふさがれ、中心からロッドが出ている構造

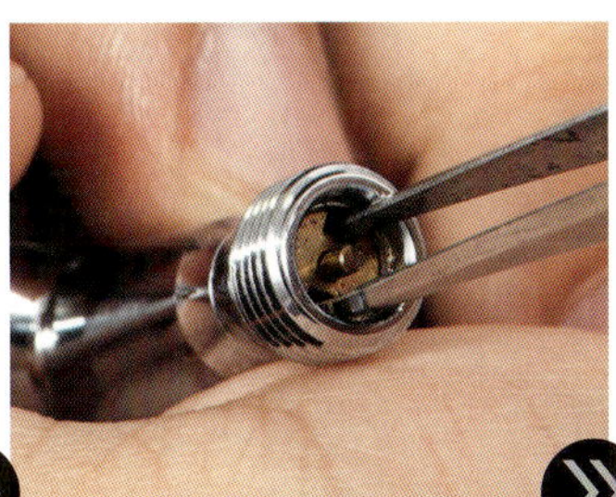
▲これの切り欠きにピンセットを差し込んで左側（反時計周り）に回転させる

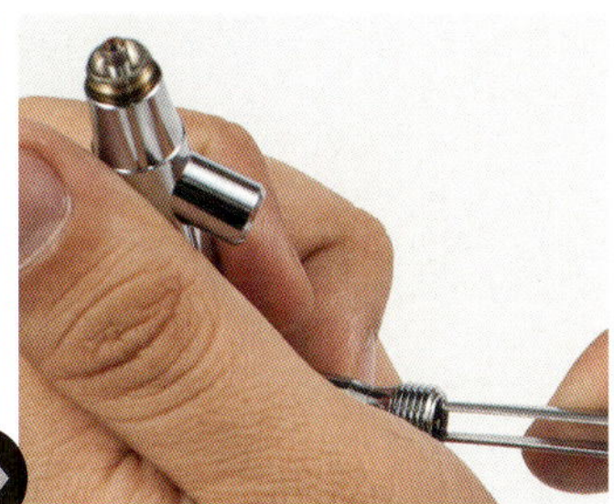
▲しっかりとエアーブラシ本体を手で固定してピンセットを回すとバルブアンナイネジが緩む

細吹き迷彩のテクニック❷

微細なラインを描くことができる岩田のエアーブラシならではの表現である細吹き迷彩。これを実現するにはエアーブラシにもちょっとした工夫が必要となる。実車ではスプレーガンで吹いている帯状迷彩、はたして1/35で再現するには？

▲エアーブラシを塗装面に近づけてもミストの動きが乱れず安定して吹けるのは、カスタムマイクロンシリーズの、ニードルキャップがクラウン型のもの。

この切れ目からよけいなミストが流れ出てくれる。通常のニードルキャップでも外すと極近距離で吹けるがニードル先端がむき出しなので注意が必要だ

本体の基本分解③

バルブアンナイネジの取り外し

バルブアンナイネジはピンセットを使って外すが、専用工具ではないので取り外しには注意が必要だ

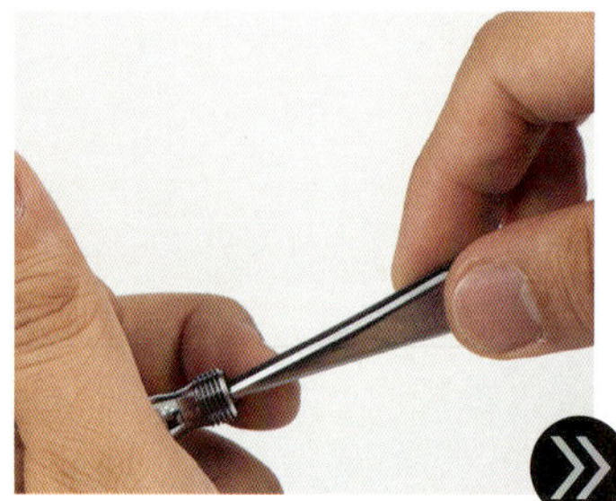

▲ゆっくりとピンセットを回していく。こじったり不用意に力をいれすぎたりしないこと

▲バルブアンナイネジの中心にはバルブロッドが貫通しており、押しボタンの下端で押されると飛び出る仕組み。このスプリングで押し返される構造

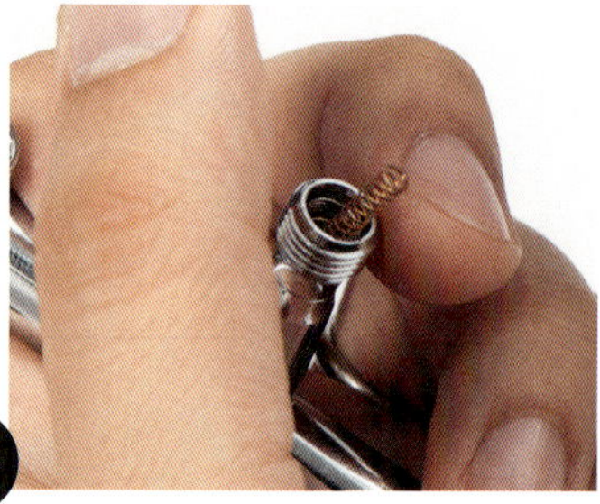

▲バルブアンナイネジがはずれると、なかからスプリングが飛び出す。飛ばして落とさないように

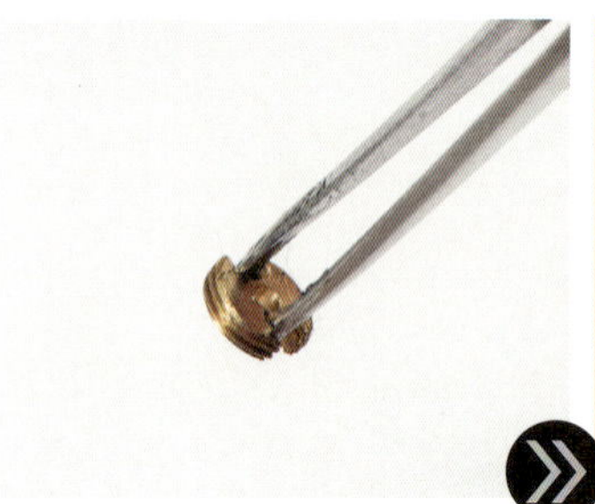

▲バルブアンナイネジは横にネジが切ってある微細なパーツ。斜めに押し込んで無理に力をかけるとこのネジがつぶれるので取り扱いには注意が必要

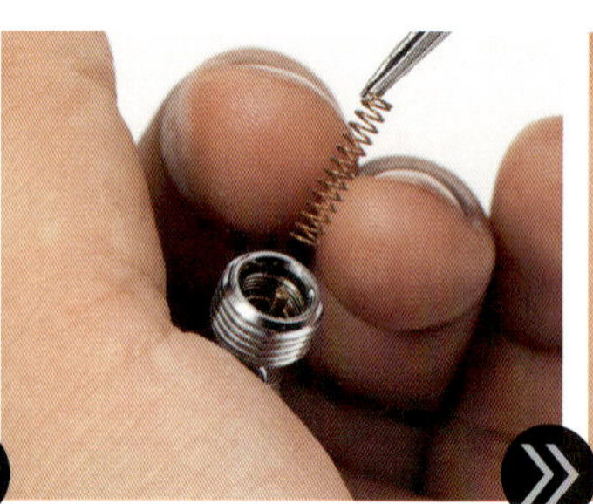

▲スプリングを取り出す。ひっかけて伸ばしたりしないように

▲バルブをピンセットを使って取り出す

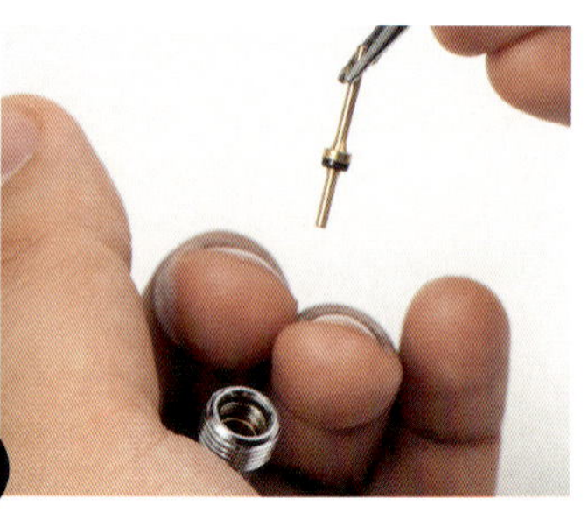

▲まっすぐに引き抜けばバルブは引き抜ける

本体の基本分解④

エアバルブガイドの取り外し

バルブ部分は基本的にエアしか通らない。塗料で汚れている場合は不具合を疑う必要がある箇所だ

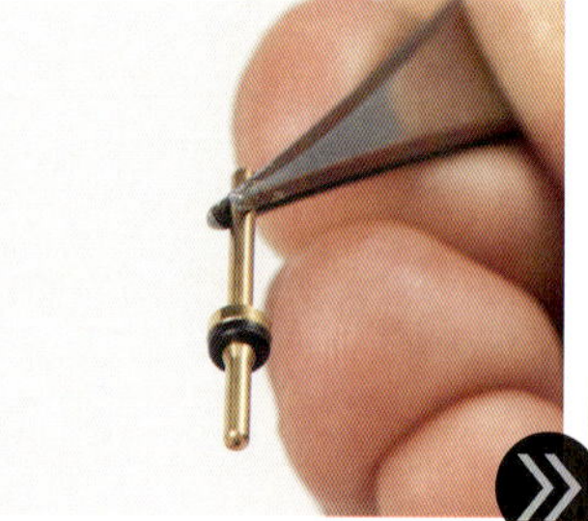

▲バルブにはOリングがかぶせてある。これが汚れたり破損していないか確認する

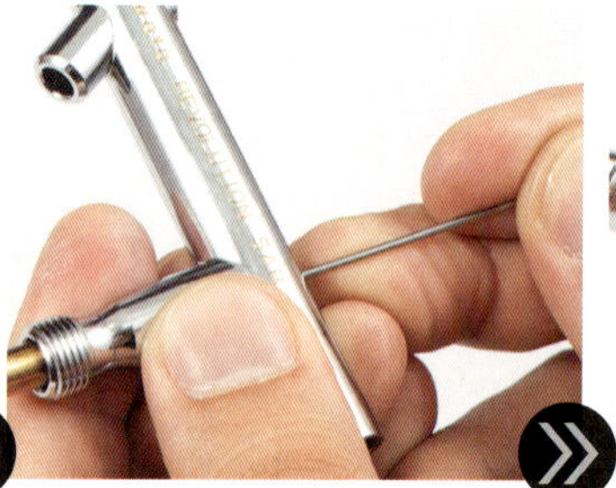

▲エアバブルガイドを細い棒を使って押し出す

▲上の穴から細い棒でエアバブルガイドのフチをゆっくりと押してやると下にずれていく

▲本体からパーツが露出したら指で引き抜く

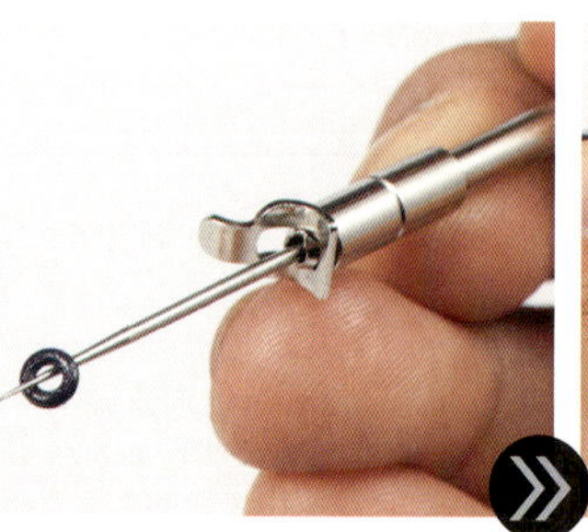

▲エアバブルガイドの奥にはOリングがあるのでそれをニードル状の道具をつかってひっかけて取り出す

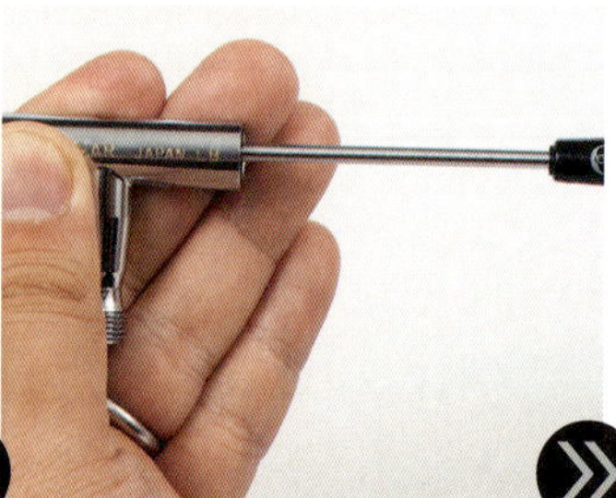

▲シングルタイプにもニードルパッキンは使われている。押しボタンをはずすとドライバーをいれることができる

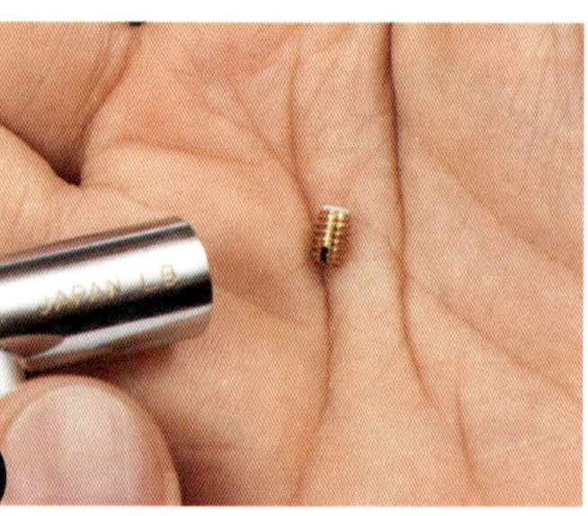

▲マイナスドライバーで外したニードルパッキン。キッチンペーパーなどで拭き掃除をすること

完全分解完了!!

シングルアクションタイプだけに構造が単純。分解／組み立てもハードルが一番低いモデルといえる

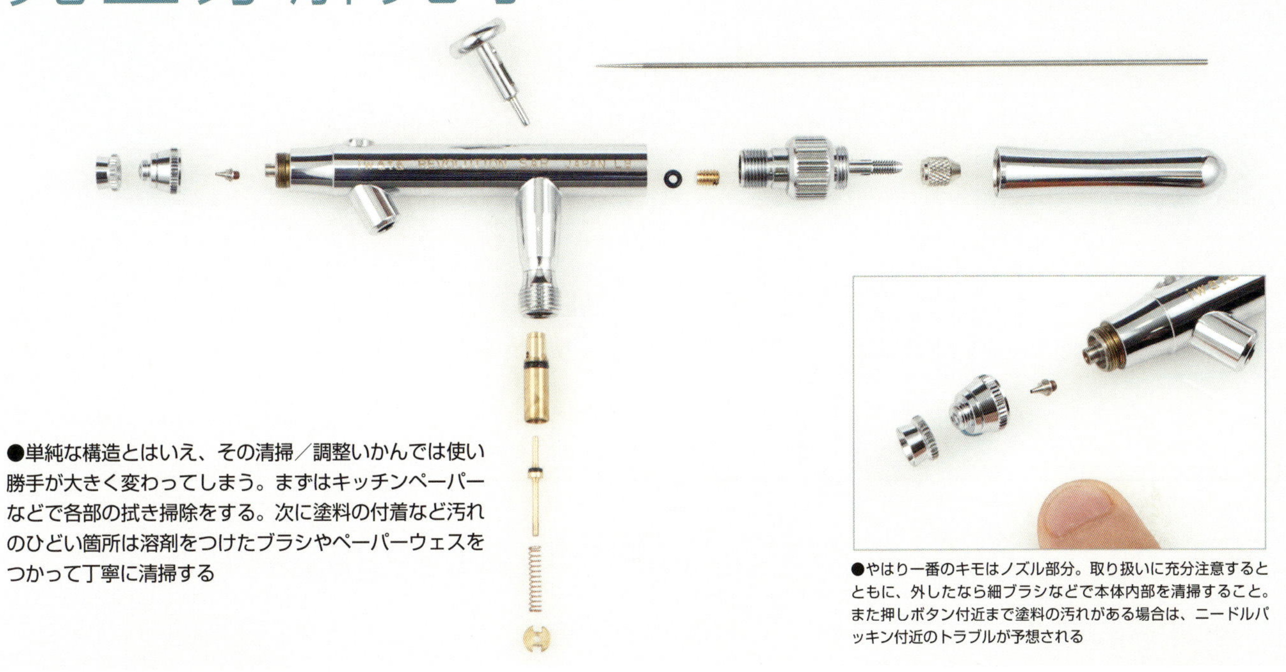

●単純な構造とはいえ、その清掃／調整いかんでは使い勝手が大きく変わってしまう。まずはキッチンペーパーなどで各部の拭き掃除をする。次に塗料の付着など汚れのひどい箇所は溶剤をつけたブラシやペーパーウェスをつかって丁寧に清掃する

●やはり一番のキモはノズル部分。取り扱いに充分注意するとともに、外したなら細ブラシなどで本体内部を清掃すること。また押しボタン付近まで塗料の汚れがある場合は、ニードルパッキン付近のトラブルが予想される

本体の組み立て①

エアバルブの組み立て

バルブまわりは分解したときと逆の工程で組み上げていく。無理にねじ込んだりするとトラブルのもととなる

▲まずはOリングを一番奥に設置する

▲Oリングをしっかり押し込む。この際にOリングを傷つけたり、破損させたりしないように注意

▲その上からエアバルブ本体を入れる

▲エアバルブ本体を奥までしっかり押し込む

▲次にバルブを挿入する。奥でOリングの中心に挿さるのが感触でわかる

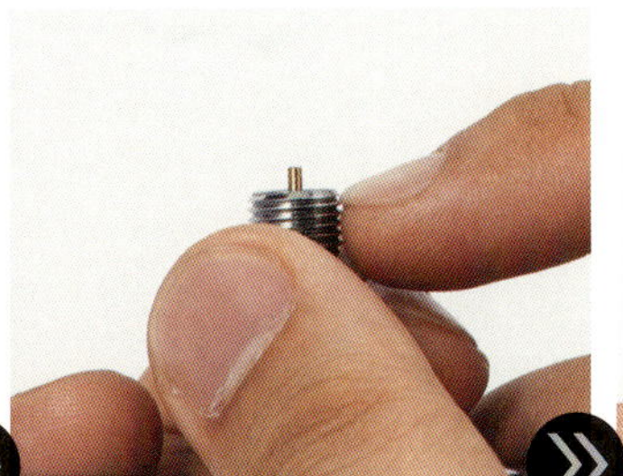

▲バルブを奥まで押し込むと写真のように数㎜はみ出す。これよりはみ出しが長い場合は押し込みが足りない

▲バルブにスプリングをかぶせる

本体の組み立て②
ノズルの取り付け

ここでもやはり一番重要なパーツであるノズルの扱いには注意が必要。扱う際には力を入れすぎないようにする

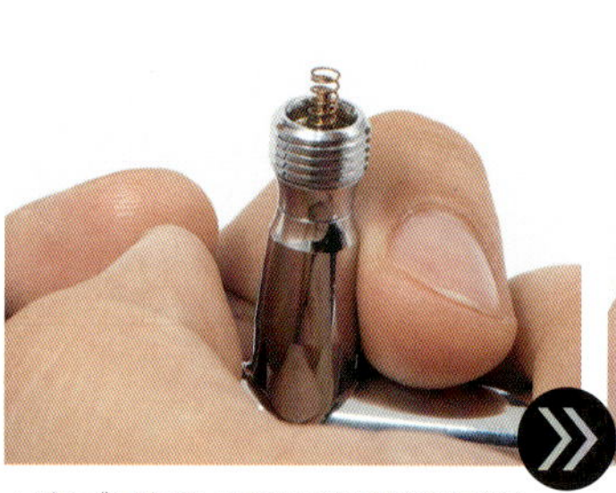
▲バルブに被せたスプリングも写真の程度はみ出すのが正解

▲上からバルブアンナイネジをかぶせてねじ込んでいく。スプリングをはじかないように注意

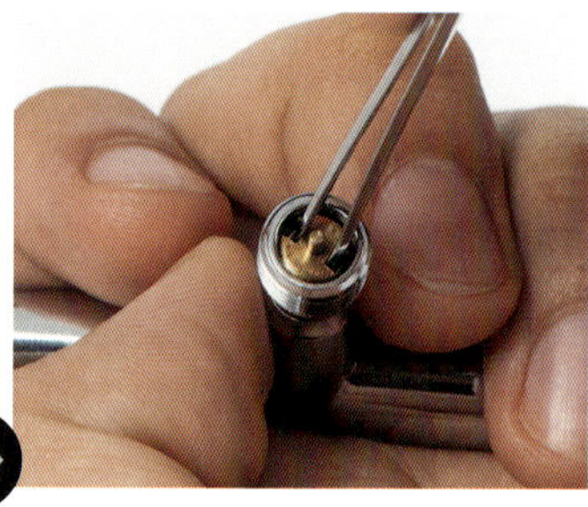
▲ピンセットで切り欠き部分を掴んだバルブアンナイネジの、真ん中にバルブを通すようにして回していく

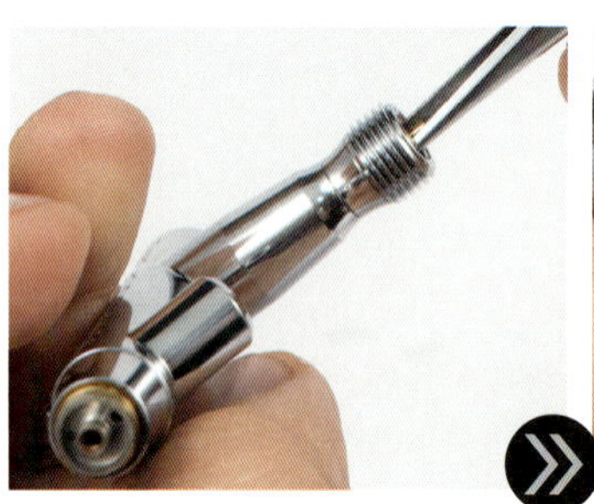
▲専用道具ではないピンセットで回し固定するのは若干コツが必要となる

▲そこである程度ネジが回ったら、エアーブラシ本体を回してやるとしっかりとネジ込むことができる

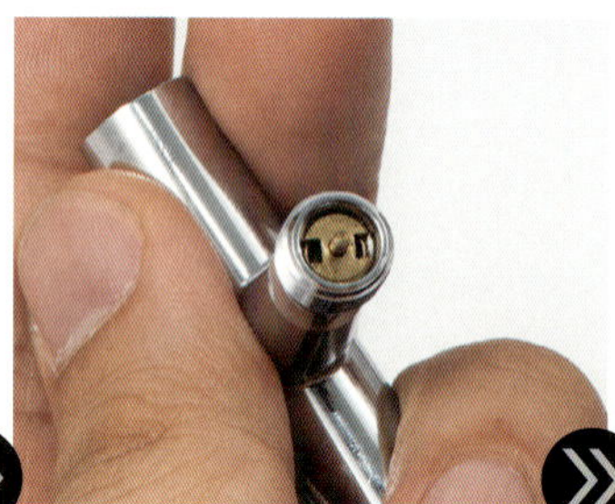
▲写真のような位置までねじ込むことができればOK

▲ノズルを取り付ける場合､まずは指先で軽くノズルをつまみ、エアブラシ本体のネジ部に添えて軽く回す

▲うまくネジが噛み合ったら、力をいれずにゆっくり指先で回す。力をいれすぎてノズルを潰してしまわないように

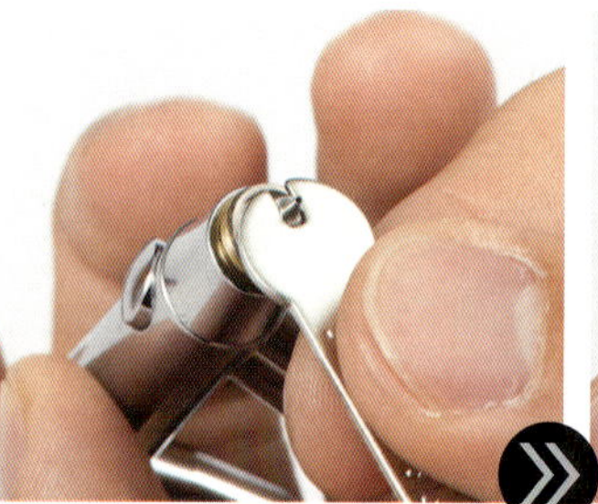
▲フィンガータイトに締めたら、最後に専用レンチをあてがって、軽く締める。感覚としては、指でレンチのお尻を軽くトンと触れる程度

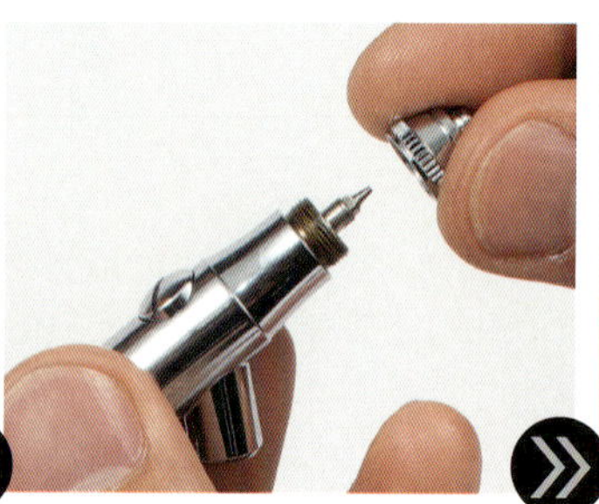
▲ノズルが組み上がったら、すぐにノズルキャップを取り付ける。ぶつけて変形させないように注意

▲続いてニードルキャップを取り付ける

ニードルパッキンの扱いは共通です

●シングルアクションタイプでもニードルパッキンが重要なのは変わりない。できればここのメンテナンスや調整はプロに任せたいが、自分で調整する場合は、調整用の不要なニードルなど必要なものを必ず準備すること。締め付けるときつくなりニードルが通らず、ゆるいと塗料が漏れる。その塩梅を不要なニードルを使って調整するのだ

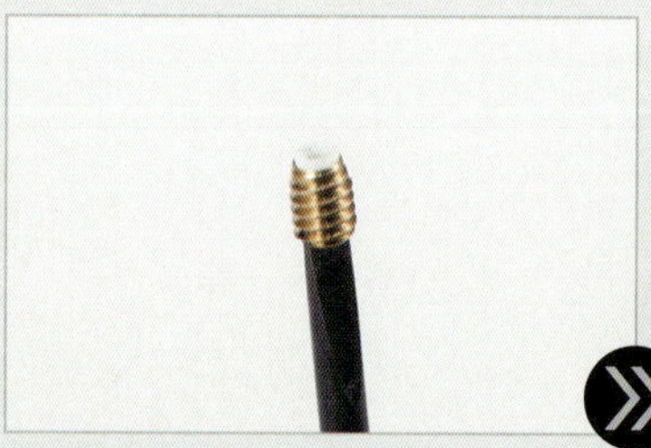
▲ニードルパッキンを取り付ける場合は、マイナスドライバーの先端にニードルパッキンを載せる

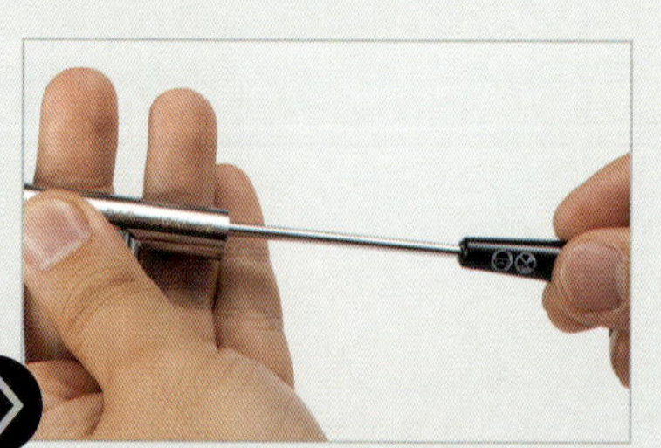
▲その上から本体をかぶせるようにすると、取り付け位置にニードルパッキンを添えやすい

本体の組み立て③
押しボタンの取り付け

シングルアクションモデルのスイッチは非常に単純だが確実にとりつける

▲押しボタンの先端は内部でエアーバルブのロッドを押す部分。ここはグリスアップしておく

▲この程度の分量を押しボタンに塗布したら、本体の上の穴からまっすぐ挿入する

▲しっかりと押し込んだら押しボタンが動作するか確認する。エアバルブが動けばOK。次に、押しボタンの軸に空いているニードルを通す穴の向きをあわせる

▲塗料調節器を取り付ける。奥までしっかりとねじ込む

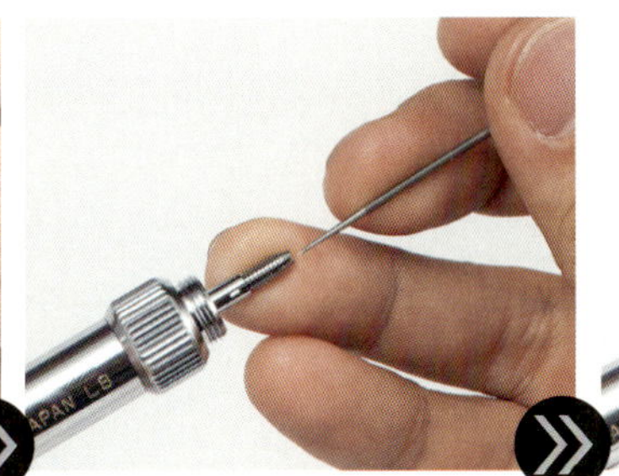
▲ニードルを挿入する。ニードルの先端をぶつけないように、指をあててガイドとし、確実に挿入する

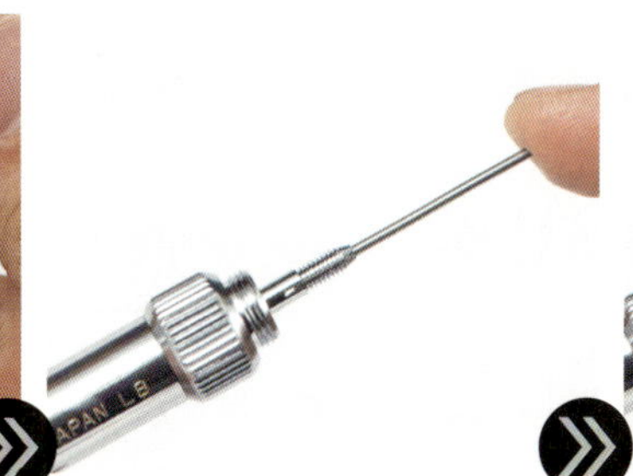
▲奥までニードルを挿入したら、最後に、後端をトンとたたいて調整。決して強く押さないこと

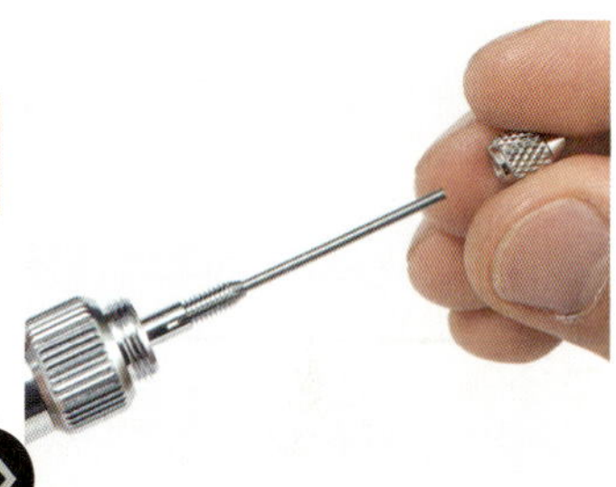
▲ニードル止ネジを差し込んで装着し、ニードルを固定する

組み立て完了!!

シングル式は構造が簡単？

●シングルアクションならではのメンテナンスの容易さが魅力のこのモデルはトラブルが少ないともいえる。ノズルまわりの扱いさえ注意すれば常にベストな状態を保つことが可能だ

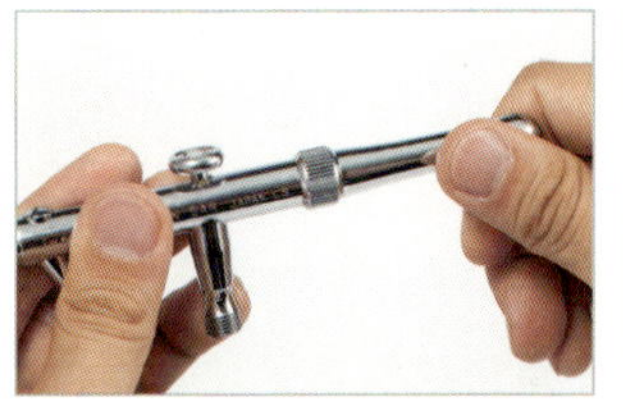
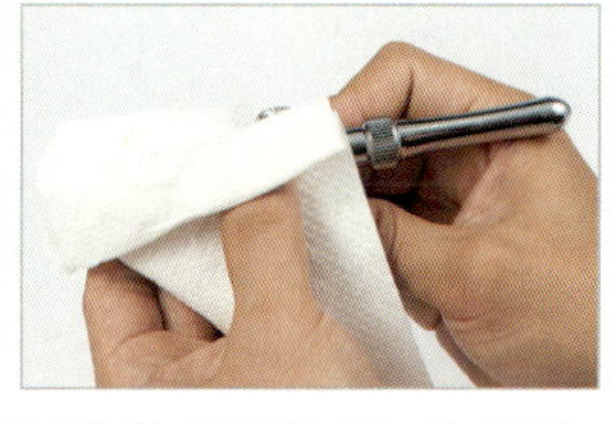
▲ニードルにぶつけないように注意しながらキャップをかぶせて固定したら、キッチンペーパーで、余計なグリスや油分を拭き取る。

Revolution series
HP-SAR

□Hajime Sorayama
☑Tetsuya Nakamura
□Shin Tanabe

アネスト岩田
ユーザーインタビュー

鑑賞に耐えられ、実用性もある。スプレーガンは、ある意味危険なコレクションアイテム——中村哲也（現代美術作家）

ファインアートながら、見るものに造形／プラモデル的心地よさを喚起する作品を生み出す中村氏。彼の塗装には昔から、アネスト岩田のスプレーガンが多用されていた

私の作品はペイントしたものが多く、メートル級の大きなものが多いのでスプレーガンを主に使っています。口径は1.3~2.0mmのものを使うことが多く、樹脂の塗布、下塗り、上塗りと場合に応じて機種を使い分けて楽しんでいます。エアブラシが空気で描く先の尖った筆なら、スプレーガンは平筆から刷毛と言った位置づけになりますので、平滑で均一な面を美しく仕上げるのにとても便利な道具ではありますが、私の場合、スプレーガンの機能をあれこれ駆使してシャドーやドロッピングや立体的なテクスチャーをつけたりする事にも使っています。かなり色々な表情を作ることが出来ますよ。

エアブラシもそうですがスプレーガンは機能美というか、あのメカメカした姿が格好良く、金属製のさわり心地、重量感、何と言ってもモデルガンと違って“実際に使えるガン”ということもあり、自分へのご褒美という名目で一丁目、また一丁と増えてしまいます。実に様々な種類があり鑑賞に耐えられる実用物という点では腕時計や釣りのリールなんかに近いのではないでしょうか。
ある意味危険なコレクションアイテムです。
もとい、一見同じ様なガンに見えても機能、用途が細分化されているのでいい仕事をするためには数が必要、といっておきましょう。あくまでも必要な道具。

学生のアルバイトの頃から使っていますので、ずいぶん長いことスプレーガンにお世話になっています。バイトで支給されたのは岩田のワイダー61。これがマイファースト岩田になります。
自分で購入したものではないけれど、「これは中村用」と専用に用意してくれたものなので、初めての自分用のガンとして手にした時をものすごく嬉しかったのを覚えています。大学生の頃なので、からかれこれ30年近く前の話です。
W-61（ワイダー 61）1,5口径重力式。
もちろん今でも私の主力機種として大活躍しています。

現在のスプレーガンはとても進化して、いろんな種類が開発されていますが、当時はそんなに種類がなかったのではないでしょうか。みんなW-61を使っていました。
しかしこのW-61というガンが凄くて、1961年に開発された商品で（岩田はネーミングに西暦を冠したものが多くあります）当時ですら開発されてから30年以上経っているクラッシックなモデルです。今のガンにはないクラシカルなデザインは光沢と梨地のツートンで美しく、無駄に手の込んだ構造と工業製品感がたまりません。構成するラインは実に複雑で、今のシンプルなガンとは一味違いとても味わい深いデザインです。（エアキャップから伸びるボディは昔のプロペラ戦闘機のようで格好いいなぁと密かに思っています。）
吐出量調整つまみに至っては砲弾型をしていてまるで空力を考慮しているかのようです。
デザインだけでなく構造的にも変わっていて、パーツ点数も多く贅沢な作りになっています。とりわけ特徴的なのが絞りパターン調節つまみの位置。ほとんどのガンでは調整つまみはオシリ部分に配置されていますが、W-61は横に付いています。なぜこんな位置に、、と思いますがこれが実に使いやすい。塗装しながら親指で調整ができるのです。これは複雑な形状のものを塗装する際にはとても便利で、広い箇所→狭い奥と持ち直すことなくスピーディーに切り替え可能。当時アルバイトでは回転木馬を主に塗装していたので細くて深い足の間とか尻尾の裏などはこの機能が大活躍しました。
最新の機種に比べると本体重量は420gとヘビー級で（現行モデルのW-101は奇跡の295g）長時間使用するとだいぶ疲れたものでしたが、おかげでいい筋肉トレーニングになりました（笑）こんなにクラッシックなスプレーガンなのに今でもパーツはしっかりフォローされていて、部品交換で困ったことはまだありません。それどころか2010年には全身ピカピカフルメッキ仕様の50周年アニバーサリーモデルが販売されました。こういったコレクター心をくすぐる企画は大歓迎。もちろん即購入しました。
一般的にガンは口径の大小、吸い上げ式か重力式かによって適性が分れますので、W-61だけでも1.0、1.3、1.5口径の３種類、それが吸い上げ式、重力式とあるので、６種類も存在します。見た目はほぼ同じでも、エアキャップについている刻印が１～３と３種類あり、微妙な違いが泣かせます。
５０数年前のスプレーガンが未だに現行モデルとして存在しているということはW-61がいかに優れた名機かということがお分かりいただけると思います。

しかしここで改良の手を止めないところが岩田のすごいところで、後にW-71,W-77,W-88,W-100と次々に名作が発表され、現行のW-101へと進化するわけですが、W-101、これがまた使うのがもったいないくらいに美しいフォルムなのです。新型になる度に軽量化されていますが、加えて重心位置を工夫し、より軽く感じられる様になっています。その工夫が形に現れているので美しいのですね。まさに機能美です。さらにこのW-101をベースとしてkiwamiシリーズや美粧シリーズなどを展開しています。ノズルの形状や塗料の噴き出すアナの配置を工夫をして、ベースコート用やクリヤー用、下地塗料用など色々と進化、細分化されています。

以上は標準的なサイズのスプレーガンのお話でしたが、他にも小さいものを塗るのに適したもの、ドロッとした粘度の高いものを塗るのに適したもの、建物などの広い面積を塗るのに適したもの、、、など様々です。
どれを選んでいいかわからないくらいですが、カタログとにらめっこをして、ひとつ大切にできそうな“自分のガン”をまずは一丁、持つことをお勧めします。（多分２丁目が欲しくなるから） ■

軽量化などの工夫がカタチに現れているのが美しい

◀「プレミアム・ユニット・バス」2003
撮影：市川勝弘 写真提供：株式会社ワコールアートセンター
<プレミアム・ユニット・シリーズ> 2003
現代の生活の中で使用されるものの機能に着目し、その価値を返還するような作品を制作。漆の技法をいかしたバスタブやシンクなど日常生活の水周り用品をモニュメンタルな作品に変換。

中村哲也（なかむらてつや）
1968年千葉県生まれ。東京藝術大学修了。1998年より「スピード」と「改造」という現代社会を象徴するテーマをとりあげたジェット機のような彫刻作品「レプリカシリーズ」を展開。造形から塗装まで全て手作業で行われているにもかかわらず、それを感じさせないほど精緻な仕上がりは世界的に評価されている

iwata by ANEST IWATA CASE 006 / Eclipse シリーズ

HP-SBSのメンテナンス方法

初級～中級者向けの汎用性の高いエクリプスシリーズから、サイドカップのダブルアクションモデル、HP-SBSのメンテナンス法を紹介する。ダブルアクション部分の構造は、ほかのモデルと共通だ

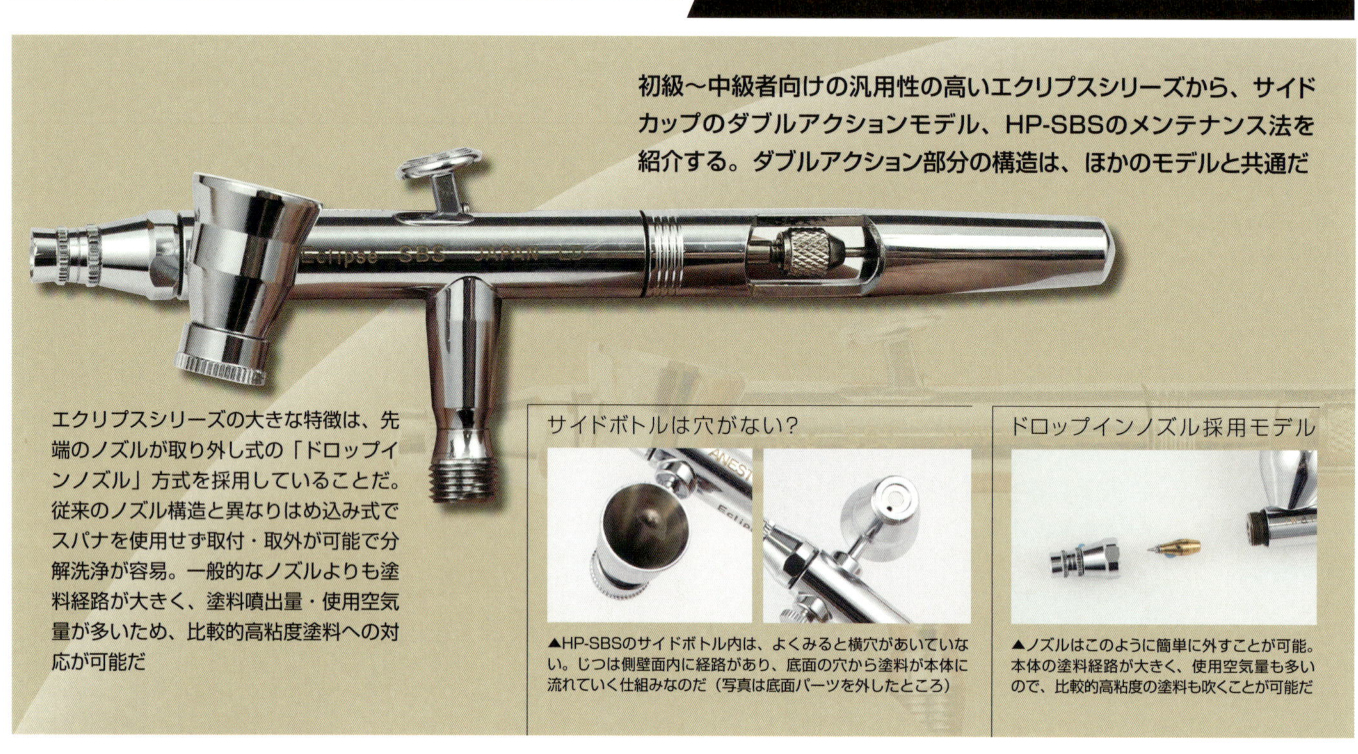

エクリプスシリーズの大きな特徴は、先端のノズルが取り外し式の「ドロップインノズル」方式を採用していることだ。従来のノズル構造と異なりはめ込み式でスパナを使用せず取付・取外が可能で分解洗浄が容易。一般的なノズルよりも塗料経路が大きく、塗料噴出量・使用空気量が多いため、比較的高粘度塗料への対応が可能だ

サイドボトルは穴がない？

▲HP-SBSのサイドボトル内は、よくみると横穴があいていない。じつは側壁面内に経路があり、底面の穴から塗料が本体に流れていく仕組みなのだ（写真は底面パーツを外したところ）

ドロップインノズル採用モデル

▲ノズルはこのように簡単に外すことが可能。本体の塗料経路が大きく、使用空気量も多いので、比較的高粘度の塗料も吹くことが可能だ

本体の基本分解①
基本パーツの取り外し

特殊な形状をしたエアーブラシですが、基本は通常のダブルアクションモデル。機構自体はほぼ違いはないので、手順を追って分解していきます

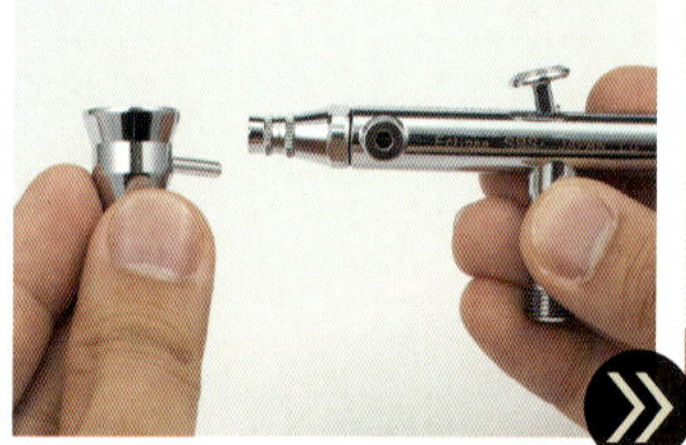

▲まずはカップを外す。フィンガータイトで刺さっているだけなので、軽く力を入れるだけで抜くことができる

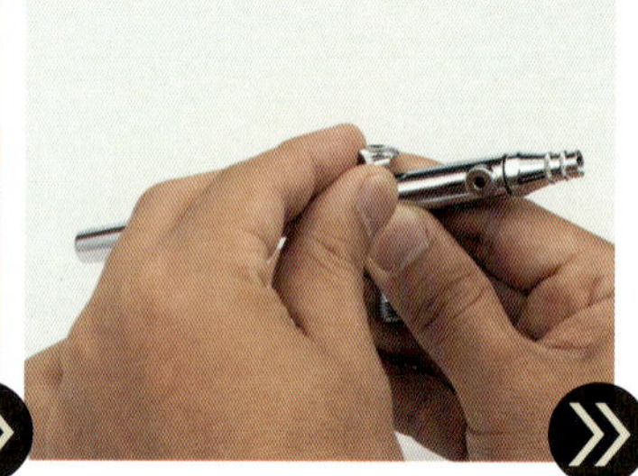

▲反対側のホールを埋めているカップのカバーも忘れずに外す。カップは左右どちらでも取り付け可能だ

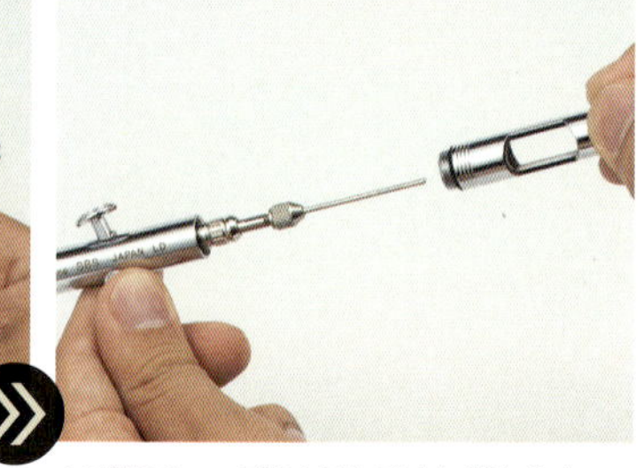

▲尾部のキャップを左回しで外す。取り外す際にニードルのエンドにぶつけないように注意

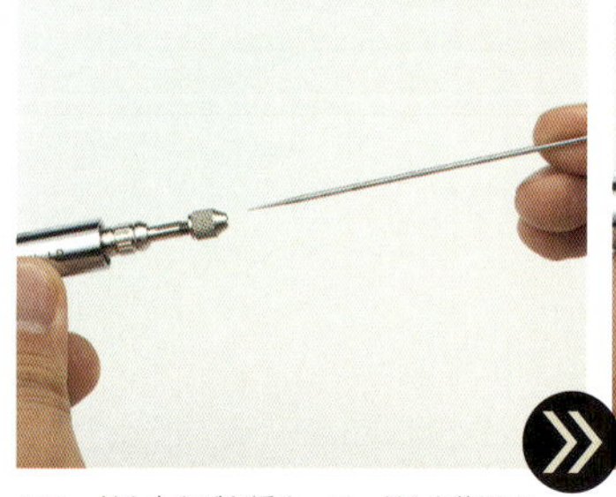

▲ニードル止ネジを緩め、ニードルを抜きます。まっすぐにこじらずに引き抜きます。とくに先端をぶつけないようにします

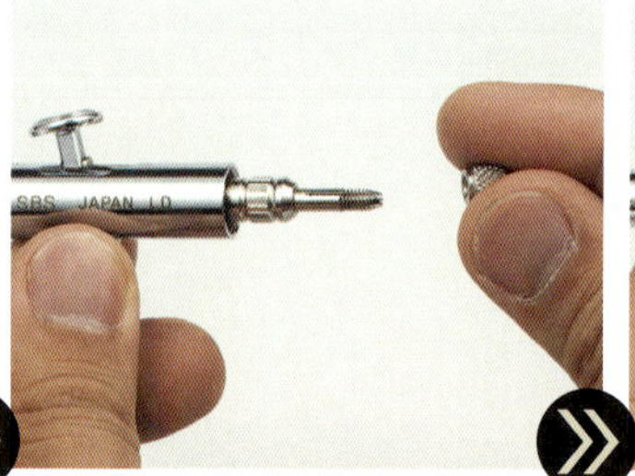

▲ニードルを抜き終わったらニードル止ネジもとりはずします

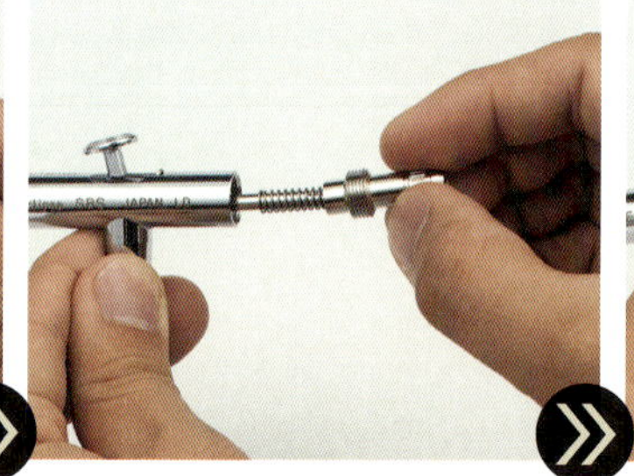

▲スプリングケースをゆっくりまわしながら外します。ネジが外れるとなかからニードルバネが飛び出しますが、なくさないように

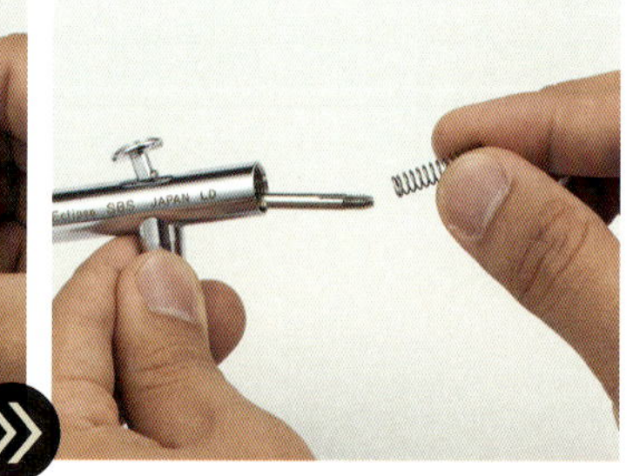

▲ニードルバネを取り外します

本体の基本分解②

内部構造の分解と取り外し

ダブルアクション機構のかなめとなる部分の分解をおこなう。無理に力を加えずに外していきます

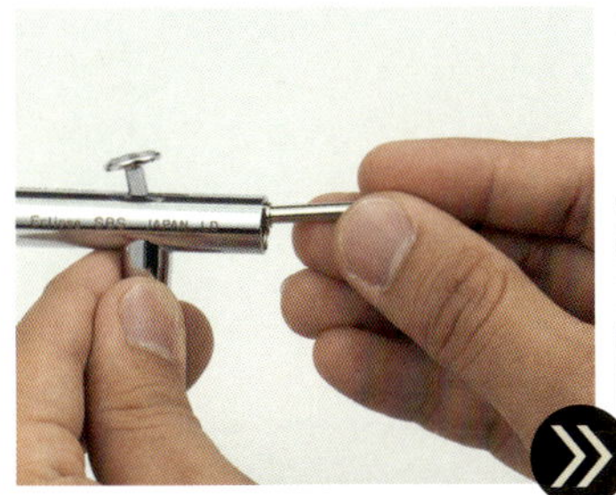

▲ボタンオシニードルチャックを引き抜く。先端のS字パーツ上部が引っかかっている場合があるので慎重に引く

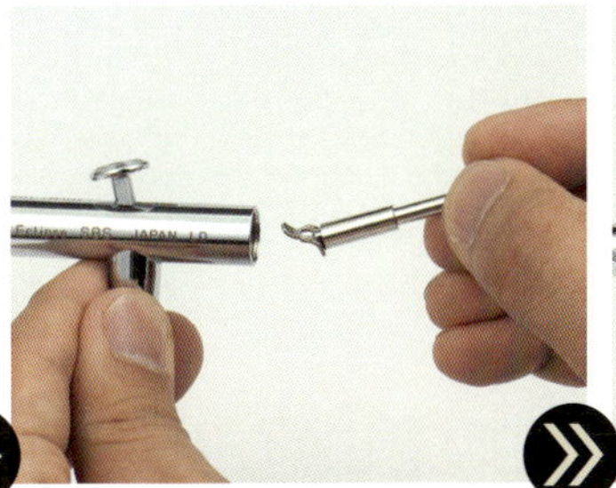

▲S字パーツの上部がエアーブラシ上面のスリットにひっかからないようすくい下げるようにボタンオシニードルチャックを引く

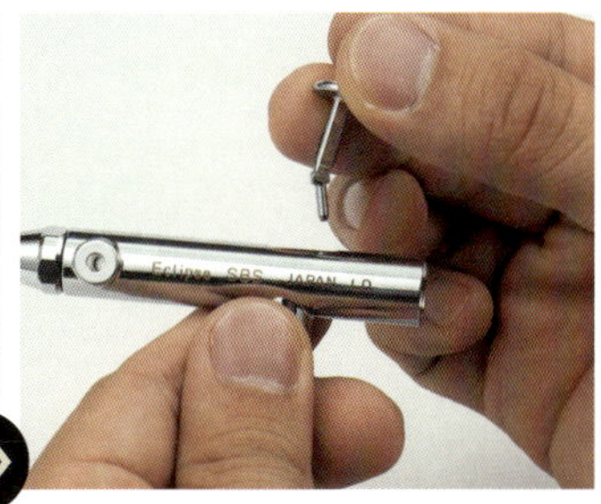

▲押しボタンを引き抜く。エアバルブ部のOリングに挿さっているのでまっすぐ引き抜く

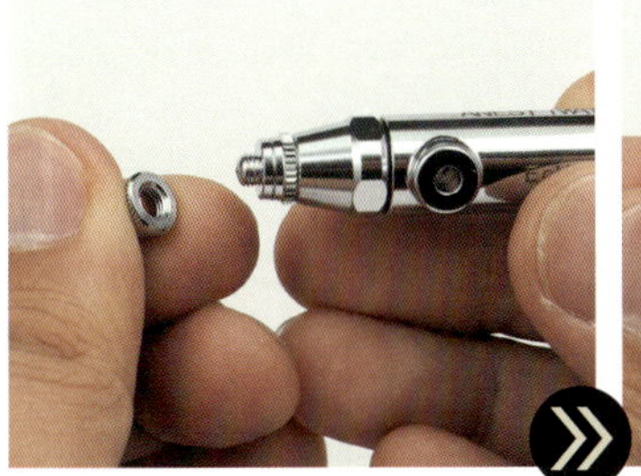

▲ニードルキャップを外す。指で回せば外るが、塗料で固着している場合はラバー付きのペンチを使用してもいい

▲次のノズルキャップも外す。ノズルが露出するので、不用意に触ったりぶつけたりしない。この状態でスタンドにかけるのも禁止

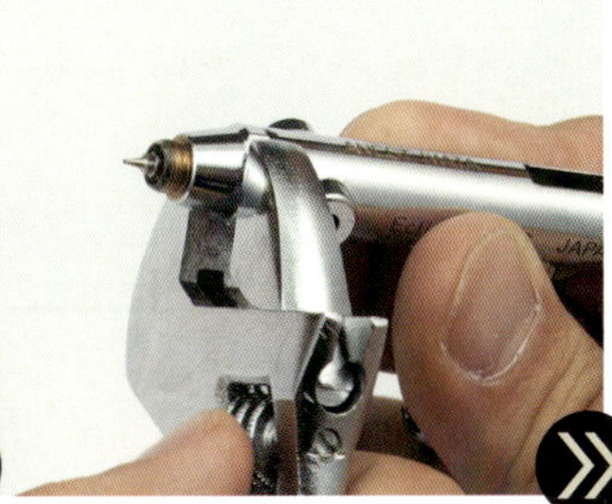

▲ヘッド部分は最初は固いので、モンキースパナ（できればラバー付きペンチ）などを使ってヘッド部分をはずす

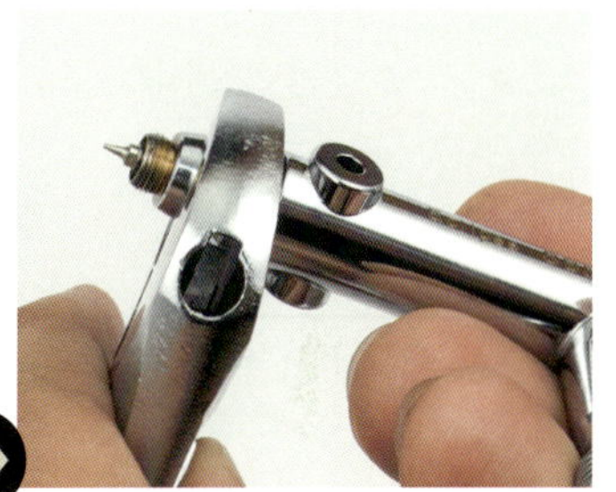

▲ヘッドはスパナで緩めるだけでOK。あとは指で回して外せばよい

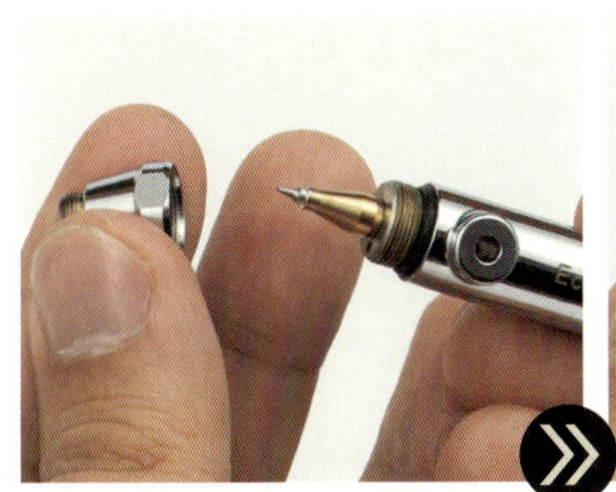

▲ヘッドが外れると、ドロップインノズルが露出する。金属とはいえ非常に繊細なパーツなのでぶつけたりしないように注意

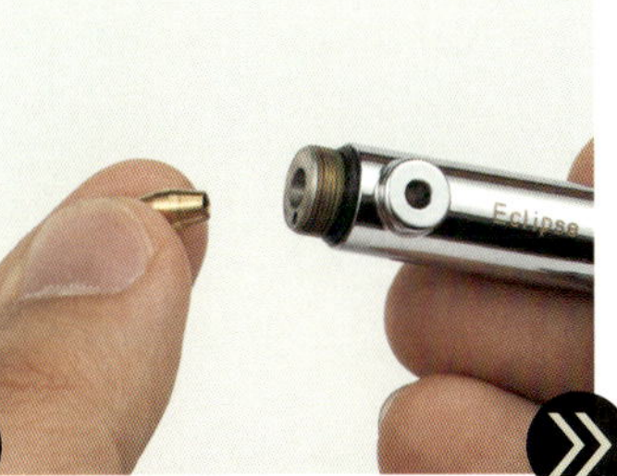

▲ノズルを指で引き抜く。無くさないように注意

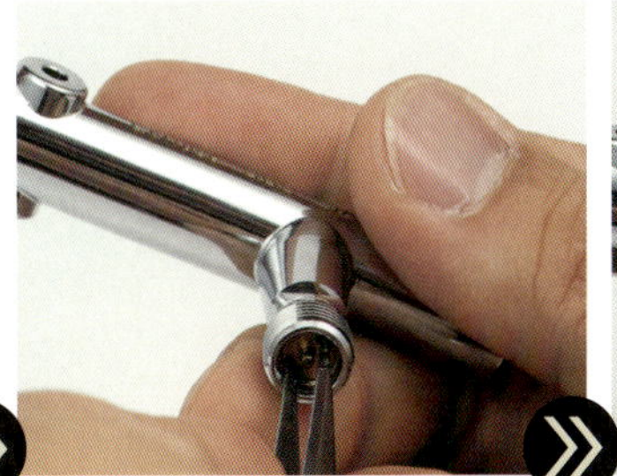

▲空気のバルブを外す。バルブとスプリングを抑えているバルブアンナイネジをピンセットをつかって回す

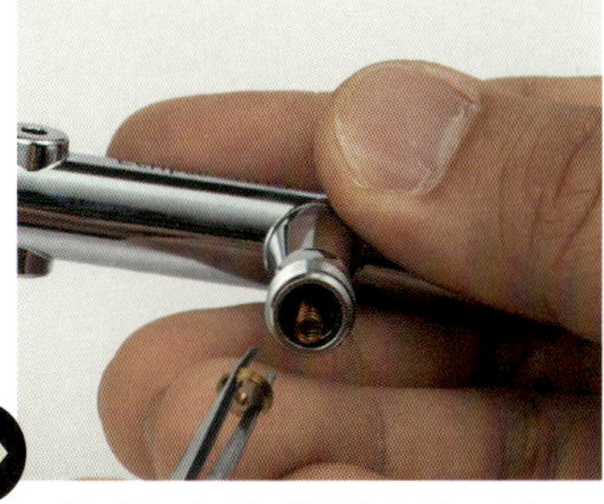

▲バルブアンナイネジを回し外すと、なかからスプリングが飛び出す場合があるので紛失に注意

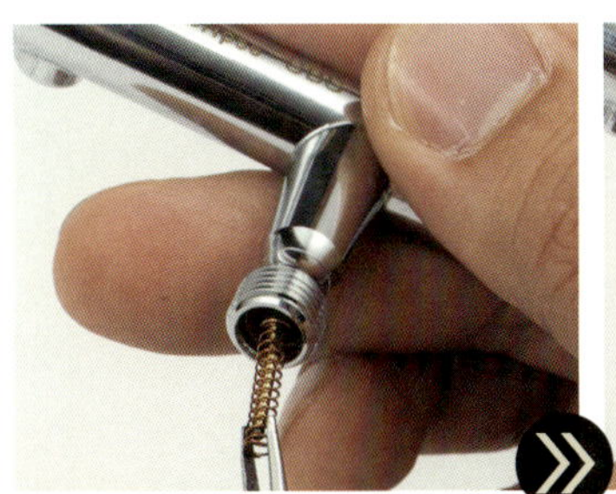

▲次にスプリングを引き抜く。ひっかけてスプリング自体を伸ばしてしまわないように注意

▲スプリングを引き抜いたら、指でバルブを引き出す。バルブのOリングの位置に注意

▲バルブを下から引き抜いたら、今度は上から細い棒などで押してエアバブルガイドを押し出す

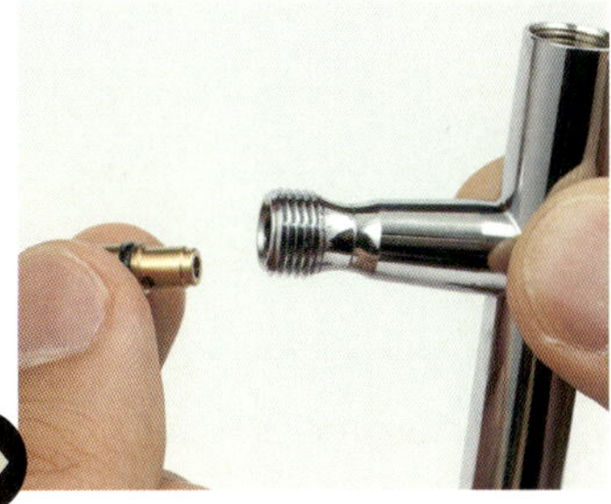

▲エアバブルガイドが下から出てきたら指で引き抜く

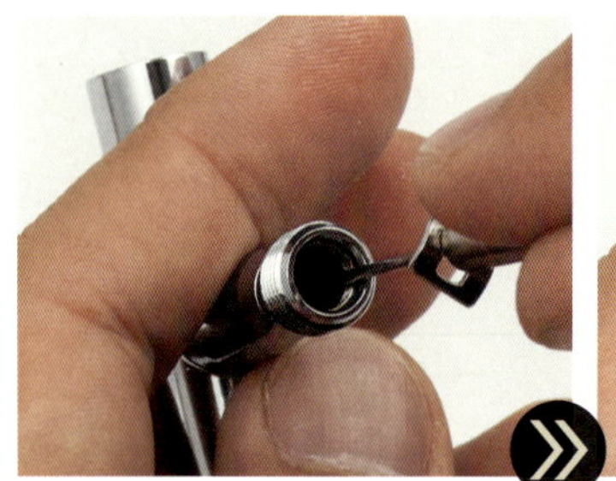

▲バルブケースが外れたら、本体のフチに埋められているゴム製のOリングを取り出す。ダメになったニードルなどをつかうと楽

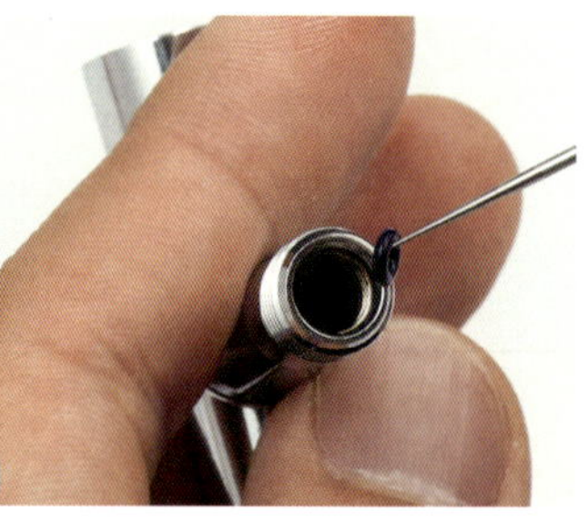

▲不使用のニードルの先を湾曲させたもので、ひっかけかきだすようにゴムのOリングを取り出す

CAUTION ニードルパッキンは本当に注意!!

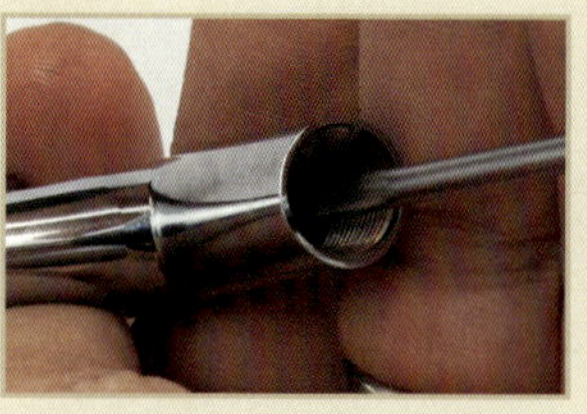

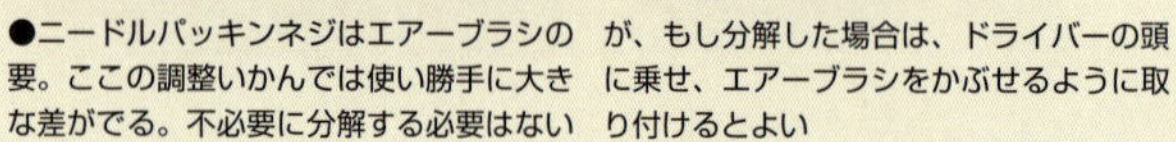

●ニードルパッキンネジはエアーブラシの要。ここの調整いかんでは使い勝手に大きな差がでる。不必要に分解する必要はないが、もし分解した場合は、ドライバーの頭に乗せ、エアーブラシをかぶせるように取り付けるとよい

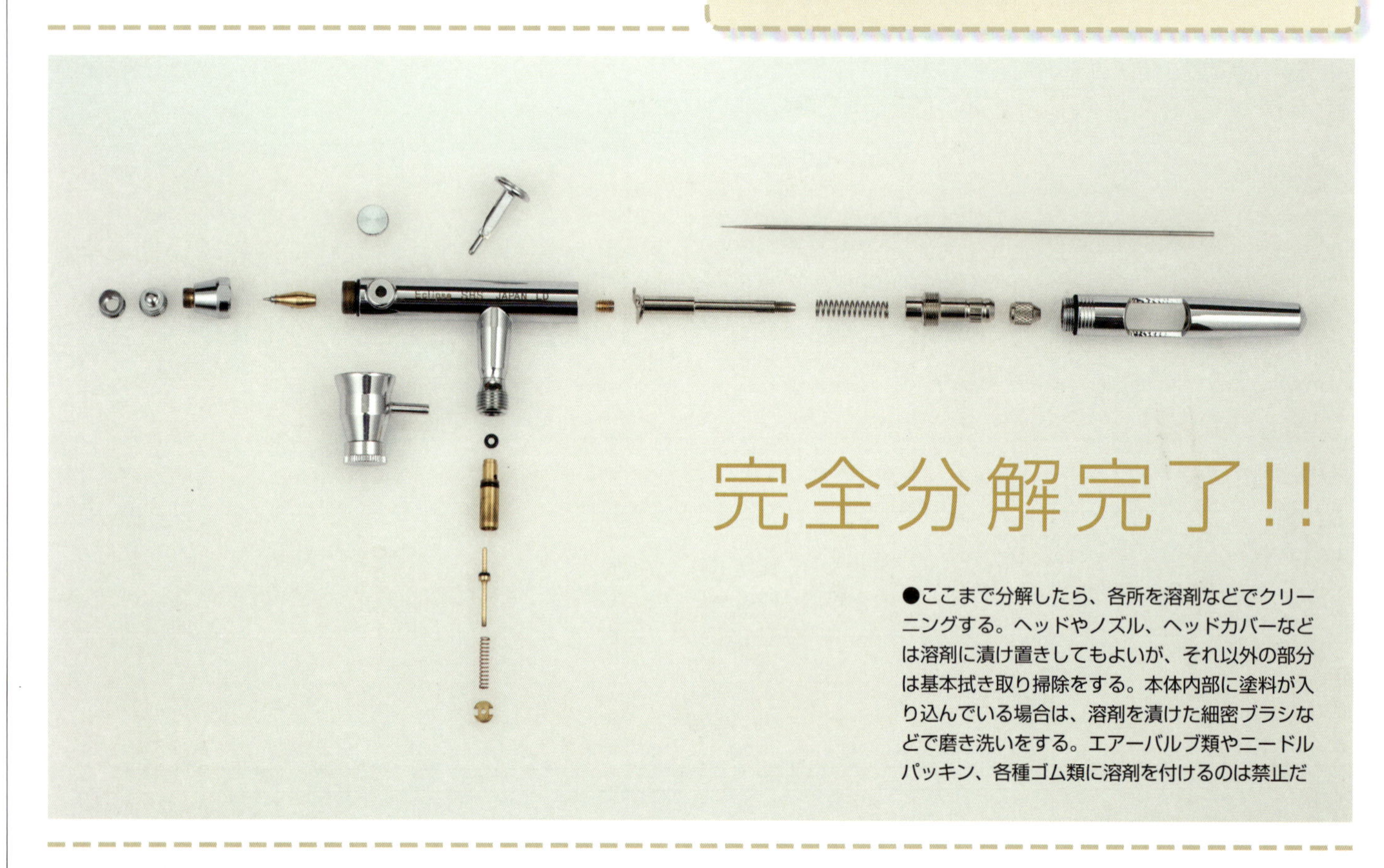

完全分解完了!!

●ここまで分解したら、各所を溶剤などでクリーニングする。ヘッドやノズル、ヘッドカバーなどは溶剤に漬け置きしてもよいが、それ以外の部分は基本拭き取り掃除をする。本体内部に塗料が入り込んでいる場合は、溶剤を漬けた細密ブラシなどで磨き洗いをする。エアーバルブ類やニードルパッキン、各種ゴム類に溶剤を付けるのは禁止だ

本体の組み立て①
ピストンOリングの組み立て

機械構造上、塗料の汚れなどが入り込まない部分だが、組み立て前に各所の汚れをチェック、拭き取り清掃をしておく

▲空気バルブ部分のゴム製ピストンOリングはちぎれたり、破損したりしていないかチェック。破損していたら交換する必要がある

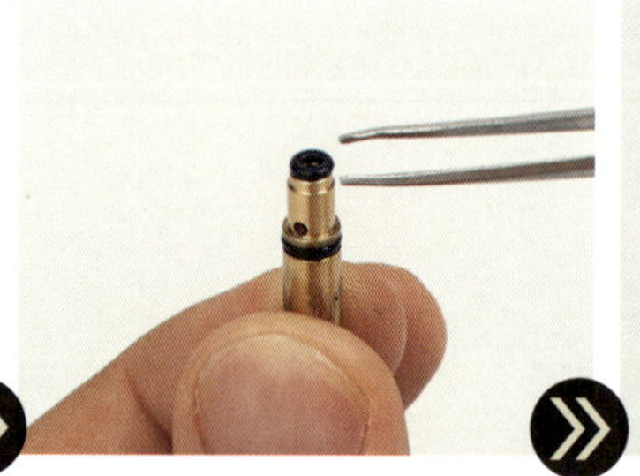

▲エアバルブのパーツのうえにピストンOリングを載せる。穴自体がちゃんと重なっているのを確認する

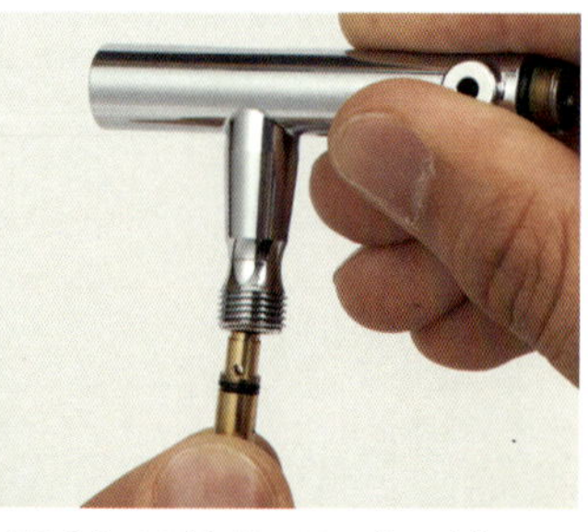

▲そのままエアバルブをエアーブラシ本体に挿入する

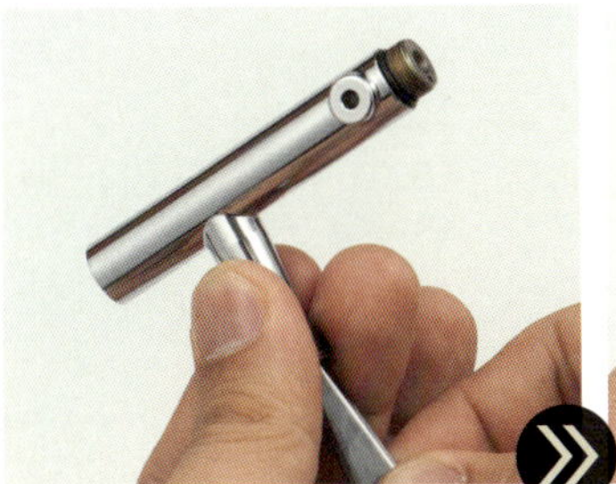

▲エアバルブガイドをピンセットなどで奥までぐっと押し込む

▲下から覗いた時にここまで挿入できればOK。足りない場合はゆっくりとさらに押し込む

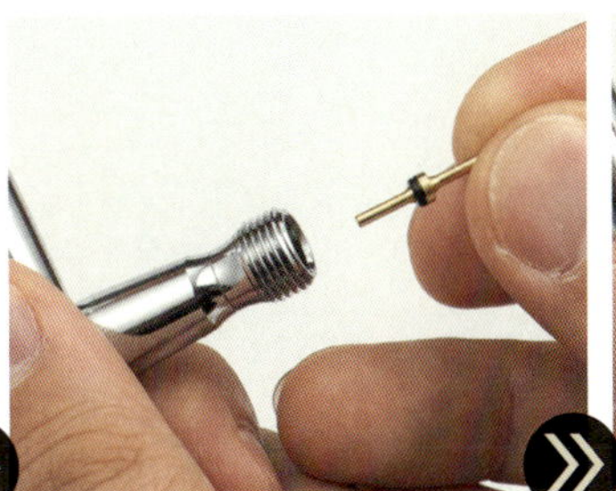

▲エアバルブガイドを挿入したら、バルブを指で差し込む。差し込む際には付属しているOリングの位置に注意する

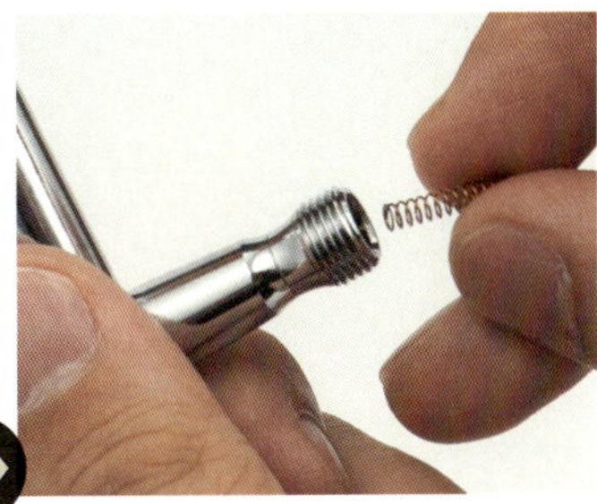

▲差し込んだバルブにスプリングを被せる

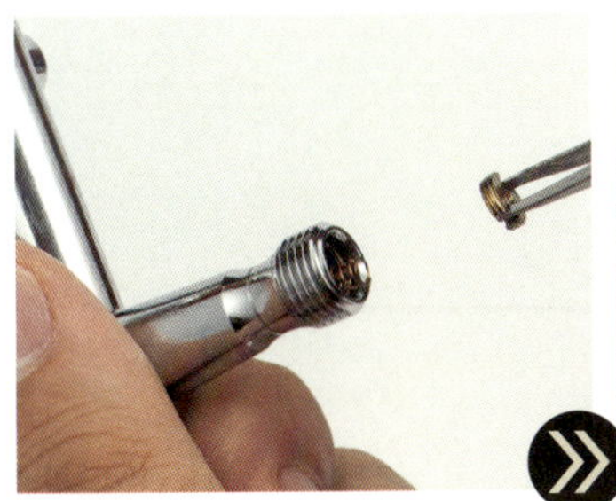

▲バルブアンナイネジにはふたつの切り欠きがあるので、そこをピンセットでつまんで、そのまま本体にセットする

▲位置をあわせ、スプリングが飛び出して外れないように注意しながらゆっくり右（時計まわり）に回す

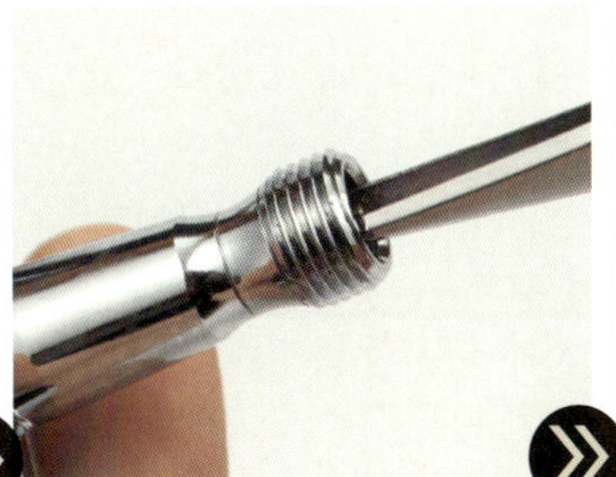

▲ピンセットごと回すようにしてネジ蓋を取り付けていく

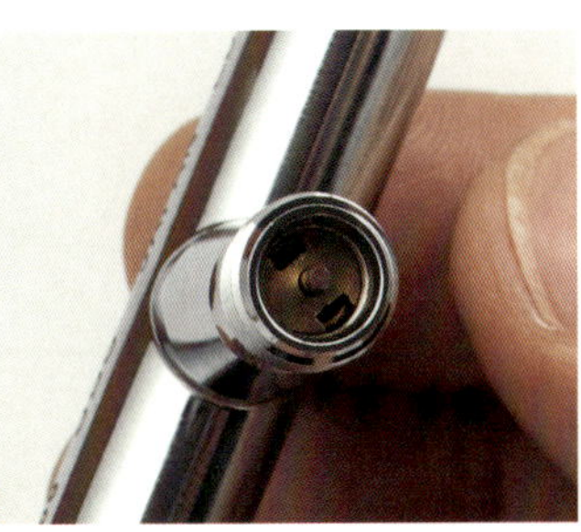

▲蓋がこの位置までセットされれば完了

本体の組み立て②
ドロップインノズルの組み立て

取り外したノズルは綺麗に洗浄し、埃などがつまらないようにキッチンペーパー類で拭いておく

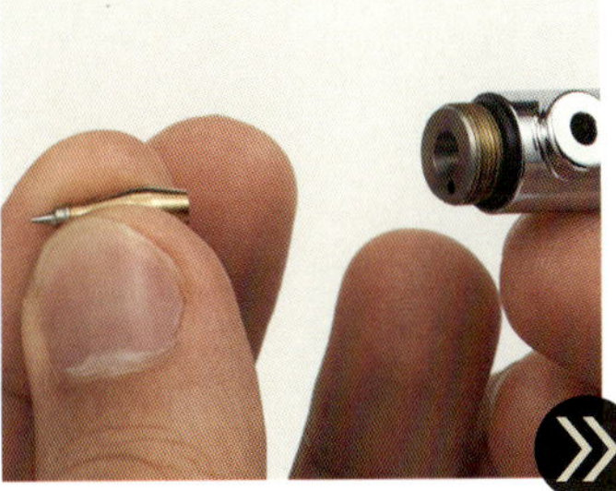

▲ドロップインノズルのノズルを本体にセットする。ノズル自体は非常に柔らかい素材でできているので、力を入れすぎないように

▲尖ったほうが先端になる。間違えてセットしないように。先端部分をぶつけて変形させないように最新の注意を払う

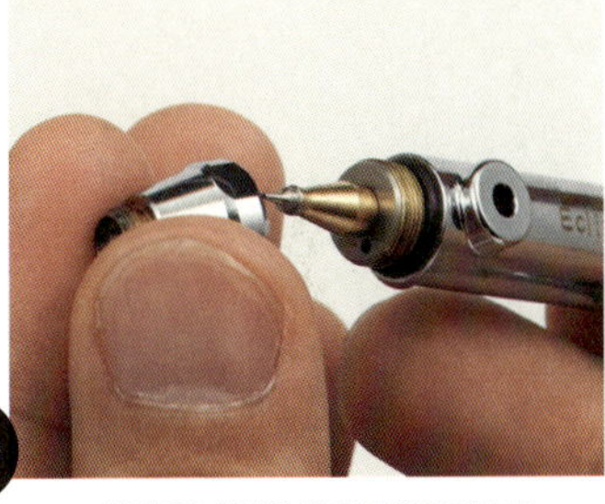

▲ヘッドの取り付けは指で直接行なうこと。フィンガータイト（手締め）でOK

▲ノズルキャップも指でゆっくりと回して取り付ける

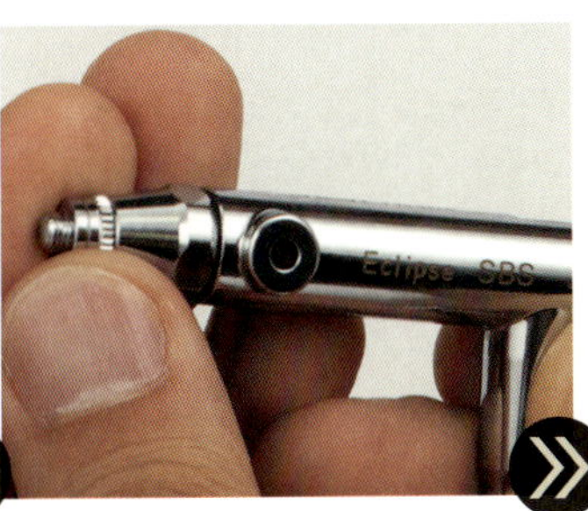

▲しっかりと取り付けないと使用時に塗料が逆流する場合があるので注意

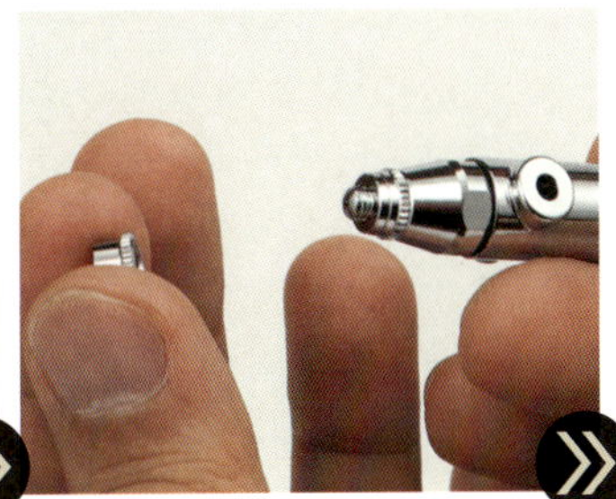

▲同様にニードルキャップも取り付ける

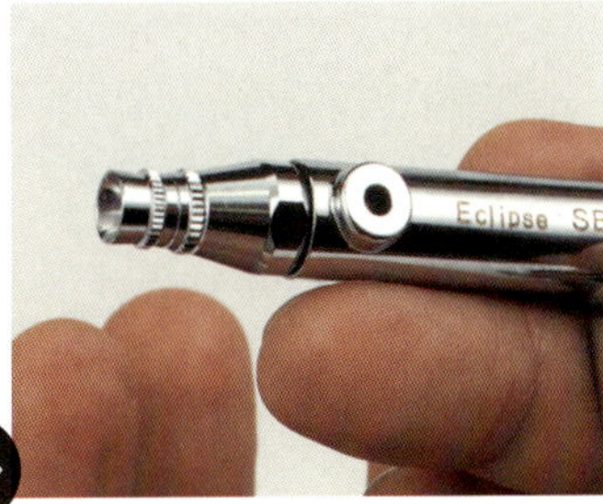

▲両方のキャップを取り付けた状態

本体の組み立て③
押しボタンの組み立て

エクリプスシリーズとレボリューションシリーズはバルブ部分の構造が単純化されており、メンテナンスも簡単だ

▲押しボタンと、なかで押しこまれるピストンが一体の構造になっている。ここもグリスを塗布してから組み込む

▲塗布するグリスの量は写真の量程度。これを基準に多すぎるぶんには問題ない。

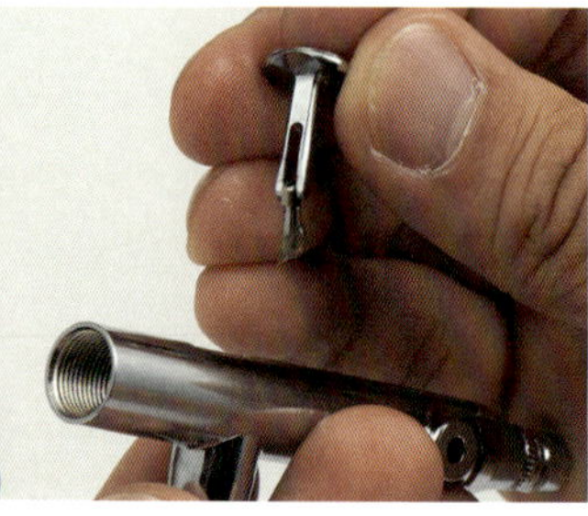

▲ボタンの後部に切り欠きがあるほうが後ろ向きになるので確認すること。

▲このボタンの先端がちゃんと中にはいっていないとエアーが出ないのできっちりと押し込む

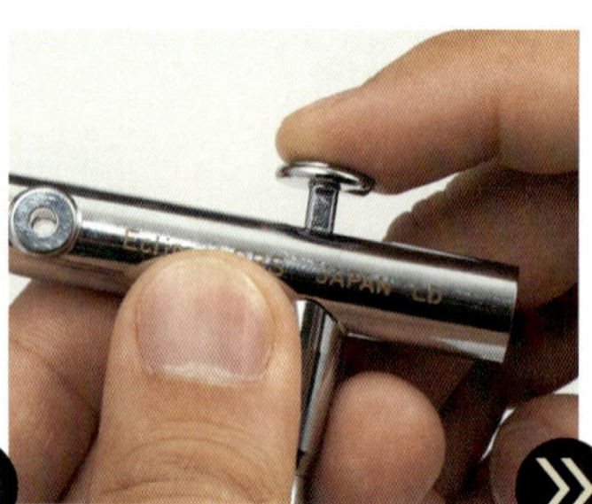

▲ボタンを押し込んだら、正しく上下に動くか確認すること

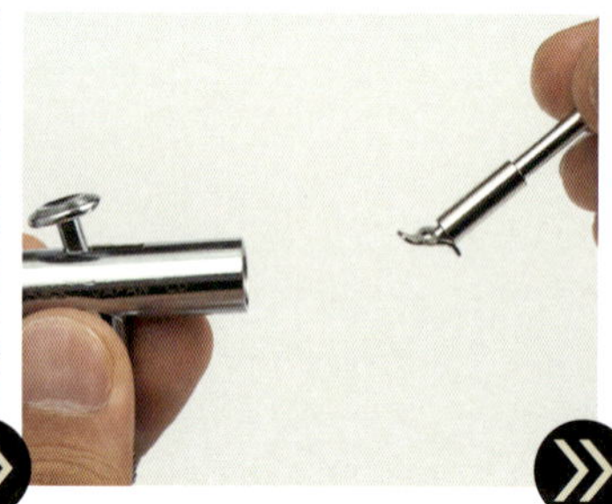

▲次にボタンオシニードルチャックを取り付ける。先端のS字金具（ボタンオシ）が下を向くような角度で本体に挿入する

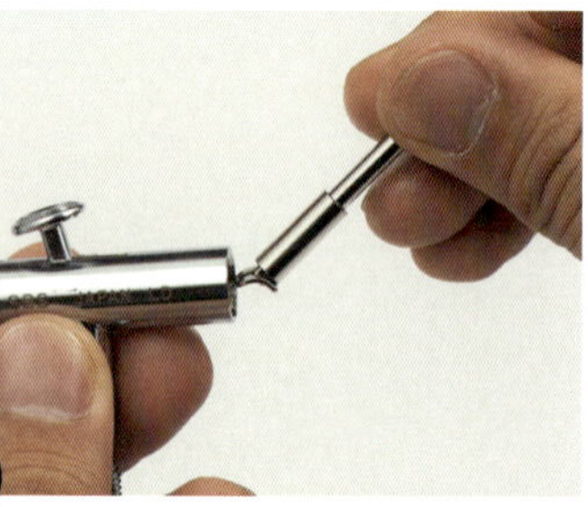

▲この角度でまっすぐ本体へ押し込んでいくとボタンオシの先端が本体の上部スリットから顔を出す

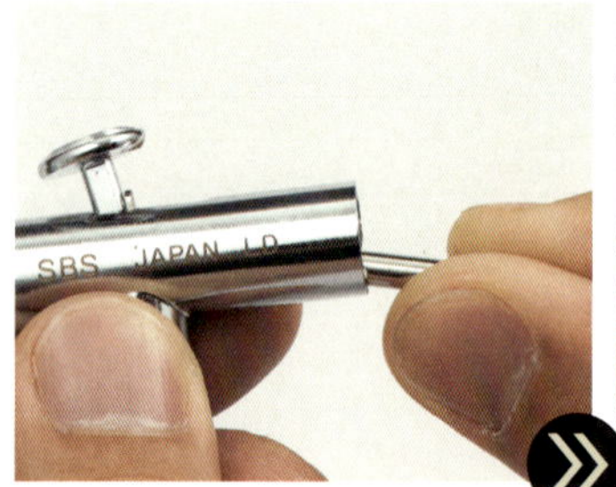

▲顔を出したボタンオシの先端がボタンの後部にフィットするように押し込んでいく。写真のように先端が飛び出ていることを確認する

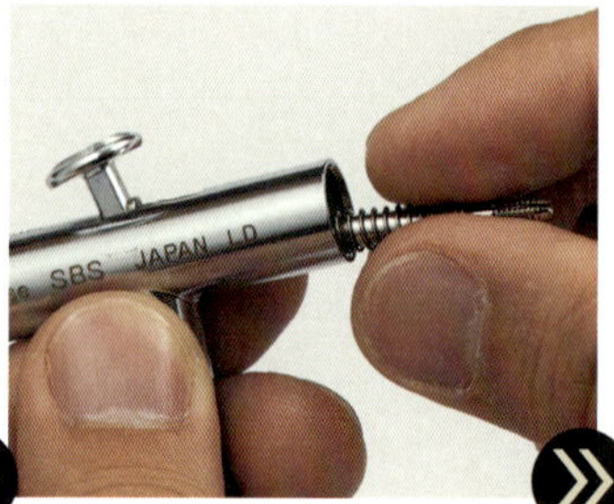

▲スプリングをボタンオシニードルチャックの後端にかぶせ、止まるところまで押し込む

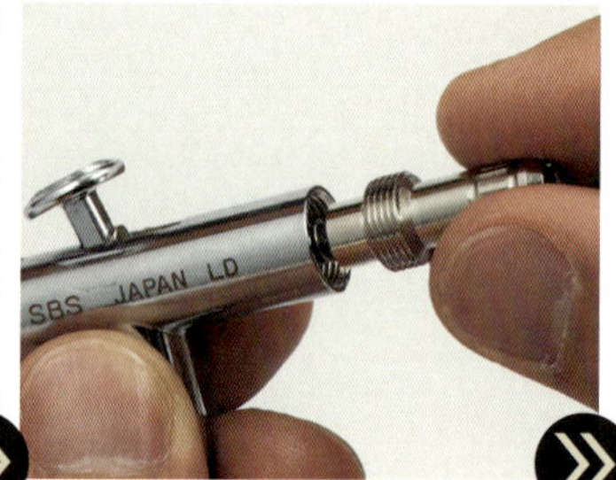

▲かぶせたスプリングの上から、スプリングごとスプリングケースで押し込んで、ねじ止める

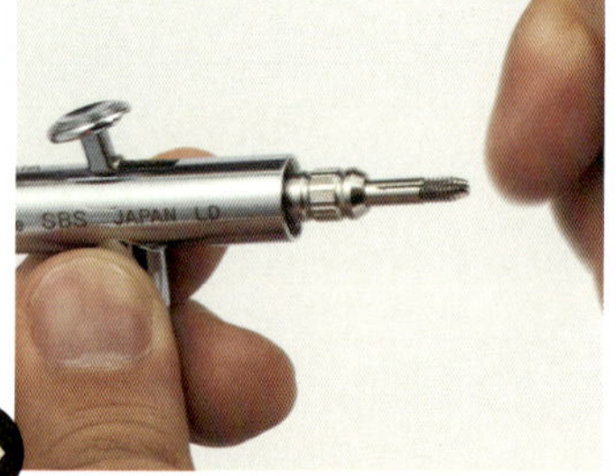

▲スプリングケースは指で回し止めでOK。指で回していって、止まるところまで回す。きつく止めすぎて壊さないこと

本体の組み立て④
ニードルの挿入

ニードルも繊細なパーツだ。その扱いには充分な注意が必要だ。誤って挿して曲げたり怪我をしたりしないように

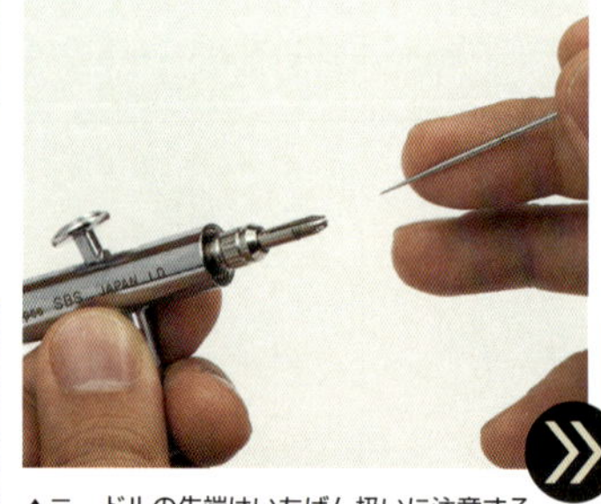

▲ニードルの先端はいちばん扱いに注意する部分。挿入時に間違えてぶつけたりしないように指をそえて、ゆっくりと扱う

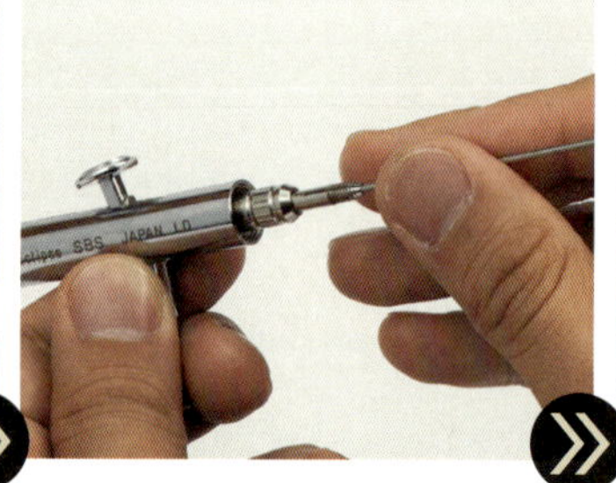

▲ニードルを正しく挿入したらゆっくりと押し込んでいく。きつかったり、違和感があったら無理やり押し込まないこと

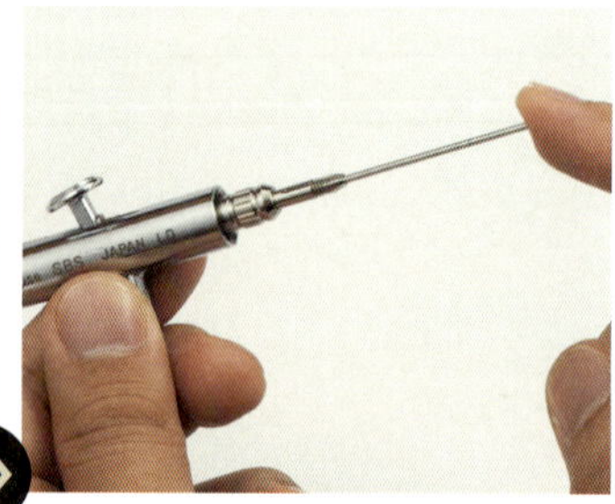

▲最後は指先でトントンと押し込んで位置を決める。決して強く押し込まないこと。しかし押し込みが足りないと、不意に塗料が吹き出したりする

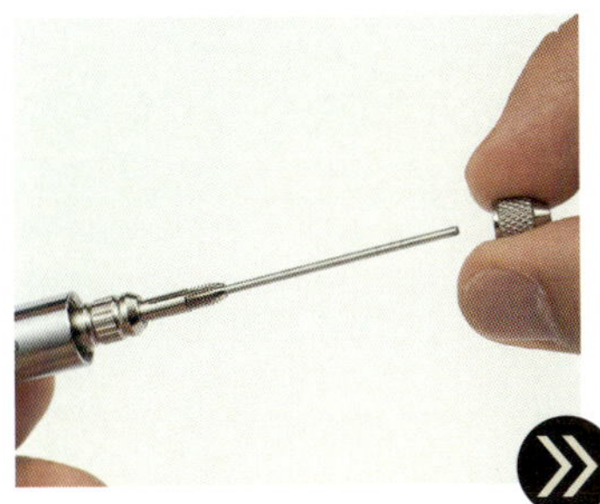

▲ニードル止ネジを取り付ける。これも入るところまで押し込んで指でネジ止める。これがしっかり止まっていないとニードルが前後しない

▲カップを接続しない側にカバーをする。使用前にはかならずこのカバーが差し込まれていることを確認すること

▲カップを差し込む。入るところまでゆっくりと差し込むとちゃんと接続される

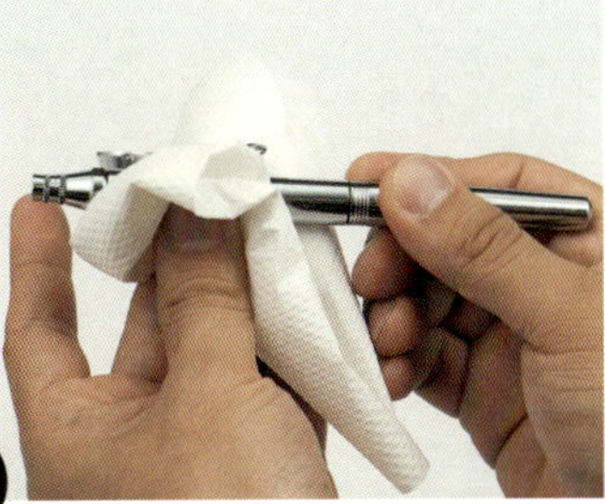

▲最後にペーパーで余計な油やグリスを拭き取る。外側の汚れがあれば、それもきれいにする

組み立て完了!!

エクリプスシリーズのダブルアクションモデルのメンテナンスが完了。押しボタンまわりの構造やヘッドとそのドロップインノズルの構造の違いがミソ

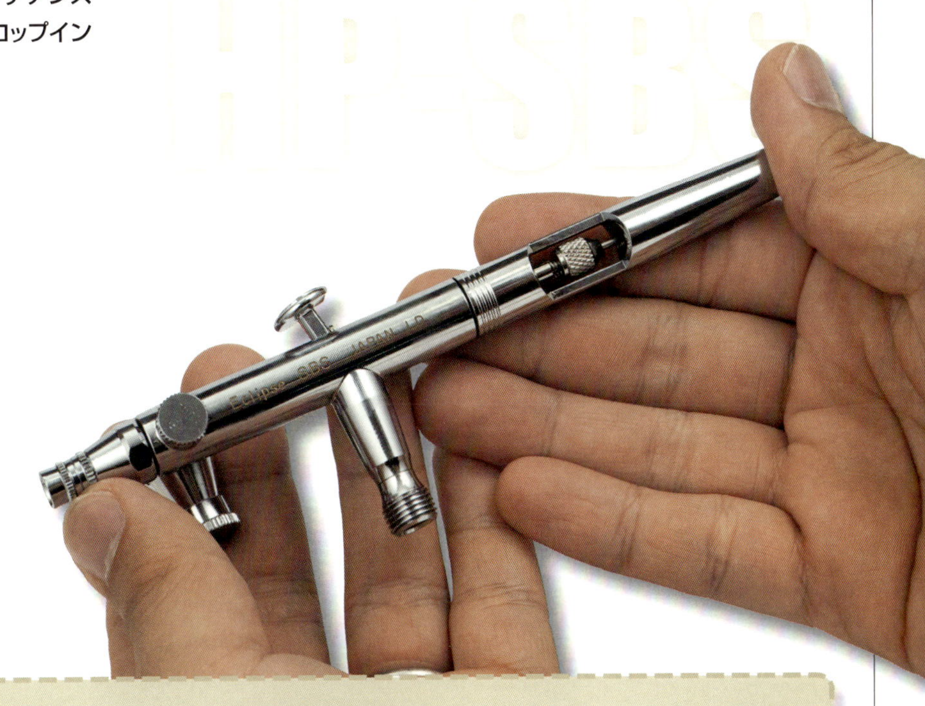

●「ドロップインノズル」というはめ込み式の先端ノズルを採用しているこのシリーズはほかに、塗料が吸い上げ式のものであったり、ノズル口径の違い（0.3〜0.5㎜）などで4つのバリエーションがある。ドロップインノズルは塗料経路が大きく、塗料噴出量、使用空気量が多いため、比較的高粘度塗料への対応が可能とのことで、たとえば濃度の高い溶きパテを吹いたり、ノズルのつまりやすい蛍光塗料などを吹くなどの用途が考えられる。逆にいうとノズル周りの通常メンテナンスが必須なモデルともいえるが、分解洗浄組み立てが容易なのでメンテナンスも苦にならない

細吹き迷彩のテクニック 3

AFV模型などで見られる繊細な細吹きでの迷彩のコツ。その3は、コンプレッサーによるエアー圧だ。基本的に細吹きは低圧で吹くのが基本だが、まず圧を調整できるコンプレッサー、そしてエアーブラシ側でも微調整ができるモデルを準備してトライしよう

▲吹き付ける塗料は少なく、近距離で吹き付けるのでエア圧はできるだけ低くしたほうが仕上がりがよい。0.1Mpa以下でトライしてみよう

▲アネスト岩田のエアーブラシでは、さらに空気量調整ネジがあるモデルがあるのでこれを使う。ここでさらにエア圧を下げつつ調整する

□Hajime Sorayama
□Tetsuya Nakamura
☑Shin Tanabe

アネスト岩田
ユーザーインタビュー

毎回同じ結果がちゃんと出せる抜群の安定感 物がよければ裏切られない——タナベシン

（立体造形家）

「本職は造形家だから使用頻度は低い。だからこそ、ちゃんと結果が出てくれないと」と厳しい目のタナベ氏が選んだのは、やはり岩田製のエアーブラシだった

タナベ　エアーブラシのメンテナンスといえば、僕いっぺん壊しましたから。

——どういう風に壊しました？

タナベ　なかをを回したんですよ。精密ドライバーで入れてグッてやってたら、なぜかこのリングがはまってニードルがすごい動かなくなるみたいなのがあって。

——モデルはなんですか？

タナベ　CH。確かにバラし方とかわかりませんもん。マニュアルとか特になかったですよ。それでおかしくしちゃった。ニードルが戻らなくなってしまって。結局岩田に送って直してもらいましたね。それ以来怖くて触ってないんですけど。次からはちゃんとメンテナンス出そうかなと。僕もたまにしか使わない、フルに塗るのは1体2体というか。なので、専業じゃないから今回のお話も僕でいいんかなっていうのが常にあるんですけど（笑）。

——シンさんのキャリアでエアブラシを研究されてた時期があるわけですよね？

タナベ　それこそ学生のときに、タミヤのエアブラシキットの一番安いやつから始まり、その後オリンポスをいっぺん買ったけどあまり使う機会もなくアメリカに移り、安いのを使い。

——アメリカにはいつから行かれたんですか？

タナベ　95年の22歳のときに行って、2007年までの12年間いました。

——戻られたきっかけは？

タナベ　アメリカかぶれの青年期で、映画大好き！　でアメリカに渡って、ハリウッド造形しか見てなかったんですけど、『エイリアン』とか『スター・ウォーズ』の造形しか見てなくて。で、原型師として就職したら、僕が日本人という理由だけでアニメキャラを作らされて。まったく興味なかったのに（笑）。俺はエイリアン作りたいんじゃ！　って言ったんですけど、やれるか？って言われて就職したばっかなんでやれるとしか言えなくて、一応形にはなったんですけど、アニメ作るときにお手本にするのはやっぱり本場のアニメキャラのフィギュアで、みればみるほどすげーなと。逆に日本への憧れが強くなってきて、アメリカいると向こうの原型師さんとか特撮マンたちが、「日本人か！　竹谷知ってるか！　韮沢知ってるか！」みたいな感じで。会ったことないけどもちろん僕もファンでしたし。だから逆に日本に憧れが出てきて。それであれですね、向こうでフィギュアを作ってましたけど、映画関係のフィギュアも作ったりしてて、よくスタジオとかも出入りするようになって。実際それが夢だったので。スタン・ウィンストンスタジオとかにも出入りして、エイリアン作った人、プレデター作った人とか、一番の夢だったルーカス・フィルムに行けたとか、ILM見学させてもらって、夢かなったかも！　っていう（笑）。大体夢がかなったのでみたいな。

——やりたいことやっちゃったみたいな。

タナベ　そうですね。ほんまミーハーな気分だったんやな、みたいなことがありました。映画造形がしたかったけど、結局フィギュアの仕事始めたら、だんだんフィギュアに夢中になって、フィギュアが面白いわってなって、それだったら日本のほうが強いでしょって。それが大きかったですね。日本にいてもSkypeでミーティングもできるでしょって。日本で原型作ってアメリカに送るのも1・2年やってたんですけど、あまりにも居心地がよく。それで、ぼんやりと日本の仕事も取ってみたいなと思いつつ営業したらちょこちょこ来るようになって、それで一時帰国のつもりがアメリカはもういいやって(笑)。10年でロサンゼルスを見尽くした感じもあったんで。

――向こうで造形してるときは、アメリカでのエアブラシ事情みたいなのはいかがでしょう。フェイバリットなものってありました?

タナベ　なかったです。覚えてなかったというか、気にいるのがなかったです。これでなんとかします! という感じで(笑)。1000円ぐらいの粗悪なものもたくさんあるんですよ。それで手に入るというか、使えるものをなんとか、使いにくいのを誤魔化し誤魔化しつかってました。

でも、iwataのエアーブラシが一番っていうのは噂では聞いてました。特撮の現場ではみんなiwataって口にしてましたね。でも店で現物見たら値段が高かったんで手がでなくて(笑)。そのときは仕事で塗装はせず、しても趣味だったんです。でもとりあえずエアブラシを持っとかなきゃあかんということで、「アズテック」っていう木箱に入ったプラスチック製のエアブラシで、ノズルが山ほどあって色分けして、あれ買ったんですけど(笑)。なんかかっこよかったんで。さっぱり使い方がわからない(笑)。ノズルも樹脂でしたし、ニードルも樹脂でしたしね。色分けでノズルがあるんですけど、どの色がどれかも覚えてないんですよ。説明もすごいぼんやりで、こういう塗装には何色って書いてあるんですけどね、樹脂製なんで非常に軽かったですけどね。初めて買ったタミヤのエアーブラシも外側が樹脂製でしたね。コンプレッサーセットで樹脂のカップがあって、プラモデルみたいなやつでしたけど。そんなんばっかりでした。お金がかけられなかったりとか。ようやく日本に帰ってきてから本格的にエアブラシを使うようになりました。

――iwataのをご持参していただきましたけど、購入されたのは日本に帰ってきて?

タナベ　以前にガイアノーツさんと一緒にイベントにでたときに、使わせてもらって、非常に調子がよかったので、すぐに買いに走りました。「iwataは重い」っていう方もいらっしゃるようでしたが、重いっちゃ重いんですけど、あんまり重さは気にならないですね。重さがあったほうが実際、すごい細吹きの際にはいいですね。

iwataの何がいいって、先端に空気量の調整ツマミがついてるのがいいですね。これは本当に便利だと思いましたね。安定性っていうか、塗料の出がすごいスムーズっていうのがいい。一連の作動がものすごい直結してる感がありました。パーツのギャップじゃないけど、タイムラグっていうか。動作とのズレは若干。それがピタッと来たとは思いますね。特にカスタムマイクロンを使ったんですが、そっちはピシッと感じました。重さが逆にまたよくて、重厚感があるっていう。カタカタしてない。

――塗料の濃度が違ってプシッてなるのも音でわかるって言っていましたね。

タナベ　多分これだから感じられるのかもしれませんね。塗料の流れとか、固くなってきたとかが。そういうのが気になるようになりましたね。

北米でも特撮の現場では「iwataだ」っていってましたね

●タナベ氏が原型製作、塗装を施したガイアノーツのマスコットキャラクター「ノーツちゃん」

――じゃあ、カスタムマイクロンはここぞというときに必須みたいな感じでしょうか。

タナベ　アメリカで使ってたひどいエアブラシとかがあったからこそ(笑)。あの不安定さとか、使い勝手の悪さとか。安心できますね。ここはこれで行こうとか、昨日の唇塗ったときとかも、安心してやってられますね。ちゃんと塗料の濃度を守ってやれば、ちゃんと結果が出るという。しかもちゃんと狙ったところに。この向きならここに当たるっていうのは使ったらわかってきますしね。怖くもなくさーっとやったりできますね。いいものを使い続ければ、それが馴染みますし。物が良ければ裏切らないから……!　みたいなことを(笑)。

ええもん持っとけば損ないですね。こういうのを趣味にされてる方なら、価値あるんじゃないのっかな。逆にプロにしたら全然。毎回同じ結果を出せる安心感があれば、全く出しますよね。今となっては5、6万でもそれで安心が買えるなら。1万円でもいいのかって、そのほうが心配になります(笑)。

――アメリカの得体の知れないエアブラシとか(笑)。

タナベ　吹くときはなるべく失敗したくないですから。戻すのもすごい時間かかりますし。安心して使うなら、いいのを使いましょう!っていう(笑)。■

タナベシン(たなべしん)

立体造形家。三重県志摩市出身。神戸芸術工科大学卒業後、1995年渡米。2001年、トイメーカー「Toynami」入社、同社の主なアニメキャラクターの原型並びにCinemaquetteシリーズのアートディレクションを担当。2007年よりフリーの原型師として活動を始める。2017年「伊勢志摩サミット」記念モニュメントを製作。

iwata by ANEST IWATA CASE 007 / Eclipse シリーズ ガンタイプ

HP-G5のメンテナンス方法

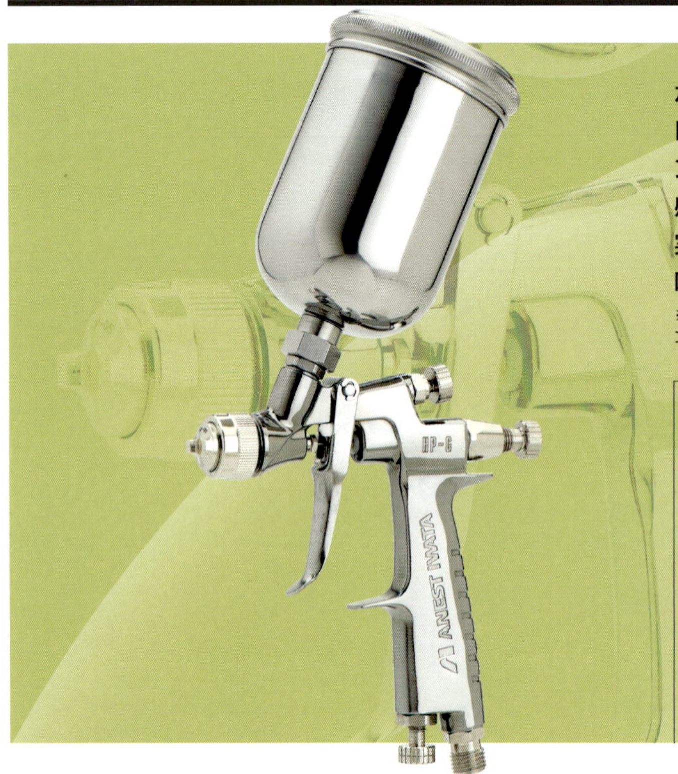

ホビー等で使われるエアーブラシと板金塗装等で使われるスプレーガンの大きな違いは使用空気量にある。このエクリプスガンタイプエアーブラシは、スプレーガンの特長であるグリップ感・ハンドリング感を持ちながら、少ない空気量で細かな霧を実現した。小型のコンプレッサ（※）でもスプレーガン並みの吹付けが可能

※小型のコンプレッサでも空気量不足の場合は粒子が粗くなります。2気筒または125W以上のコンプレッサをお勧めします

吹霧方式や向きを自在に変更できる優れた機能

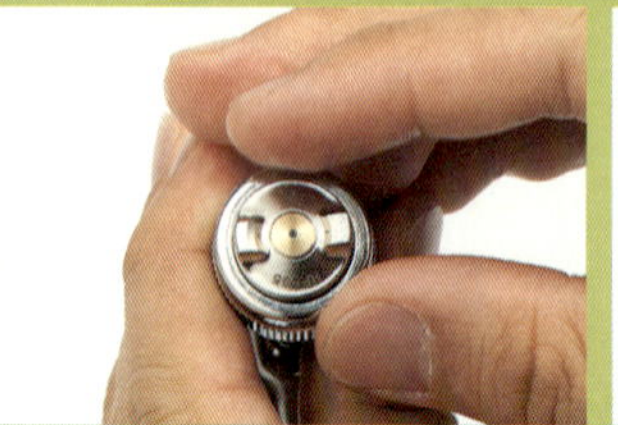

●ノズル先端にあるキャップの向きを切り替えることで縦でも横でもどちらでも平吹きパターンの向きを変えることができる。パターン調整つまみでパターンの幅を調整することが可能となっている

本体の基本分解①

ボディの分解

筐体はガンタイプのモデルのため、通常のエアーブラシとは作業が異なる。まずは各部の形状と役割を理解しよう

▲まずは、カップを右回し（反時計周り）に手で回して外す。大型なので誤って落としたりしないように注意

▲次にニードルを抜く。後部にあるふたつのダイヤルのうち下側がニードル。これを外す

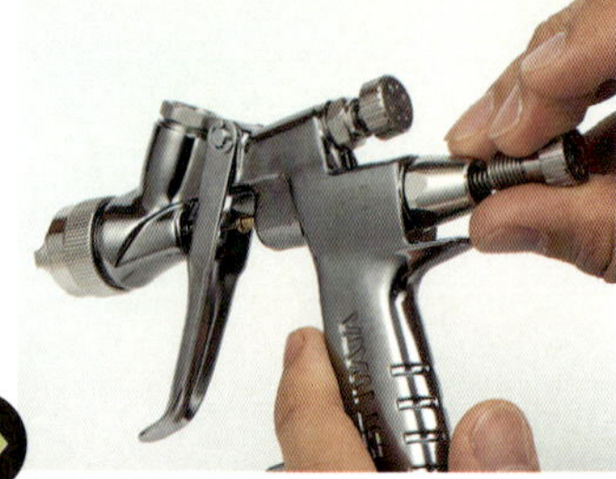

▲ダイヤルを右回し（反時計周り）に回していくとダイヤルごと抜ける。スプリングが入っているので飛び出しに注意

▲ダイヤルだけを抜き取るとスプリングが飛び出した状態になる。スプリングを紛失しないようにする

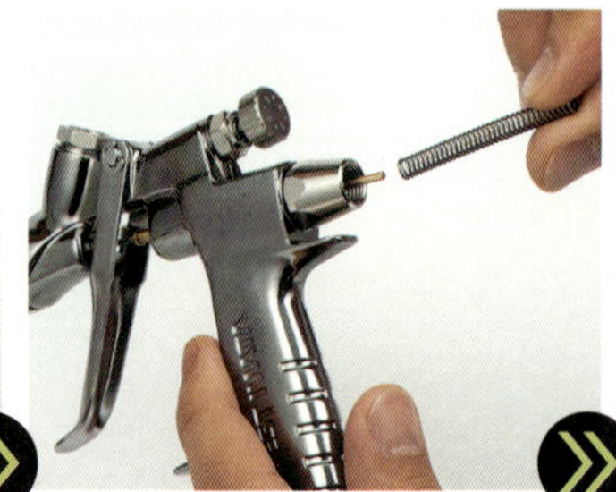

▲スプリングをまっすぐ引き抜く。ニードルにひっかけないように注意する

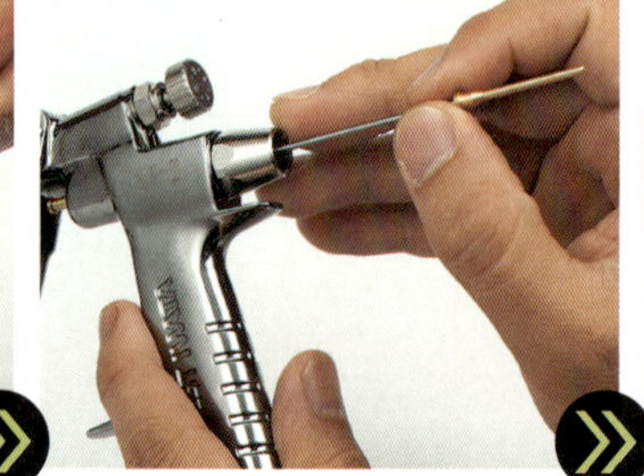

▲続いてニードルを引き抜く。若干きついが、こじらずにゆっくりとまっすぐ引きぬく

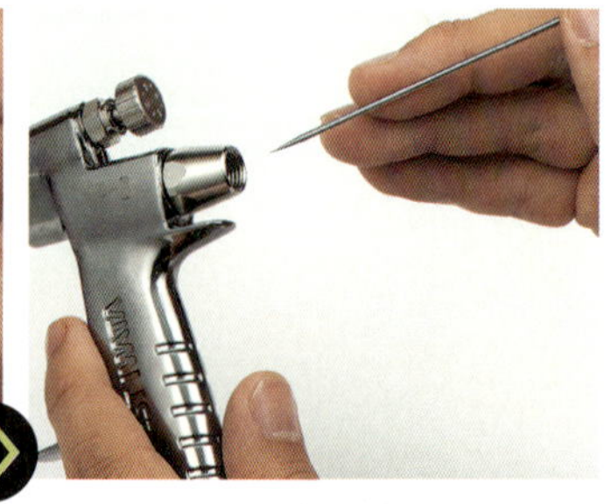

▲このニードルもまた先端が重要なので、引き抜く際にはぶつけたりひっかけたりしてニードル先端を破損しないように注意する

本体の基本分解②
エアキャップの分解

平吹きの向きを調整するのに回転させるエアキャップは、汚れがたまりやすい箇所。まずは外して洗浄しよう

▲エアキャップを外す。エアキャップはリングで締め付けている構造なので指でリングを回していけば、簡単に外れる

▲エアキャップを外した状態。ここからはノズルがむき出しなので、注意する。この状態でスプレーガンを置いたりしないこと

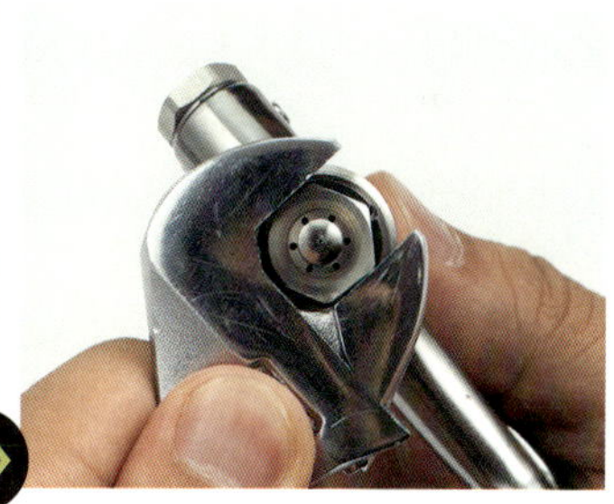
▲ノズルは固く固定されているので、モンキーレンチをつかって緩める。ボルトの山を舐めないように注意

▲レンチで緩くできたら、途中からは指で回してノズルを外す

▲後部のトチョウガイドセットもモンキーレンチで緩める

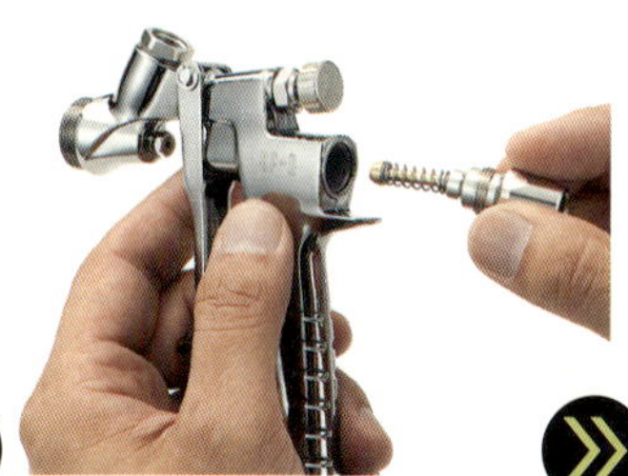
▲緩んだトチョウガイドセットを指で回して外す。空気弁バネと空気弁棒も引き抜く

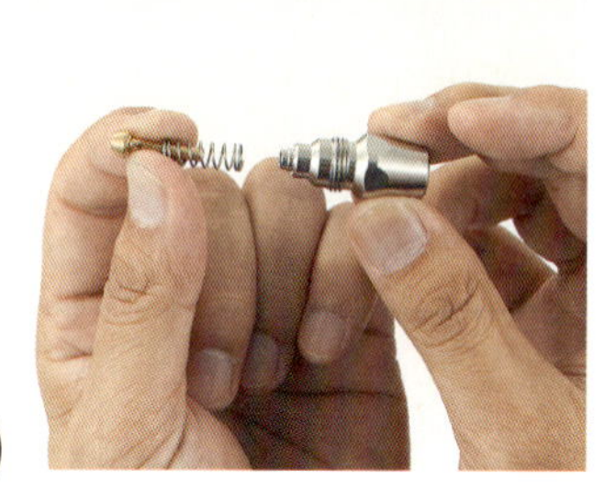
▲それぞれの部品を指で外す

本体の基本分解③
空気弁シート部の分解

ニードルが通る経路は非常に繊細な部位。分解する前にどういう状態が完動状態か、いまいちど確認しておこう

▲本体内部に空気弁を止めるネジがある（クウキベンシートオシ）。ドーナツ状のネジでフチにマイナスドライバーが当たる切り欠きがある

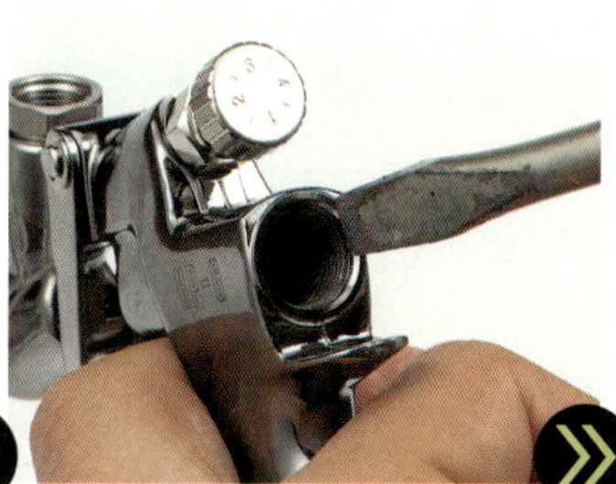
▲大きめのマイナスドライバーを差し込み、その切り欠きに当てて左まわし（反時計周り）に回して緩める

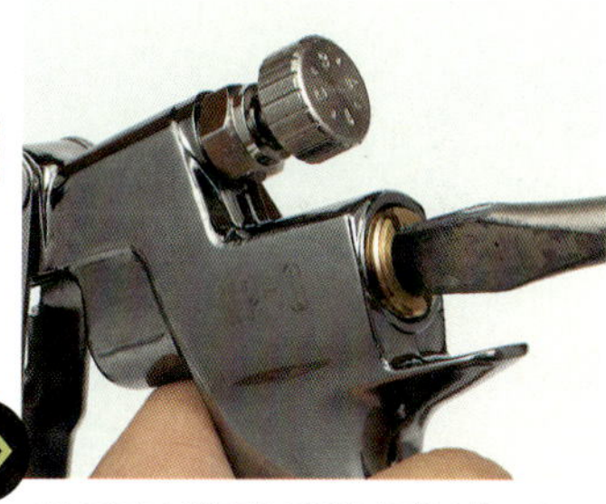
▲そのままネジを回して手前まで抜き取ってしまう。力まかせにして、ヤマを崩してしまわないように

▲きれいに回すことができればクウキベンシートオシを取り出すことができる

▲グリップとトリガーのあいだに、白い樹脂とブラスでできた部品が見える。これが空気弁と空気弁シートセット

▲空気弁と空気弁シートセットを一緒に押し込む

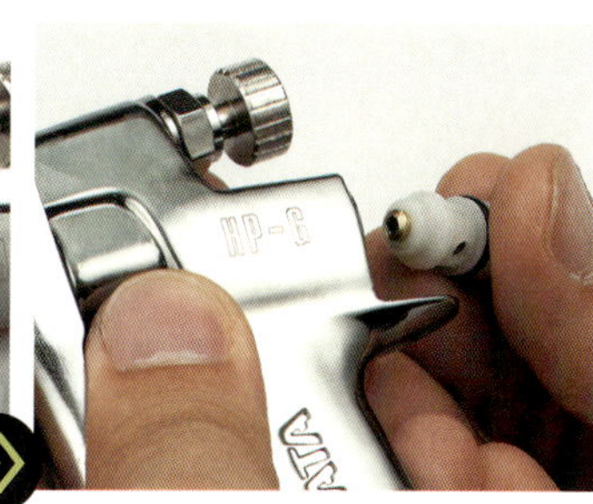
▲押し込んで外れた部品は後ろのネジ穴から取り出すことができる

本体の基本分解④
各調節ツマミとニードル弁パッキンセットの分解

平吹きの幅を調整するのがパターン調整ツマミ。エアーブラシには付いていない機能だ

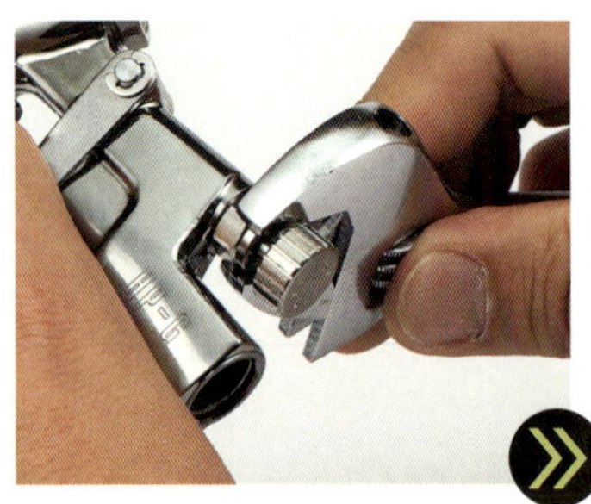

▲本体後部のパターン調整つまみも根元から外す。レンチで根元を緩める

▲指で回して抜き取るが、パターン調整つまみには奥に伸びるニードルが付属しているが、これをぶつけないように引き出す

▲ニードル弁パッキンセットもレンチを使わないと外れないように組まれているので、レンチで緩める

▲レンチで緩めたあとは指で回していく。誤って落としたり無くしたりしないこと

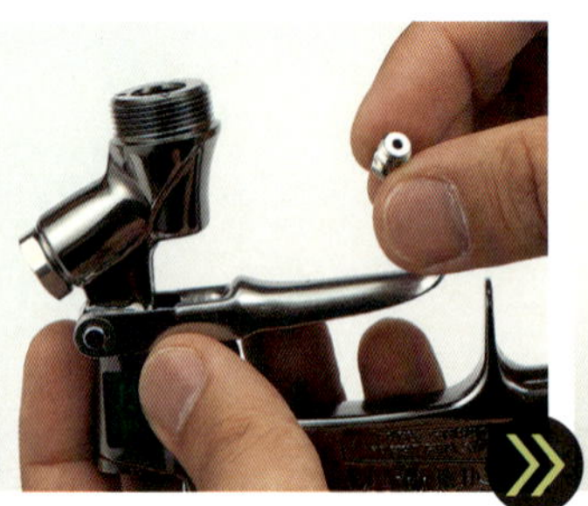

▲外したあとは、内部の汚れを確認しておく。小さいパーツなのでネジ山を舐めたり、破損したりしないこと

▲エア量調整つまみ（クウキリョウチョウセイソウチ）も外す。根元がきつく固定されているのでモンキーレンチを使って緩める

▲緩んだらあとは指で回して外していく。内部にバルブがあるのでぶつけて破損しないように引き抜く

完全分解完了!!

HP-G5は、エアーブラシを名乗っているものの、筐体自体はあきらかにスプレーガン。使用感はもちろん、メンテナンスにおいても通用のエアーブラシとはまったく異なることを理解しよう

●スプレーガンの場合、基本的に塗料や溶剤で汚れるのは先端部に集中している。塗料ノズルやエアキャップの汚れを中心に丁寧に洗浄すれば充分だろう。ニードルは引き抜いたあと、破損しないように注意しながら汚れを拭き取ろう

本体の組み立て①
エア量調整つまみの組み立て

基本的な組み立てかたは、先ほどの分解の工程を遡る。注意しないと組みあがらない箇所があるので注意が必要だ

▲エア量調整つまみ（クウキリョウチョウセイソウチ）から組み込む。内部のバルブ部分をぶつけないように内部に挿入する

▲フィンガータイトで締め上げたら、最後にモンキーレンチでしっかり増し締めする

▲パターン調整つまみも本体に挿入し、フィンガータイトで締め付ける。挿入時にバルブを内部でぶつけないように注意する

▲パターン調整ツマミを指で回して止めたらモンキーレンチでしっかり締めつける

▲空気弁はなかで稼動するのではめ込む前にグリスアップする

▲こうやってグリスを塗るが外側にくるりと一周塗りつけるだけ。あくまでも軽く塗布しておく

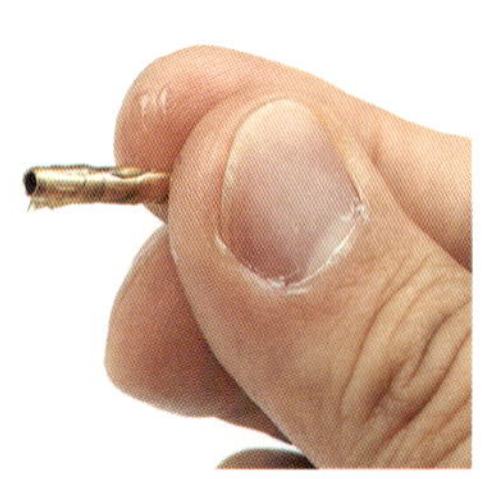

▲実際に金属パーツにグリスを塗布した状態。この程度の量のグリスでよい

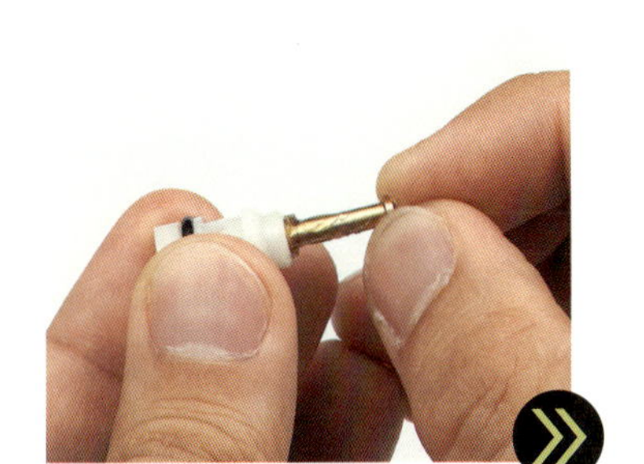

▲金属パーツを樹脂パーツに挿入する。グリスをつけすぎていると汚れが付着しやすくなるので注意

▲樹脂パーツに差し込んだ状態。このときゴムのパッキン部分に破損がないかも確認しておこう

▲写真の向きで本体に樹脂パーツを差し込んでいく。入らない場合は棒などで軽く押し込んでもよい

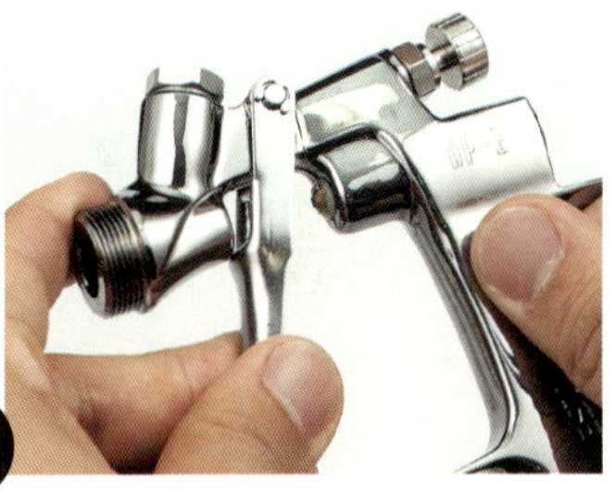

▲写真のように白い部分が顔をだすまでしっかり挿入する。ここがうまくはまらないとエアー漏れが起こる

細吹き迷彩のテクニック 3

エアーブラシによる細吹き迷彩のコツは

- 迷彩色はほんのり薄く付くぐらいがベスト
- 塗装対象との距離と角度が重要
- エアーブラシは迷わずスムーズに動かすとキレイにしあがる

A

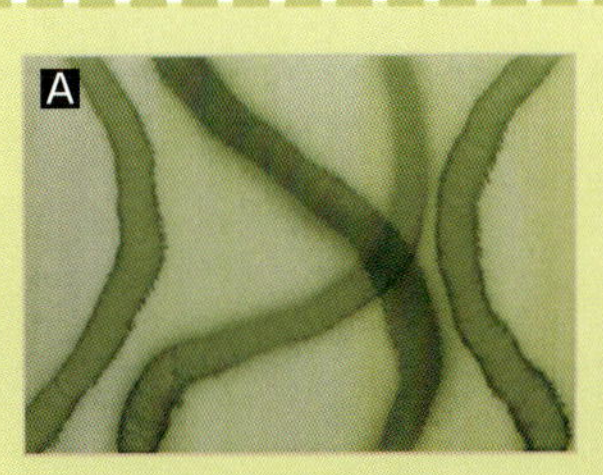

B

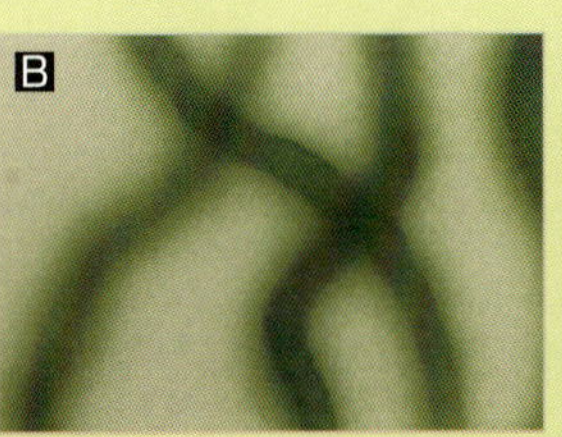

C

●ここではエアブラシと対象物の濃度、距離、速さについて説明していこう。同じ濃度や同じ距離でも条件が変わると仕上がりはずいぶんと変わってくる。Aこれは塗料を稀釈しすぎ、なおかつ動かすスピードが遅すぎた例。迷彩の帯の縁に塗料が溜まり、ボケ足はおろか細吹きにもならない。Bこれは塗料の濃度が濃く、動かすスピードも遅い例。通常の迷彩色を吹く感覚で下地を塗りつぶそうとするつもりで作業を行なうと太い線になってしまう。C理想の細吹きをすると、このような線状の仕上がりになる。感覚としては、対象物と常に近い位置をキープして、スーっと通り抜けるような感覚でエアーブラシを握る手を動かすことだ。下地を塗り潰す、という考えは捨てた方がいい

本体の組み立て②
ニードル弁パッキンの組み立て

ニードルを差し込む稼動部分はエアーブラシのキモとなる部分。慎重に作業すると同時に調整できる幅を持とう

▲空気弁シートオシを固定する。本体に挿入する向きに注意

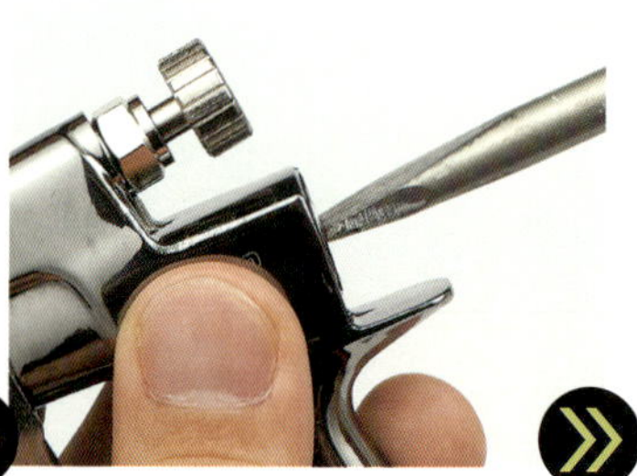

▲空気弁シートオシを挿入したら切り欠きにマイナスドライバーを当ててゆっくり回して締めていく

▲締め付けすぎると破損のおそれがあるが、写真の程度に奥まで入ればOK

▲ニードル弁パッキンセットを取り付ける。ここは締め付けすぎるとニードルが入らないので注意が必要

▲指で回して奥まで締め上げる。まずは回らなくなるまでしっかりと回す

▲最後はモンキーレンチで締め上げる。ゆるいと塗料が漏れ、きついとニードルが入らない。ニードルを戻したあとに微妙な調整を必要とする箇所だ

▲トチョウガイドセットは本体に組み込むために若干先に組み立てておく必要がある

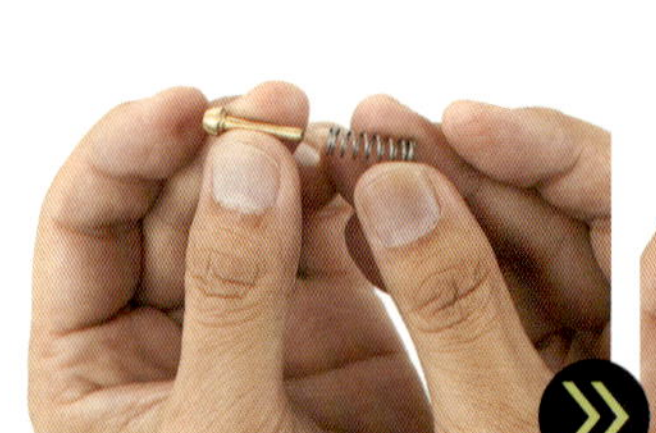

▲まずは空気弁棒を空気弁バネに差し込む

▲空気弁棒を、トチョウガイドセットに差し込む

▲この状態まで組み立ててから本体に取り付ける

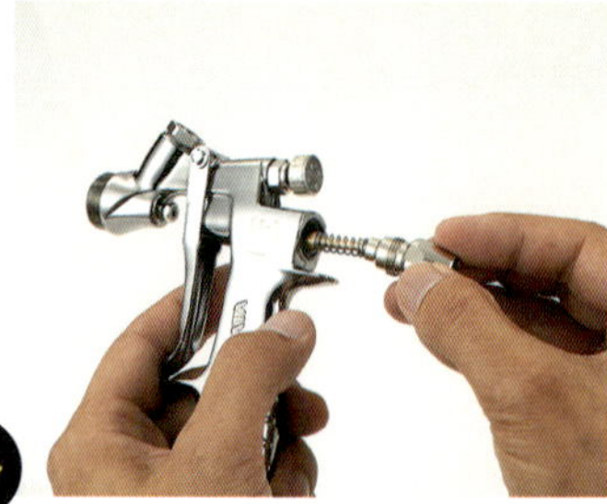

▲セットした部品をまっすぐ本体に挿入する

▲指で回せるところまでゆっくりとねじ込む。フィンガータイトでOK

▲指でねじ込んだら、最後にモンキーレンチでしっかり締め付ける

▲ノズルを取り付ける。先端をぶつけないように注意しながら、しっかりと本体に差し込んでいく

▲ネジ部は指でねじ込んでいく。ここがゆるんでいると塗料が漏れる

▲最後にモンキーレンチでしっかり固定する。ゆるいと息切れなどの不具合がでる

▲ノズルが固定されたらエアキャップを取り付ける

▲ノズルの先端にぶつけて変形させないように注意しながらエアキャップをかぶせる

▲エアキャップの固定用のネジをかぶせて締める。ここはモンキーレンチを使わず、フィンガータイトのみでOK

▲ニードルを挿入する。変形しない構造にはなっているが、できるだけニードル先端に余計な衝撃を与えないように慎重にいれる

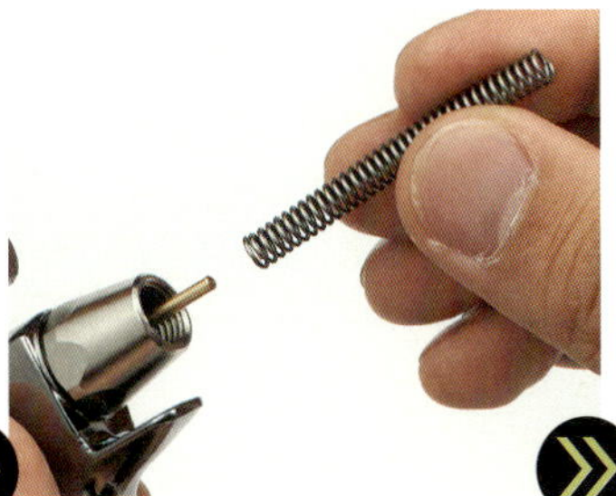

▲ニードルが先端まで挿入できたら、スプリングを取り付ける。

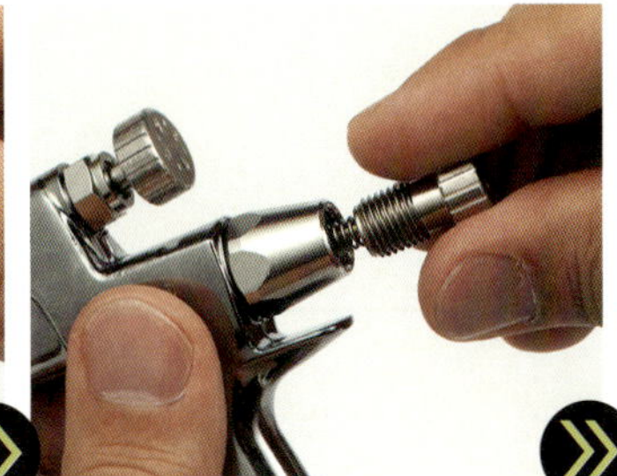

▲吐出量調節ツマミを取り付ける。モンキースパナは使用しない

▲各部の取り付け具合を確認したらカップを装着する

組み立て完了!!

●組み立て後は、ニードルパッキンの調整が必要となる。塗料が漏れないタイトさと、ニードルが適切に動くゆるさを確認しよう。また基本的に稼動部はグリスアップしておく

Eclipse series HP-G5

▲グリスアップした際に余計なグリスが付着している場合があるので、キッチンペーパーなどを使って余計な油、汚れを拭き取る

タナベ シン エアーブラシ フィギュア塗装講座

特別付録

ここでは、iwata by ANEST IWATAエアーブラシを愛用する造形家のタナベ シン氏にエアーブラシを使ったレジンキャストフィギュアの塗装術をご披露いただく。サーフェイサーを使わずアイボリー色で成型された下地を活かすいわゆる「サフレス塗装法」はエアーブラシならではの質感表現方法といえる

●塗装するのはタナベシン氏みずから造形、複製し販売もしている「Military Girl」。1/6サイズの胸像で今回はこの透明感のある、肌の質感を塗装で再現するためにエアーブラシ塗装を行なう

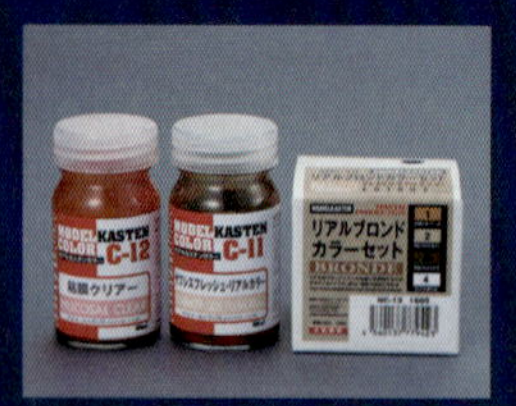

▲使用するのは「サフレスフレッシュ」「粘膜クリアー」「リアルブロンドカラーセット」(モデルカステン)

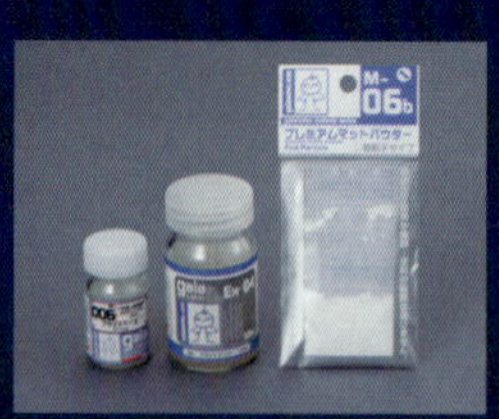

▲クリヤー塗料にはガイアノーツの「EX-フラットクリアー」とフラットベース、マットパウダーを使用

講師 タナベ シン

MILITARY GIRL

タナベシン氏が使用するエアーブラシは「ハイラインシリーズ HP-CH」

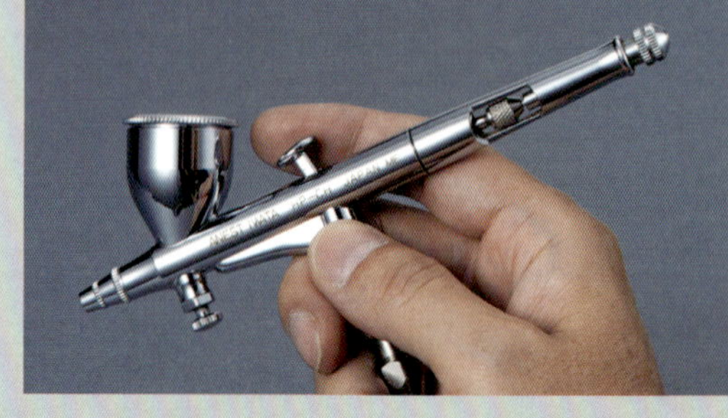

タナベ氏がふだん使用するのはHP-CH。堅牢な作りと、繊細な吹き付けが可能なのが魅力だという。普段使いに十二分なスペックを誇る0.3㎜口径のモデルだ

プライマーで下地を作る

レジンキャストの色味を活かすためサーフェイサーは使用せず、塗料の食いつきをよくするため専用のプライマーを使用する

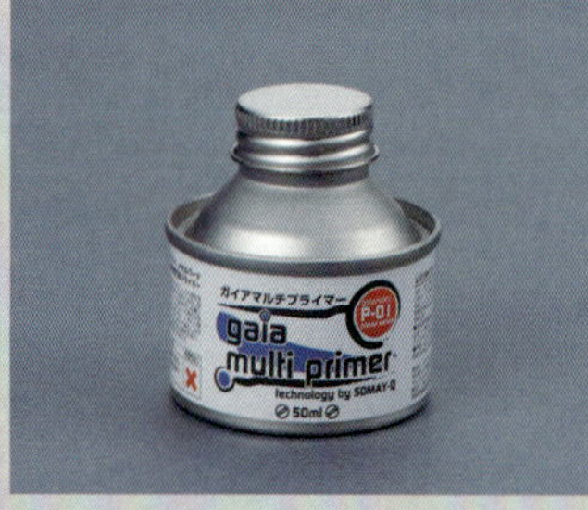

▲使用するのはガイアノーツ製「ガイアマルチプライマー」レジンキャストや金属パーツのみらず、ポリパーツにも塗装ができるようになるプライマーだ

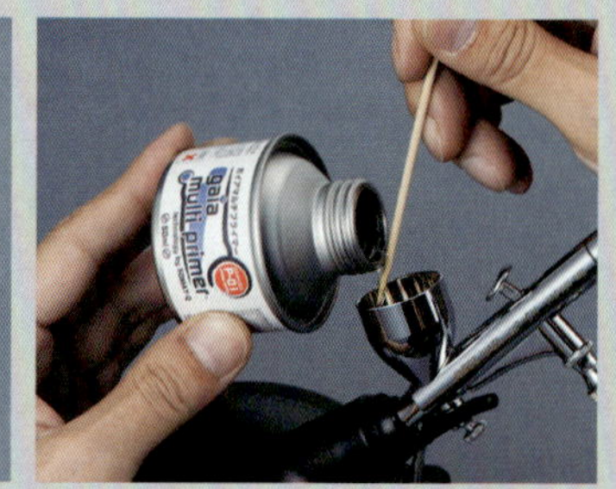
▲これを希釈なしに使う。直接缶からエアーブラシのカップに注いでOK

▲まずはレジンパーツ全体に吹き付ける。乾燥後は表面に粘着性が出るので床に落とすと埃がつくなどトラブルに。このあと全体を薄く塗装することで解決できる

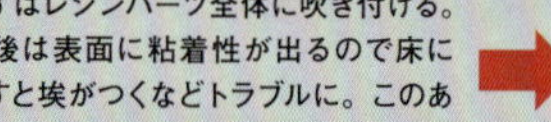
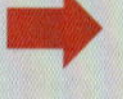

サフレスフレッシュで肌色をいれる

肌の表面にクリアー層を作り、そこに光が入ることで質感が活きるのがサフレス塗装。その専用塗料が「サフレスフレッシュ」だ

▲サフレスフレッシュは基本的に希釈して使う塗料だ。まずはサフレスフレッシュを瓶から適量取り出す

▲次に同量のガイアノーツのEX-04フラットクリアーで伸ばす。

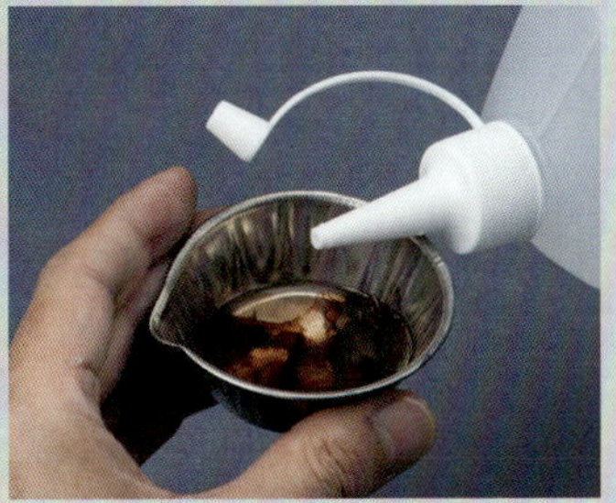
▲クリアーで伸ばしたものを、今度はエアーブラシでの吹き付けに適した濃度に希釈する。だいたい1：1で薄め液で割る

▲希釈したら必ず丁寧に撹拌する。塗料やクリアーがだまにならないように注意

▲濃度は写真の程度が適切な濃度。だいぶ薄くしゃぶしゃぶな状態でOKだ

▲撹拌が完了したらエアーブラシのカップに塗料を入れる。細吹きできるように調整する

▲同じ素材のものに試し吹きをしてみる。塗料の量とエアー圧を調整する。特にエアー圧は若干低めに設定する

▲うっすらと色が乗るか乗らないか程度の量を細吹きで奥まった部分を中心に薄くふわっと吹き付ける。基本的にすべて細吹きで進める

▲顔全体に吹き付けるのではなく、首のきわ、おでこと髪の毛の境目、鼻筋などに色を吹く。薄く何回も吹き付けることで濃淡を出す

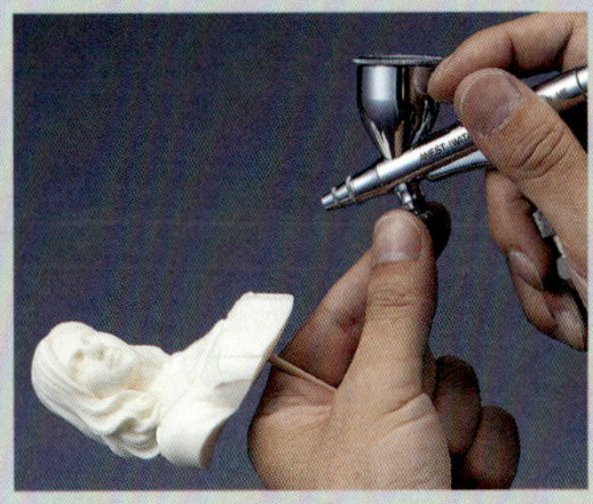
▲エア圧が高いと濃淡の調整がうまくいかない場合がある。その場合はエアーブラシ先端の空気調整ツマミでさらに絞る

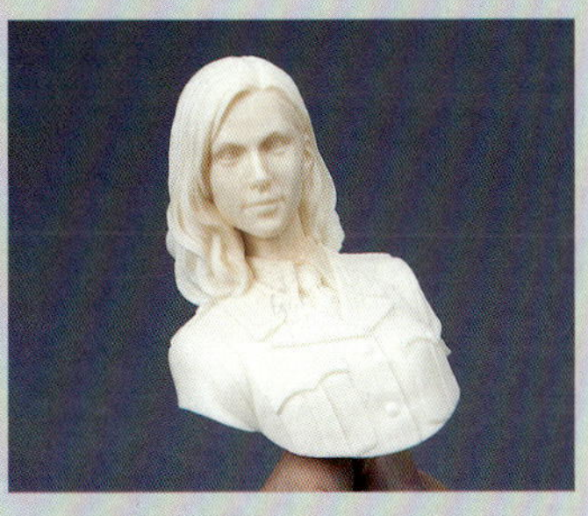
▲5回ほど吹いた状態。だいぶ色が乗っているが、乾燥すると色味が変わる場合もあるので、照らす電灯を変えるなどして濃さを確認する

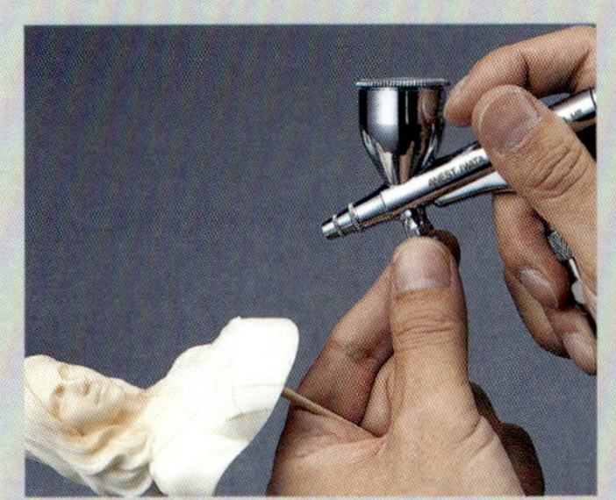
▲薄い塗料を吹き続けると、途中で塗料の濃度が濃くなりエアーブラシがつまりかかる場合もあるので注意。空気調整ツマミを随時調整する

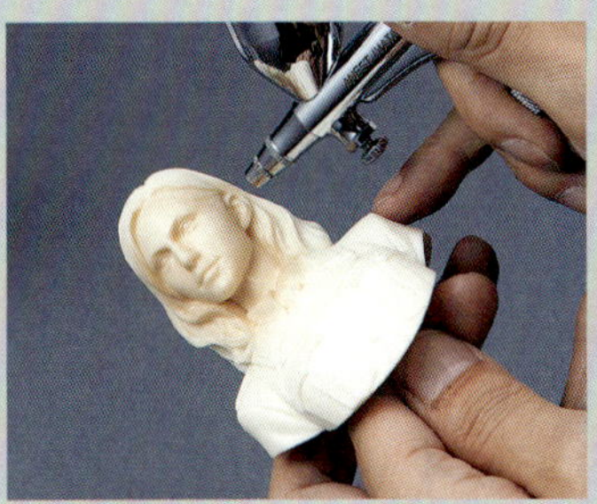
▲襟元や内耳などにはエアーブラシを絞って細吹きで色を重ねる。服や髪の毛はあとから塗り分けるので気にせずキワに色を乗せていく

▲目のくぼみや鼻頭、エラにも影が落ちるように色をおく

▲サフレスフレッシュでの塗装が済んだ状態。ツヤは最後に調整するのでこの時点でこういった状態でも問題ない

粘膜クリアーで赤みをいれる

「粘膜クリアー」は目や口など、肌が薄くなっている部分の赤みを表現する塗料。これもエアーブラシで塗装をする

▲粘膜クリアーも基本的に希釈して使う塗料だ。まず粘膜クリアーを瓶から適量取り出す

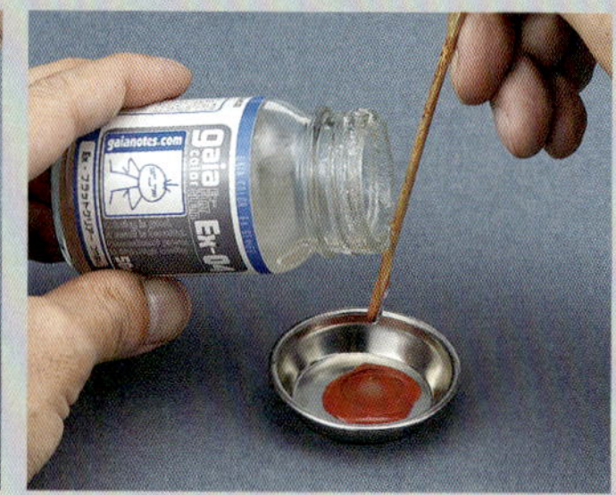
▲次にほぼ同量のクリアーで粘膜クリアーを伸ばす。独特の質感を出すにはここでクリアーで伸ばすことが必要になる

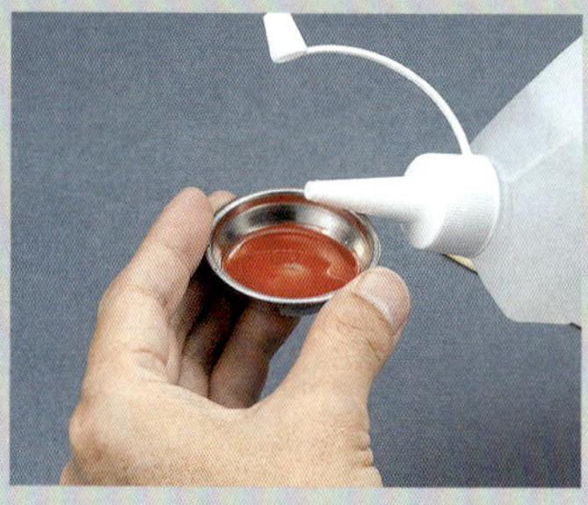
▲できた塗料を薄め液でエアーブラシで吹ける濃度まで希釈する

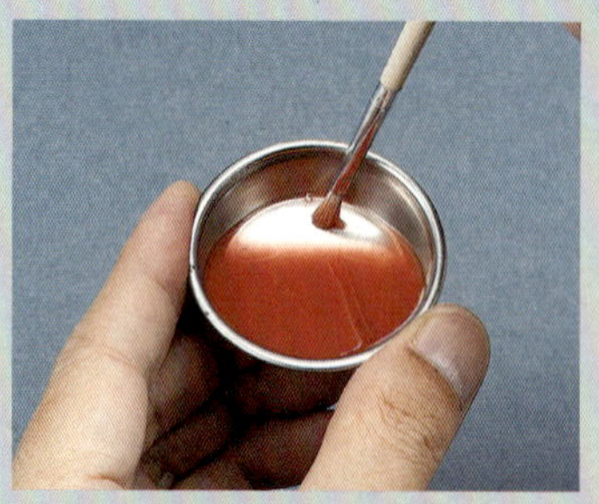
▲こちらも写真のようなシャブシャブな感じの濃度でOK。通常エアブラシで吹く塗料より薄く希釈している

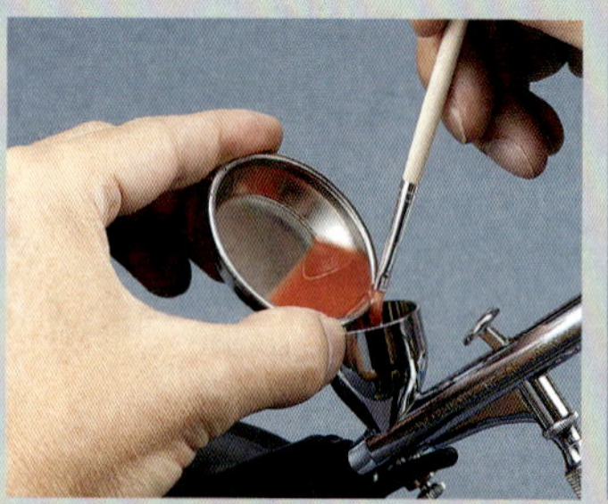
▲うすめた粘膜クリアーをエアーブラシのカップに注ぐ。細吹きできるように調整する

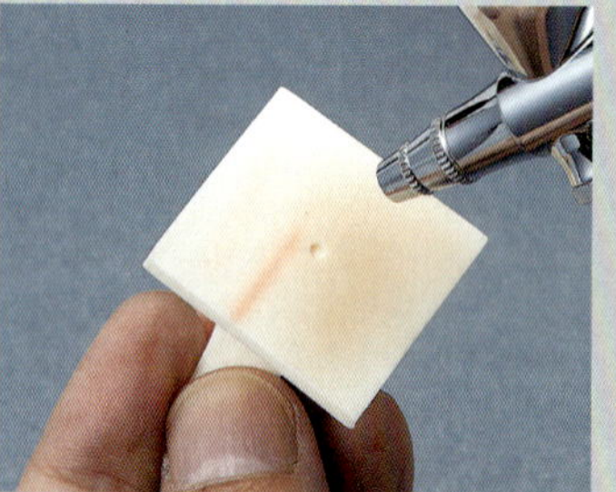
▲試し吹きをして濃度を見る。写真では若干色が濃い。いちど塗料をカップからとり出し、再度希釈する

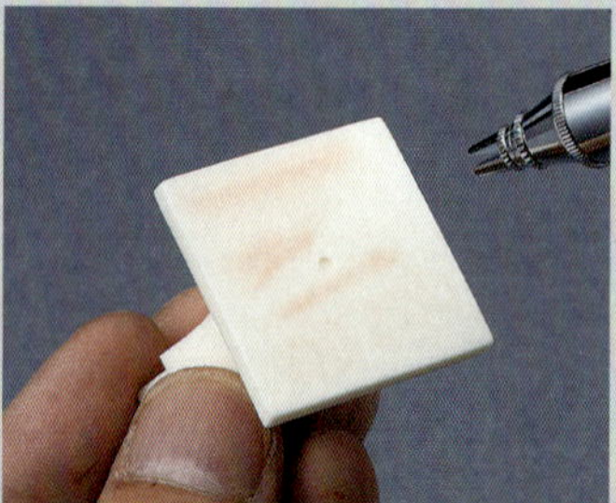
▲若干薄くしたものを試し吹き。微妙な差だが、このぐらい薄くてちょうどいい

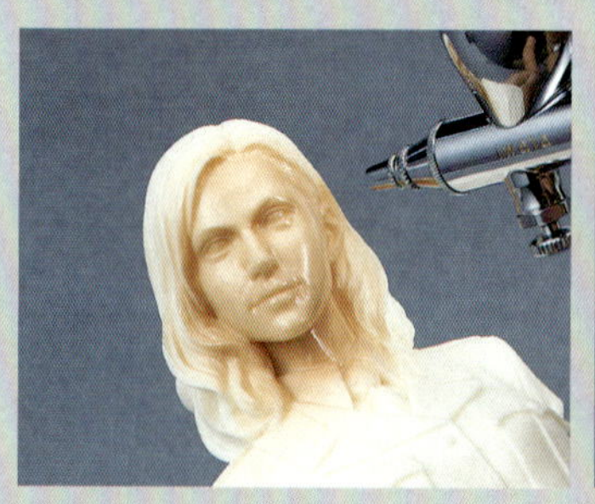
▲目頭やまぶた、唇を中心にうっすらと細く、色を置いていく。できるだけ細吹きで薄く塗る

▲このカラーも薄い塗料を何度も重ねることで色を発色させる。よく確認しながら数回色を重ね塗りする

▲だいたい4回ほど色を重ねた状態。自然なグラデーションが付いてくる

▲目や唇、口角や鼻頭に赤みが入ったのがわかる。この程度の変化がつけばOK。唇自体にも赤みがさしている

白目を拭いとる

白目は塗るのではなく、素材のレジンキャストの色を活かす。先にマスキングするのではなく、あとから拭い取る方法だ

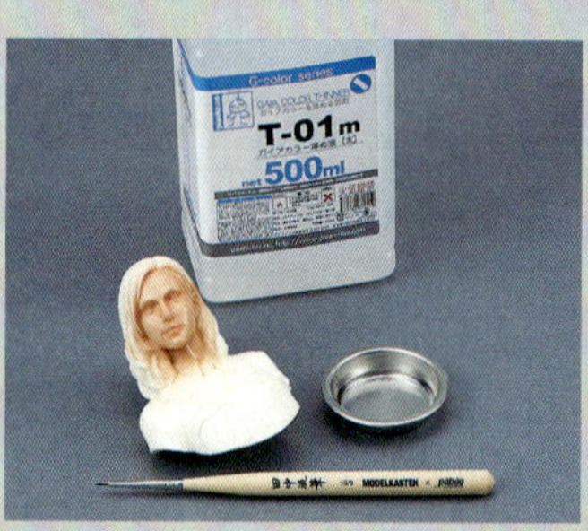

▲使用するのはガイアカラーの薄め液と面相筆（田中筆／モデルカステン）。できるだけ細く、精度の出せる筆を使う

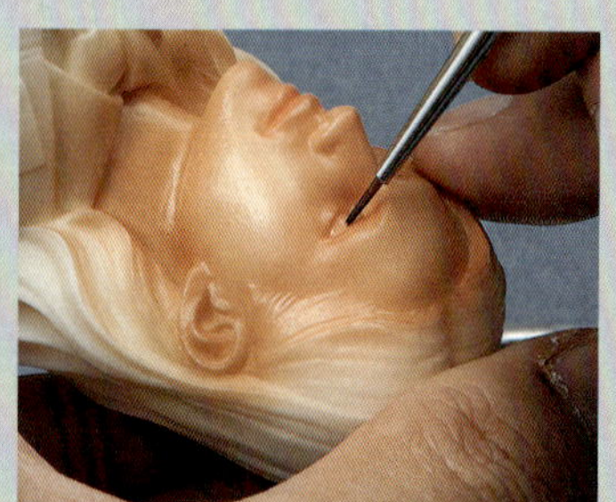
▲筆にちょっとだけ薄め液を含ませてこすると、薄塗りしている塗料が綺麗に落ちる。少しづつ作業し、一度に色を落とそうとしないのがコツだ

▲じっくりと擦り落とすことで、白目とまぶたの境目のエッジを出すことができる。ある程度コシのある面相筆のほうが作業がしやすい

粘膜クリアーで差し色をいれる

エアーブラシで塗装した粘膜クリアだが、エッジを立てるために筆塗りでも色をいれる

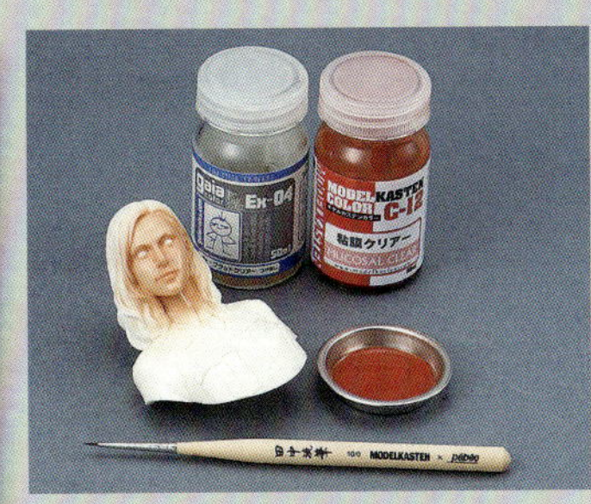

▲粘膜クリアーの筆塗りには同じく精度の高い作業ができる面相筆（田中筆／モデルカステン）を準備する。

▲筆塗りでも粘膜クリアーは別途クリアー塗料で伸ばして薄く自然な色が入るように使用する

▲粘膜クリアーとクリアーの割合は1：1ほど。写真の程度でちょうどいい

▲まずは下まぶたと白目のあいだに細く色を載せる

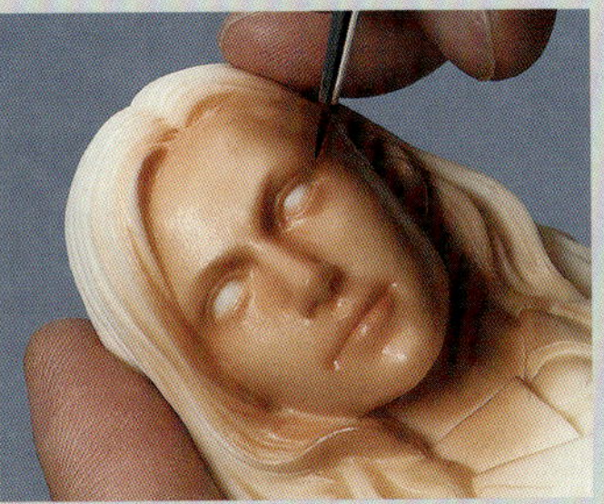

▲左目にだけ粘膜クリアーが乗った状態ここに赤みが入るとたんに生きた表情になるのがわかる

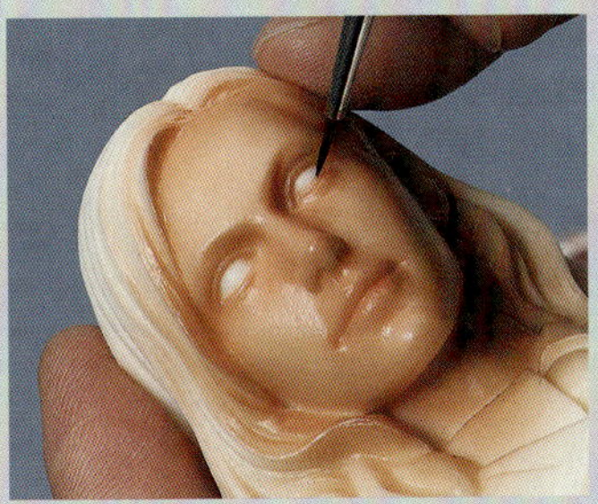

▲下まぶたと白目をなぞるように筆を動かす。一度にたくさんの塗料を乗せると色が広がりすぎるので少しづつ何度も筆を動かす

▲両目の下まぶた、目頭に色が入った状態。透明な赤みを透かして白目が見える

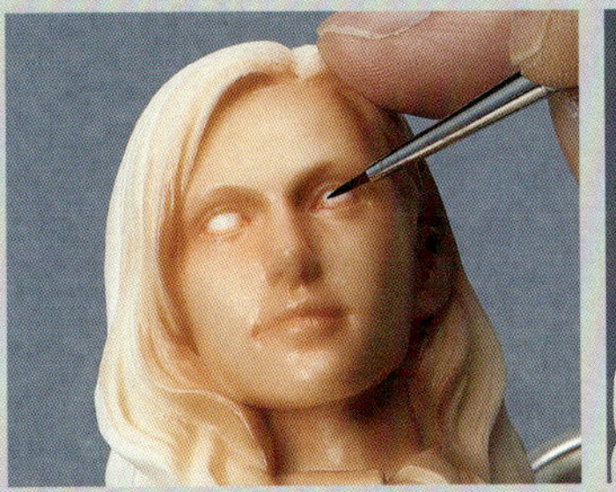

▲少し乾燥したら白目に乗りすぎた粘膜クリアーを溶剤を含ませた面相筆で拭き取る。ギリギリまで削ぐように白目部分を調整していく

▲右目が塗っただけの状態。左目が面相筆で色をトリミングした状態。かなりギリギリまで白目をだしてやる

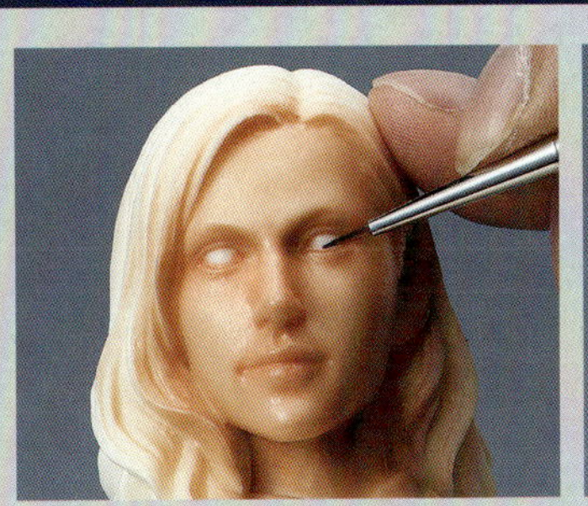

▲同様に目頭の赤みの形も溶剤を含ませた面相筆で整える

▲両目の調整が終わった状態。遠目には目元に赤い筋がうっすら残っているかのような印象に仕上がる

もっとも暗い部分はパステルで表現します

体のもっとも暗く、濃く見える部分は塗料で色を置いていくよりも、パステルを使った方がコントロールが効き、失敗が少ない。方法は簡単で、筆で塗り込むだけだ

▲茶色、黒のパステルをヤスリで粉末にしたものを少々準備する。それを面相筆で混合して濃い茶色を作る

▲作った濃茶色を面相筆ですくい取り耳の内耳の一番奥や首と襟足の間などに色を入れていく

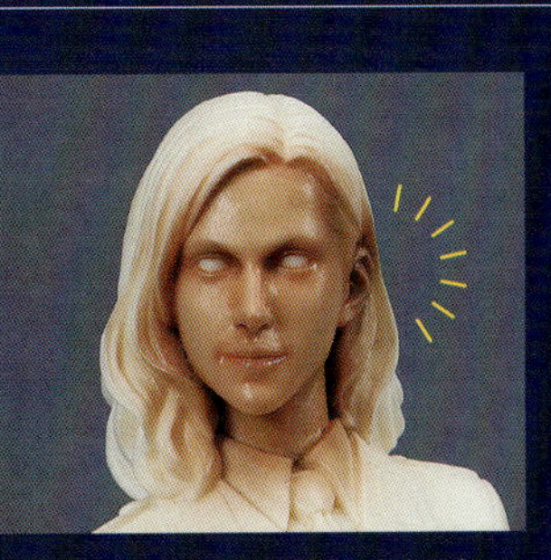

▲簡単に肌色のシェード部分に色をおくことができる。不必要な場所についたパステルは平筆などで払うと色を落とすことができる

つや消しクリアーでツヤを整える

ここで一度クリアーを吹いて塗装面を保護するとともに肌色のツヤを整える

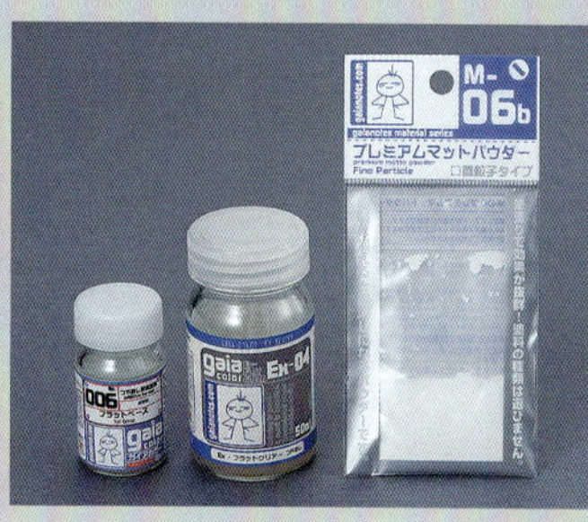
▲使用するのはガイアノーツのEX-04フラットクリアー。これにさらにフラットベースを入れてさらにつや消しにする

▲適度に希釈したフラットクリアーを肌色全体に塗装する。これでパステル部分も固定される。厚塗りする必要はない

▲ツヤが抑えられると、しっとりとした肌質に仕上がる。最初にクリアーで塗料を伸ばしているので、肌のエッジにクリアー層ができ、光が差し込む効果が生まれる

ブロンドヘアーを専用カラーで再現

肌が完成したところで髪の毛を塗装する。彫りの深い造形で引き立つのがリアルブロンドカラーセット

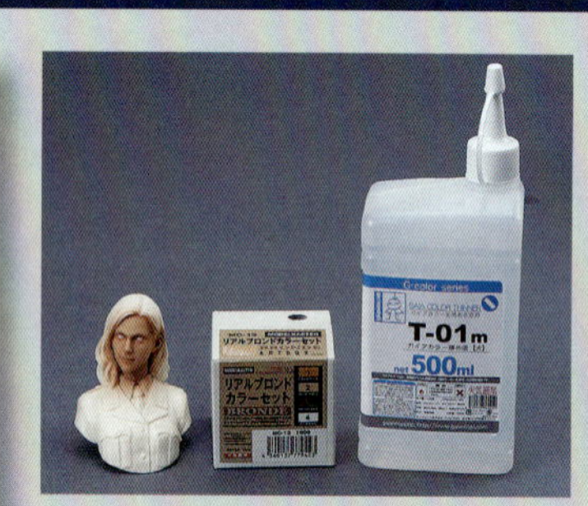
▲「リアルブロンドカラーセット」は基本色とハイライト、シェードの3色がセットとなっている

▲まずは基本となるブロンドベースを塗装する。まずは肌と髪の毛のキワを筆塗りで塗り分ける

▲薄め液を足して少々薄めに希釈する。一度では色が乗らない程度に薄くする

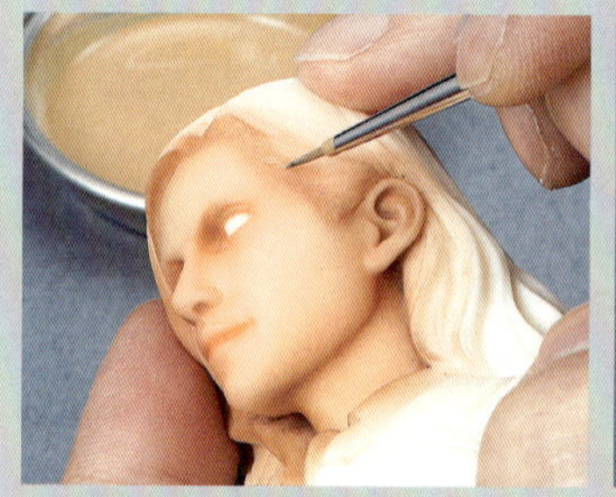
▲まずは面相筆で生え際を描く。毛の流れを意識しながら流れるように薄く、なんども色をおいていくと自然な生え際になる

▲こめかみや額も自然に流れるように色を置いていく。薄い塗料で少しづつ、何度も筆を運ぶのがコツ

▲生え際以外はざっくりと筆塗りで色を置いていく

▲襟足、後ろ髪も筆塗りで塗り分ける。このあとエアーブラシで本塗装を行なう

エアーブラシで全体を塗装する

本塗装の際には完成した顔部分をマスキングするのがベストだが、吹き付ける角度に気をつけることでそのまま塗装することができる

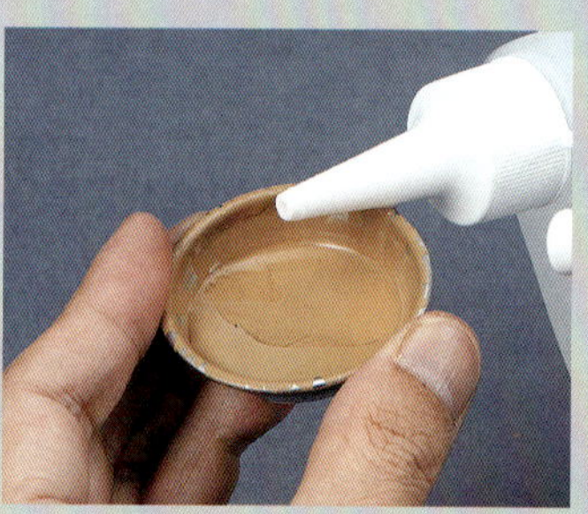
▲筆塗りしたブロンドベースに薄め液を追加して希釈し、エアーブラシ塗装に適した濃度に希釈する

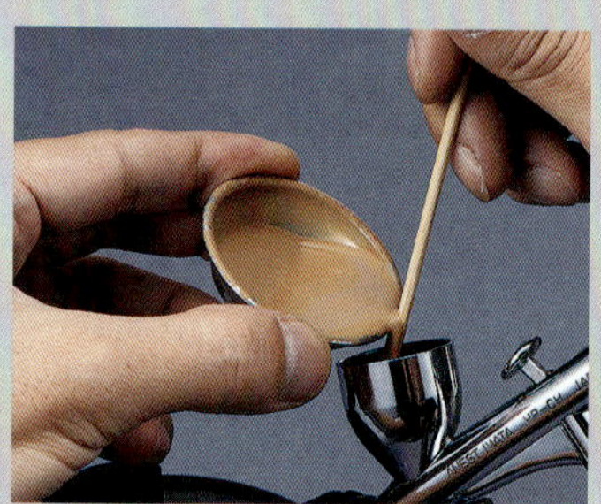
▲エアーブラシのカップに塗料を入れ、細吹きできるように調整、エアー圧も低めに設定する

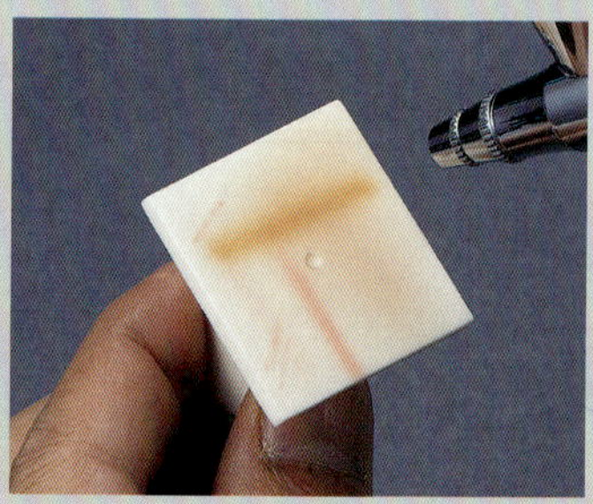
▲必ず試し吹きをする。塗料の濃度と細さ、エアー圧を確認する

▲エアーブラシを細吹きにし、顔にミストがかからない角度を狙って頭部に色を乗せていく

▲髪の毛のトップ部分もこの角度から色を乗せることで顔にミストをかけずに髪の毛を塗ることができる

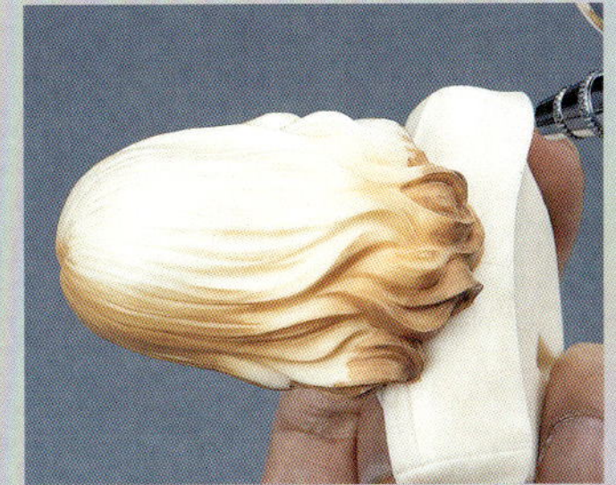
▲このフィギュアの髪型は非常に彫りが深い。影になる箇所には別途シェードカラーが入るので完全に塗りつぶす必要はない

▲ベースカラーがすべて塗りあがった状態。造形のためかすでに影が入ったようにみえるが使用したのはまだ一色のみ

ハイライト部分を描きこむ

髪の毛にライトが当たった部分を専用の明るい色で描きこむ。あくまで模型映えするための演出だ

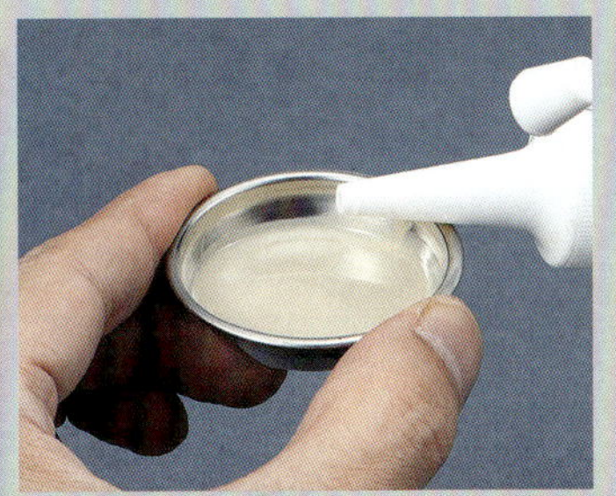
▲セット付属の「ブロンドハイライト」を取り出し薄め液で希釈する。この色をエアーブラシで塗装する

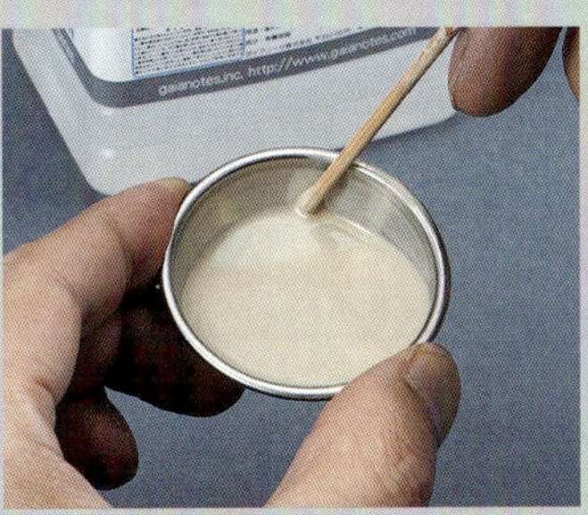
▲濃度は写真のとおり、通常より若干薄め。隠蔽させるわけではなく、さらりと色が乗った状態を目指す

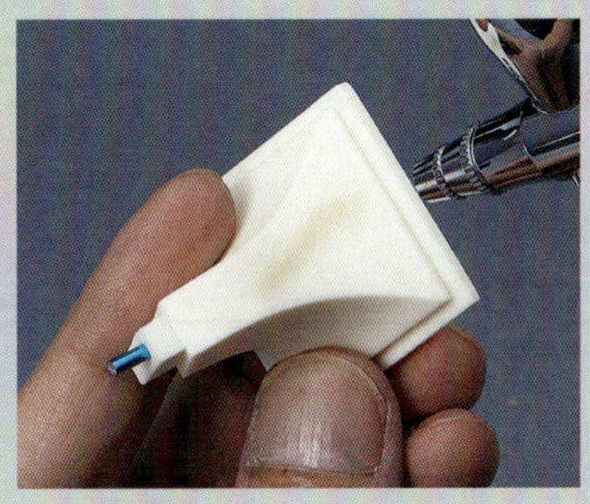
▲試し吹きをする。この場合も細吹きでエアー圧は低めに設定する

▲フィギュアが上を向いた状態で一番トップに来る部分にうっすらと色をさす

▲髪の毛の流れに対し、どう光るかを考えながら少しづつ色を置いていく。実際にライトを当ててみると塗る場所をイメージしやすいだろう

▲左右の髪の毛のトップ部分にもハイライトとして色を入れる。顔に色がのらないように注意

▲後部の髪の毛も流れを見ながらその場所ごとのトップ部分に色を入れる

各種専用カラーはモデルカステンで販売中!

今回塗装に使用したカラーはすべてモデルカステンがタナベ シン氏の協力を経て作った専用カラー。全国の模型店のほか、モデルカステンオンラインストアでも購入が可能だ

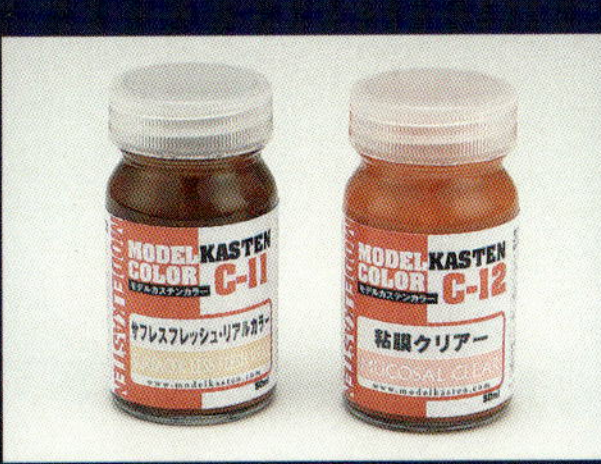

▲サフレスフレッシュ・リアルカラー
粘膜クリアー　各税込1188円
(問モデルカステン)

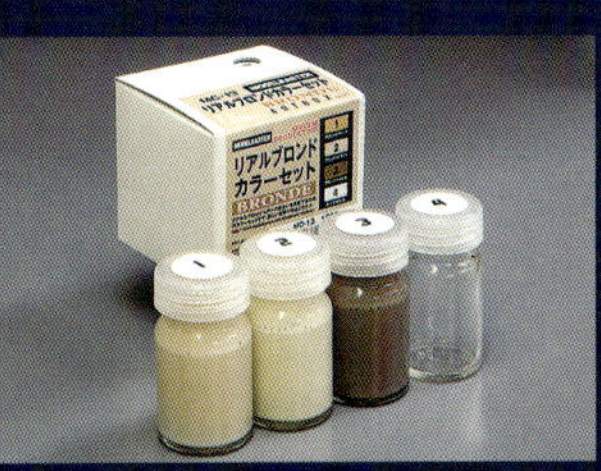
▲リアルブロンドカラーセット
税込1728円
(問モデルカステン)

▲タナベシン氏製作のフィギュア「Winanna The Hunter」で使用された彩色塗料をもとにサフレスフレッシュや粘膜クリアーは開発された

㊐モデルカステン ☎03-6820-7000

シェードカラーで影色を差す

最後に影となる部分にシェード色で色を入れてあげることで全体を引き締まった仕上がりにする

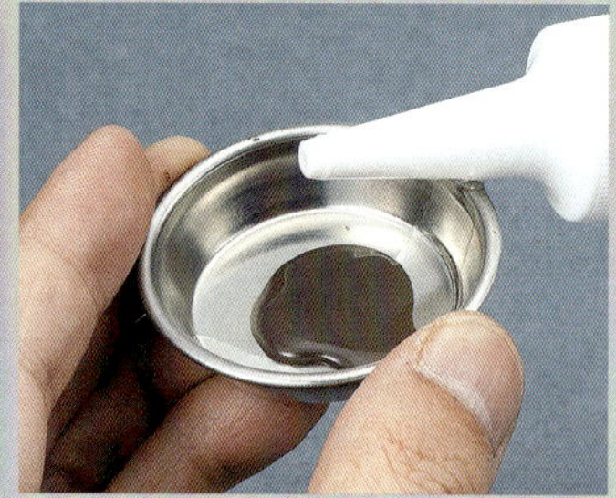

▲リアルブロンドカラーセットに含まれる影用のカラー「ブロンドシャドウ」を使う。まずは薄め液で希釈する

▲エアーブラシでの塗装に適した濃度に希釈する。写真のような濃度でちょうどよい

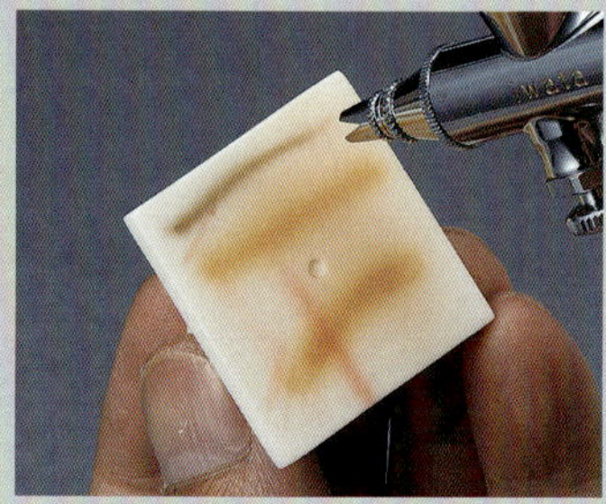

▲試し吹きをしながら細吹きできるように調整する。エアー圧も低めに設定。より細く影を入れるためここからはより細い線が描けるCM-CP2を使用

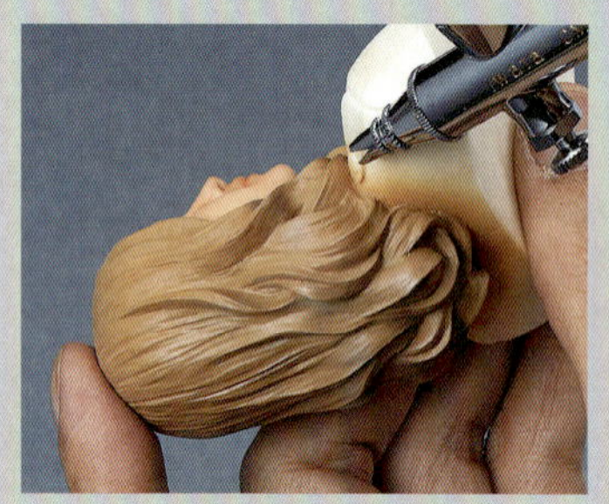

▲基本的に影は髪の毛の下側に入るので、フィギュアの下から髪の毛の間に細吹きで色をいれる

▲あくまで影なので色のキワはグラデーションがはいるようにする。様々な角度で色味のチェックをして、自然に影が入るようにする

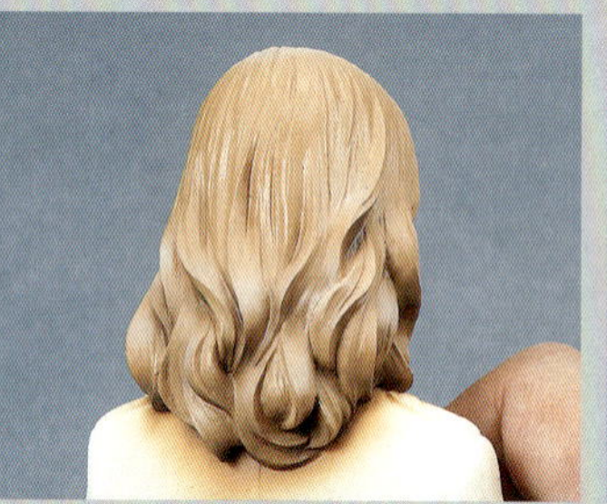

▲大きなボリュームの髪の束の下に大きく影を入れる。小さい影には小さく入れるのがコツ

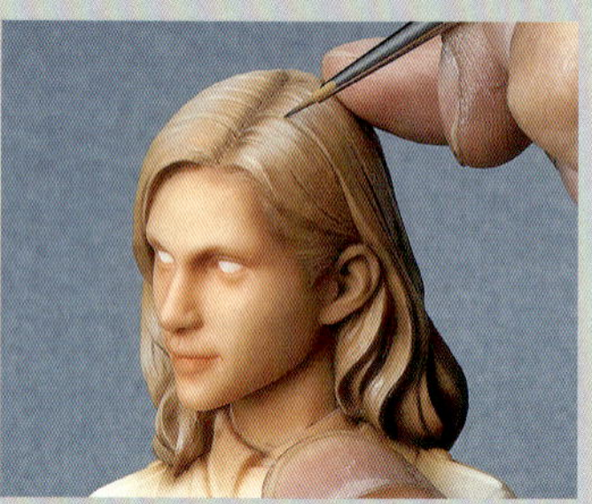

▲最後に面相筆で髪の毛の筋にも色を入れる。墨入れではなく、薄く描くように一本ずつ描く

下地（すっぴん）塗装完了!!

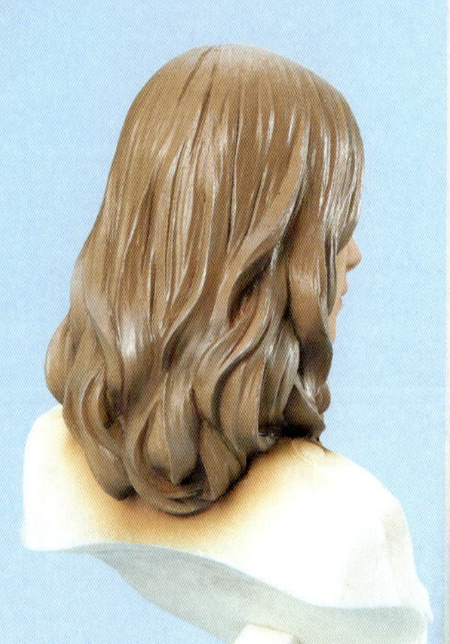

●今回のエアーブラシを使った肌の塗装はこれで完了。タナベ氏によると「ほしい肌の効果を最小限の手数で実現する方法」とのこと。じつはこれがお化粧前の地肌の仕上げが終わったところで、ここから実際の女性のように化粧を施して仕上げていくという

タナベ氏が仕上げた完成品がコチラ!

●解説同様に仕上げた地肌にエナメル系塗料を使ってまゆやチークなどの化粧を施して仕上げた作品。瞳の塗装はさらに多くの時間を費やして何度もやり直して仕上げるという

iwata by ANEST IWATA
AIRBRUSH & ACCESSORY
CATALOGUE 2017

アネスト岩田エアーブラシ&周辺機器カタログ2017

世界中のものづくりを支えるインダストリアル用途から、個人のホビーユースまで
さまざまなバリエーションを誇るiwata by ANEST IWATAの製品ラインナップ。
ここではエアーブラシ、コンプレッサ、キットのほか、便利なアクセサリ類をご紹介

01. エアーブラシ

カスタムマイクロンシリーズ | すべてのプロフェッショナル御用達フラッグシップシリーズ

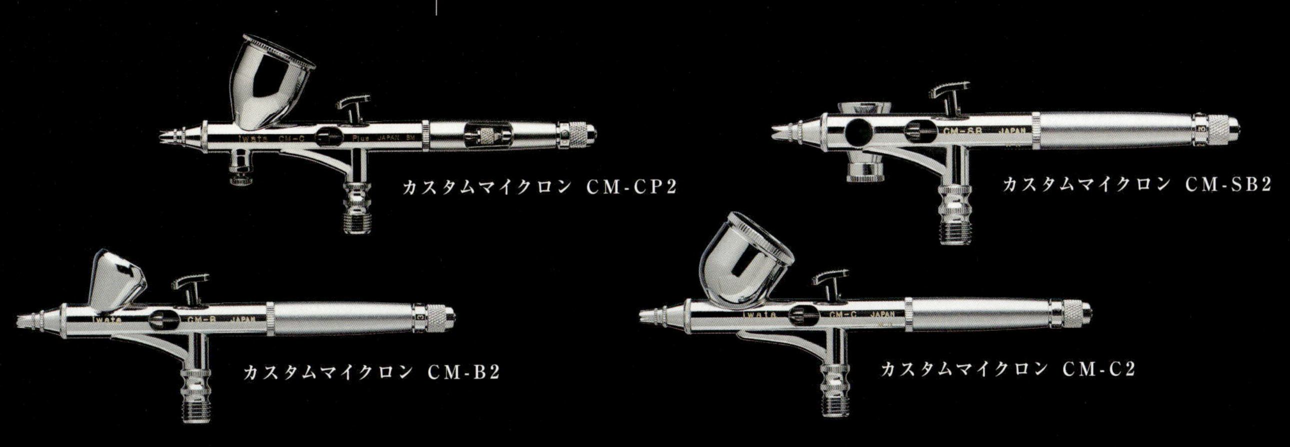

カスタムマイクロン CM-CP2

カスタムマイクロン CM-SB2

カスタムマイクロン CM-B2

カスタムマイクロン CM-C2

●目盛付プリセットハンドルが標準装備
●ノズルベースは空気経路を3つ穴にし、空気を分散させ高微粒化の吹き付けが可能
●CM-CP2は空気調節ツマミを搭載
●一本一本職人によるファインチューニング済み

形式	塗料供給方式	ノズル口径φ(mm)	容器容量(ml)	噴霧方式	標準吹付圧力(Mpa)	操作方式
CM-SB2	吸上式	0.18	1.5	丸吹き	0.10〜0.20	ダブルアクション
CM-B2	重力式					
CM-C2		0.23	7			
CM-CP2						

ハイラインシリーズ | プリセットハンドル、空気調整ツマミを標準装備した高級シリーズ

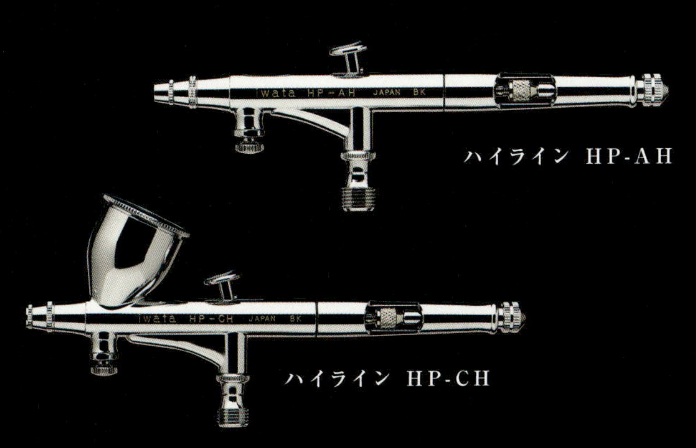

ハイライン HP-AH

ハイライン HP-CH

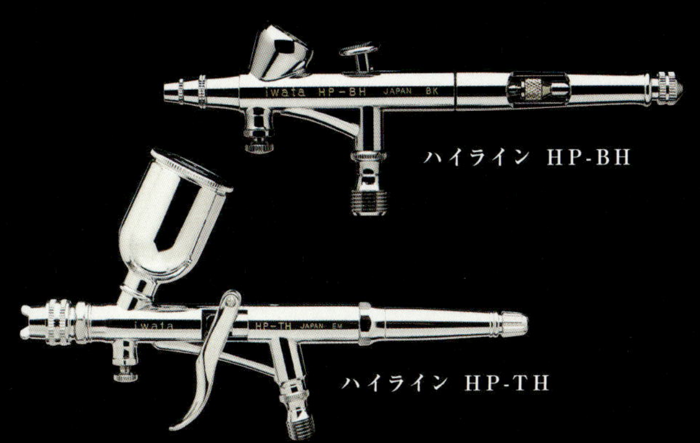

ハイライン HP-BH

ハイライン HP-TH

●エアーブラシの先端に空気調節ツマミを標準搭載。空気量の調整が手元ででき、砂目、石目などの特殊効果の表現も可能 ●塗料噴出量の調整が可能な〝プリセットハンドル〟を標準装備●耐溶剤性に優れたニードルパッキンを使用●分解洗浄が容易なオシボタンニードルチャックを標準装備

形式	塗料供給方式	ノズル口径φ(mm)	容器容量(ml)	噴霧方式	標準吹付圧力(Mpa)	操作方式
HP-AH	重力式	0.2	0.4	丸吹き	0.1〜0.29	ダブルアクション
HP-BH		0.2	1.5			
HP-CH		0.3	7			
HP-TH		0.5	15	丸吹き・平吹き	0.1〜0.15	トリガーアクション

ハイパフォーマンスプラスシリーズ ｜ プリセットハンドルをプラスした定番シリーズ

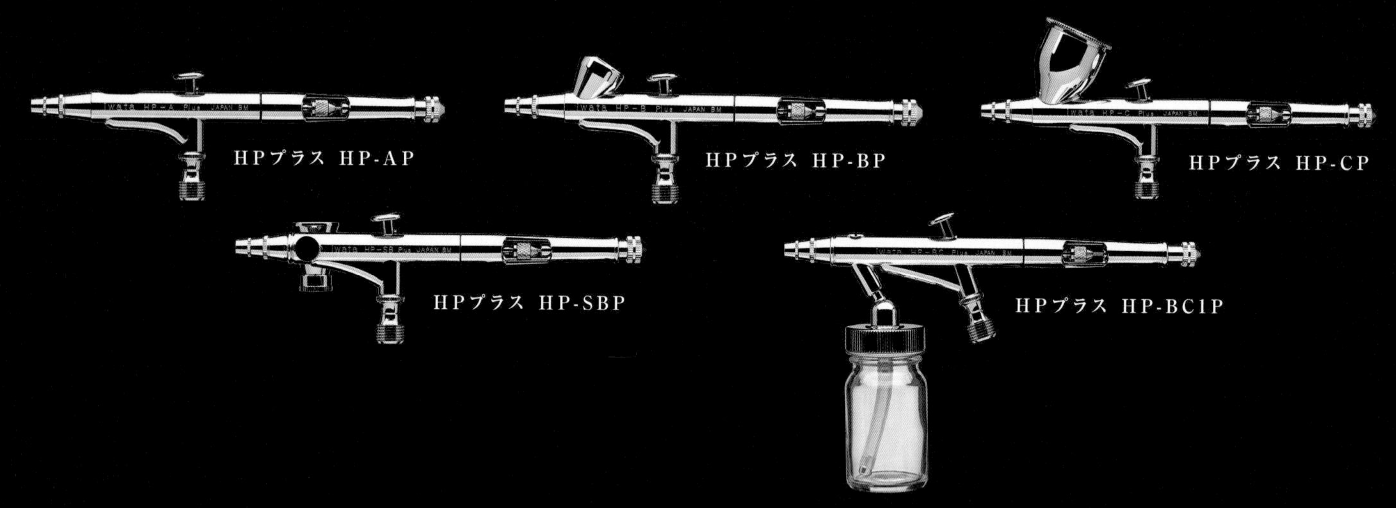
HPプラス HP-AP
HPプラス HP-BP
HPプラス HP-CP
HPプラス HP-SBP
HPプラス HP-BC1P

- 塗料噴出量の調整が可能な"プリセットハンドル"を標準装備
- 耐溶剤性に優れたニードルパッキンを使用
- 分解洗浄が可能なボタンオシニードルチャックを標準装備

形式	塗料供給方式	ノズル口径φ(mm)	容器容量(ml)	噴霧方式	標準吹付圧力(Mpa)	操作方式
HP-AP	重力式	0.2	0.4	丸吹き	0.1〜0.29	ダブルアクション
HP-BP	重力式	0.2	1.5	丸吹き	0.1〜0.29	ダブルアクション
HP-SBP	吸上式	0.2	1.5	丸吹き	0.1〜0.29	ダブルアクション
HP-CP	重力式	0.3	7	丸吹き	0.1〜0.29	ダブルアクション
HP-BC1P	吸上式	0.3	20	丸吹き	0.1〜0.29	ダブルアクション

エクリプスシリーズ ｜ ドロップインノズルを採用した初級〜中級向けの汎用性の高いシリーズ+ガンタイプシリーズ

エクリプス HP-BS
エクリプス HP-CS
エクリプス HP-SBS
エクリプス HP-BCS
エクリプス HP-G3
エクリプス HP-G5
エクリプス HP-G6

- 噴出量が多く、高粘度色材の対応が可能
- ドロップインノズル採用モデルは、分解洗浄組み立てが容易
- 耐溶剤性に優れたニードルパッキンを使用
- 分解洗浄が可能なボタンオシニードルチャックを標準装備
- ガンタイプは噴霧方式が切り替え可能

形式	塗料供給方式	ノズル口径φ(mm)	容器容量(ml)	噴霧方式	標準吹付圧力(Mpa)	操作方式
HP-BS	重力式	0.3	1.5	丸吹き	0.1〜0.29	ダブルアクション
HP-SBS	吸上式	0.3	1.5	丸吹き	0.1〜0.29	ダブルアクション
HP-CS	重力式	0.3	7	丸吹き	0.1〜0.29	ダブルアクション
HP-BCS	吸上式	0.5	28	丸吹き	0.1〜0.29	ダブルアクション
HP-G3	重力式	0.3	130	丸吹き・平吹き	0.1〜0.15	トリガーアクション
HP-G5	重力式	0.5	220	丸吹き・平吹き	0.1〜0.15	トリガーアクション
HP-G6	吸上式	0.6	112	丸吹き・平吹き	0.1〜0.15	トリガーアクション

レボリューションシリーズ ｜ バラエティ豊かで使いやすさを追求したシリーズ

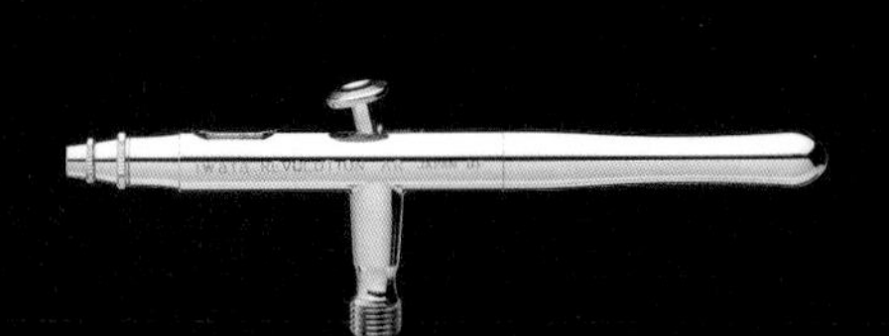

レボリューション HP-AR

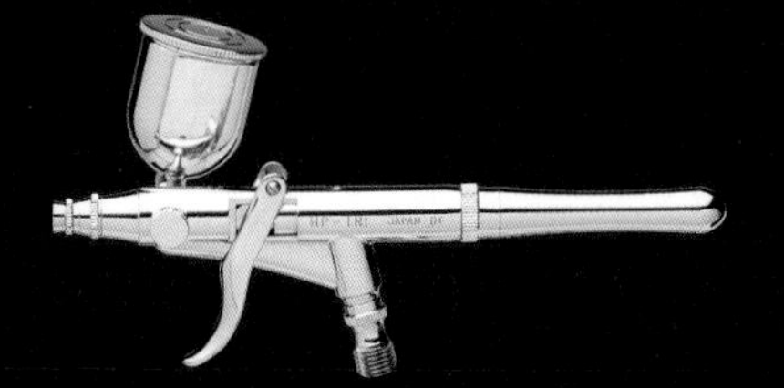
レボリューション HP-TR1

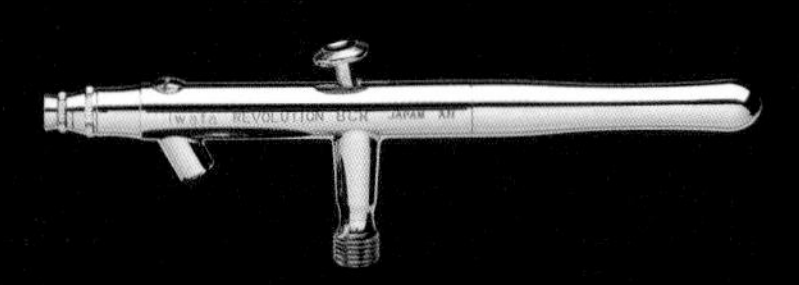

レボリューション HP-BCR

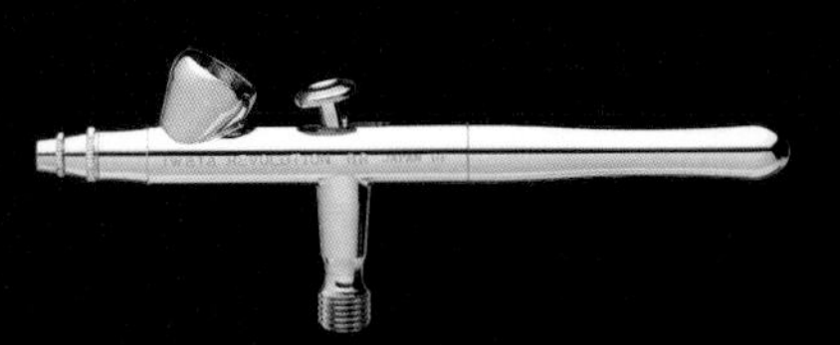
レボリューション HP-BR

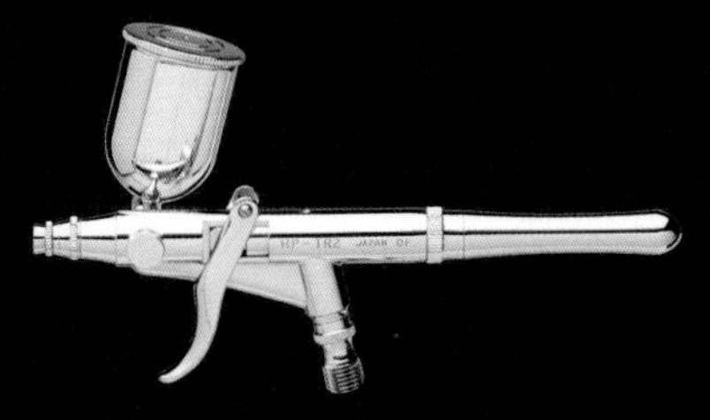
レボリューション HP-TR2

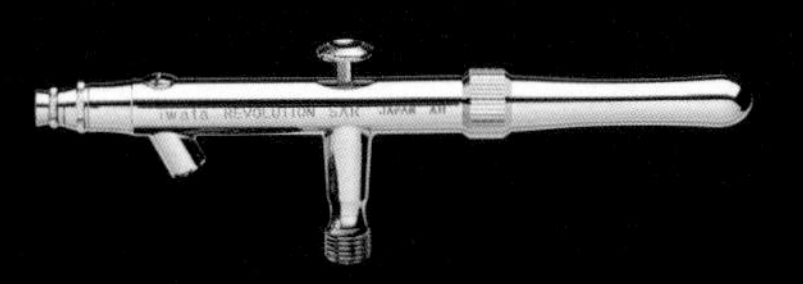

レボリューション HP-SAR

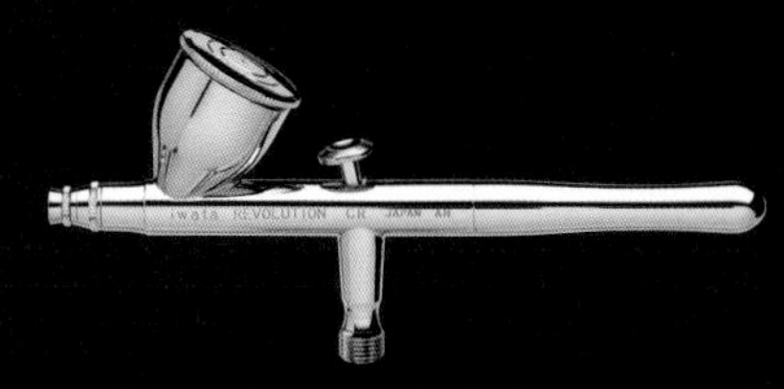

レボリューション HP-CR

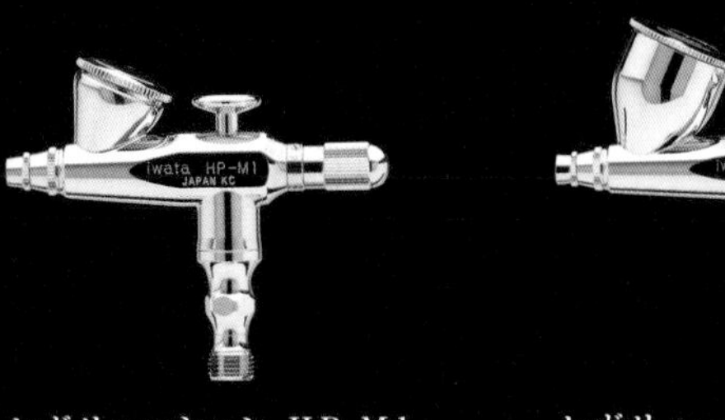

レボリューション HP-M1

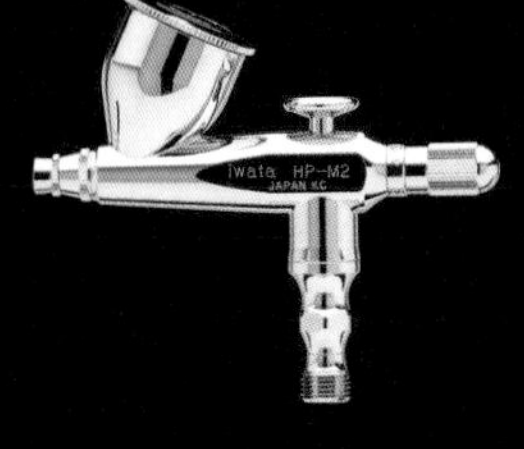

レボリューション HP-M2

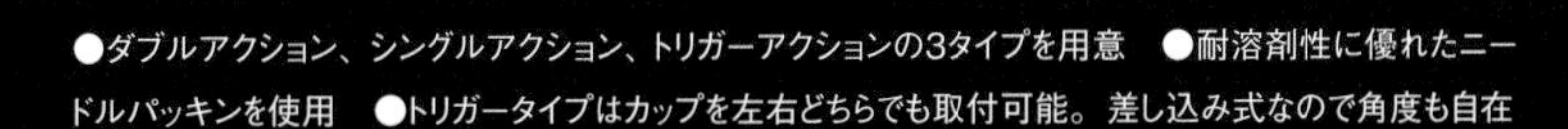
●ダブルアクション、シングルアクション、トリガーアクションの3タイプを用意　●耐溶剤性に優れたニードルパッキンを使用　●トリガータイプはカップを左右どちらでも取付可能。差し込み式なので角度も自在

形式	塗料供給方式	ノズル口径φ(mm)	容器容量(ml)	噴霧方式	標準吹付圧力(Mpa)	操作方式
HP-AR	重力式	0.3	0.4	丸吹き	0.1～0.29	ダブルアクション
HP-BR			1.5			
HP-CR		0.5	7			
HP-BCR	吸上式		28			
HP-SAR						シングルアクション
HP-TR1	重力式	0.3	7			トリガーアクション
HP-TR2		0.5	15			
HP-M1		0.3	1.5			シングルアクション
HP-M2		0.4	7			

ネオシリーズ ｜ 性能とコストパフォーマンスを備えたエントリーモデル

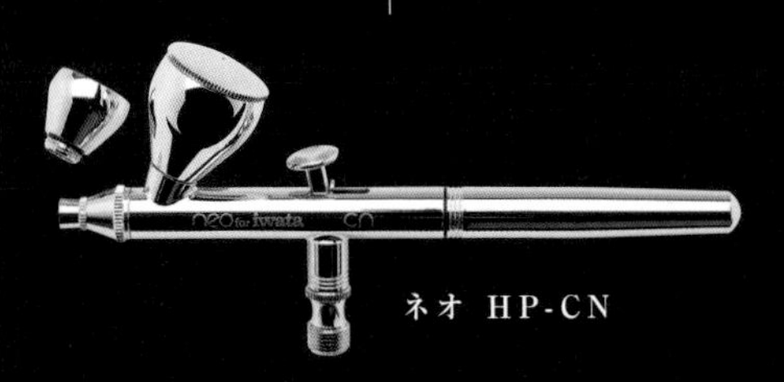

ネオ HP-CN

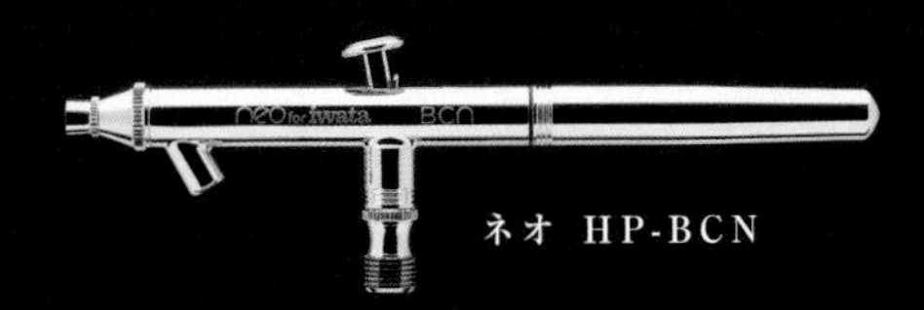

ネオ HP-BCN

●コストパフォーマンスを追求した導入者向けモデル
●耐溶剤性に優れたニードルパッキンを使用

形式	塗料供給方式	ノズル口径φ(mm)	容器容量(ml)	噴霧方式	標準吹付圧力(Mpa)	操作方式
HP-CN	重力式	0.35	1.5/7	丸吹き	0.1～0.29	ダブルアクション
HP-BCN	吸上式	0.5	28			

02. エアーブラシ用コンプレッサ

IS-875HT/925HT

IS-875HT

IS-925HT

●ハンドル型タンク付きのため、エアーの安定供給が可能
●吐出空気量が多いため、複数のエアーブラシの同時使用可能
●オートON/OFF機能（圧力開閉器式）標準装備
●減圧弁、除湿フィルター・エアーブラシフォルダ、ホース付属

形式		IS-875HT	IS-925HT
定格消費電力 (W)		150/200 (50/60Hz)	220/290 (50/60Hz)
最高使用圧力 (Mpa)		0.42	0.42
空気量	無負荷時（ℓ/min)	18	36
	0.2MPa時（(ℓ/min)	15	23
質量 (kg)		5.5	7.1
外形寸法 (㎜)		280×160×275	280×160×330
騒音値 (dB)		60以下	60以下
定格時間 (分)		40	40
タンク容量 (ℓ)		0.45	0.48

IS-876/925

IS-876

IS-925

●コンパクトで静音設計
●オートON/OFF機能（圧力開閉器式）標準装備
●減圧弁、除湿フィルター・エアーブラシフォルダを一体化

形式		IS-876	IS-925
定格消費電力 (W)		91	125
最高使用圧力 (Mpa)		0.34	0.42
空気量	無負荷時（ℓ/min)	10.5	22.6
	0.2MPa時（(ℓ/min)	5	6.7
質量 (kg)		6.4	7.9
外形寸法 (㎜)		257×140×241	310×156×260
騒音値 (dB)		55以下	55以下
定格時間 (分)		40	40

IS-850

形式		IS-850
定格消費電力 (W)		91
最高使用圧力 (Mpa)		0.34
空気量	無負荷時（ℓ/min)	10.5
	0.2MPa時（(ℓ/min)	5
質量 (kg)		3.8
外形寸法 (㎜)		265×148×164
騒音値 (dB)		55以下
定格時間 (分)		40

●コンパクトで静音設計　●オートON/OFF機能（圧力開閉器式）標準装備●脈動防止、水分除去のためコイルホースを付属　●フィルターレギュレータ、コイルホース、ストレートホース付属

IS-800

形式		IS-800
定格消費電力 (W)		91
最高使用圧力 (Mpa)		0.4
空気量	無負荷時（ℓ/min)	10.5
	0.2MPa時（(ℓ/min)	5
質量 (kg)		3.8
外形寸法 (㎜)		265×148×164
騒音値 (dB)		55以下
定格時間 (分)		40

●コンパクトで静音設計　●脈動防止、水分除去のためコイルホースを付属　●逃し弁式
●フィルターセット、コイルホース、ストレートホース付属

IS-51

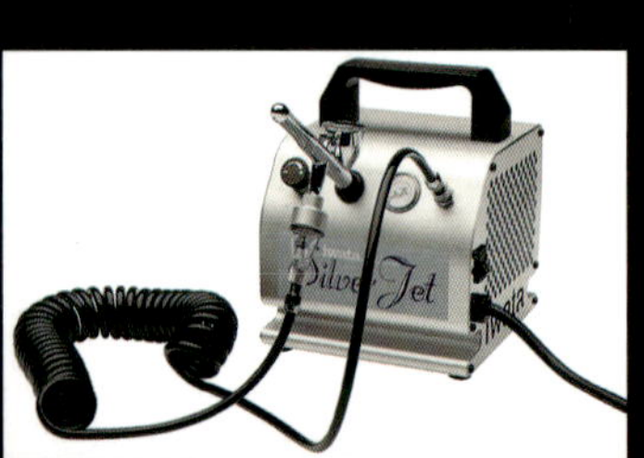

形式		IS-51
定格消費電力 (W)		85
最高使用圧力 (Mpa)		0.3
空気量	無負荷時（ℓ/min)	8
	0.2MPa時（(ℓ/min)	4.5
質量 (kg)		2.6
外形寸法 (㎜)		150×150×180
騒音値 (dB)		55以下
定格時間 (分)		40

●コンパクト設計　●持ち運びに便利な軽量タイプ　●逃し弁式
●圧力調整ツマミ、コイルホース付属　※エアーブラシとミニグリップフィルタは付属しません

IS-976MB

形式		IS-976MB
定格消費電力 (W)		115/145 (50/60Hz)
最高使用圧力 (Mpa)		0.4
空気量	無負荷時（ℓ/min)	22.6
	0.2MPa時(（ℓ/min)	12
質量 (kg)		12
外形寸法 (㎜)		360×200×640
騒音値 (dB)		55以下
定格時間 (分)		40
		2.5

●メンテナンスフリーのオイルフリーコンプレッサを移動に適したキャリーケースに収納
●2気筒ハイパワーで複数のエアーブラシを同時に使用可能
●オートON/OFF機能装備
●2.5ℓのタンク付きでエアーの安定供給が可能

03. エアーブラシキット

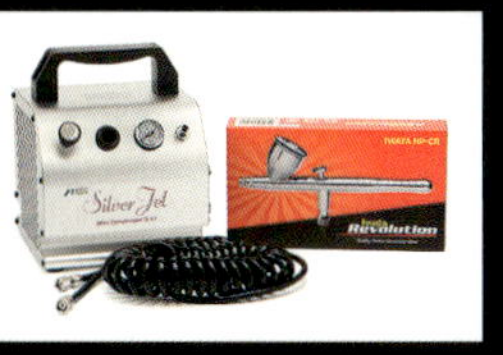

スターターキット HP-S51-K

コンプレッサIS-51 エアーブラシHP-CR

レボリューションシリーズHP-CR(0.5㎜口径)を組み合わせたホビー向けキット。必要最低限のキット

スターターキット NEO1 HP-S51K-CN

コンプレッサIS-51 エアーブラシHP-CN

初心者向けのエアーブラシNEOシリーズHP-CN(0.35㎜口径)を組み合わせたキット。これだけですぐにエアーブラシが楽しめる

スターターキット NEO2 HP-S51K-BCN

コンプレッサIS-51 エアーブラシHP-BCN

初心者向けのエアーブラシNEOシリーズ吸上式のHP-BCNと色変え用ボトル3個を追加したキット

スタンダードキット HP-ST800-PK

コンプレッサIS-800 エアーブラシHP-CP

ベーシックコンプレッサIS-800と人気のエアーブラシHP-CPを組み合わせたスタンダードキット

スタンダードキット トリガー HP-ST850-TR1

コンプレッサIS-850、エアーブラシHP-TR1

コンプレッサは使用時のみ作動するON/OFFスイッチ機能付き。操作のしやすいトリガータイプは疲れにくく長時間の作業におすすめ

04. エアーブラシアクセサリ

ウォッシングブラシ(丸筆) HPA-WB1

外付エアータンク HPA-TNK35 タンク3.5L
接続口はIn・Out共に1/8オス

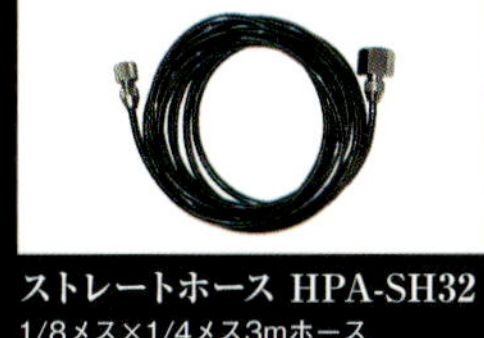

ストレートホース HPA-SH32
1/8メス×1/4メス3mホース

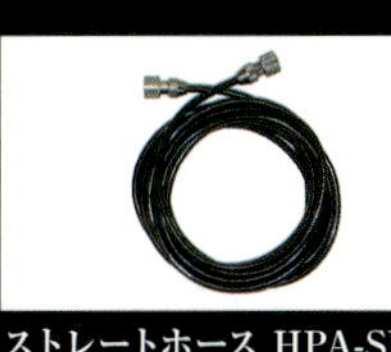

ストレートホース HPA-SH11
1/8メス×1/8メス1mホース
ストレートホース HPA-SH31
1/8メス×1/8メス3mホース

コイルホース HPA-CH41
1/8メス×1/8メス4mホース

コイルホース HPA-CH32
1/8メス×1/4メス3mホース

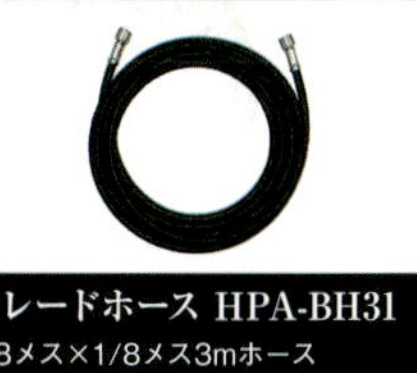

ブレードホース HPA-BH31
1/8メス×1/8メス3mホース

ブレードホース HPA-BH32
1/8メス×1/4メス3mホース

クイックジョイント HPA-QJ
プラグとソケットのセット

ブリードバルブ HPA-BV2

ミニグリップフィルター HPA-MGF

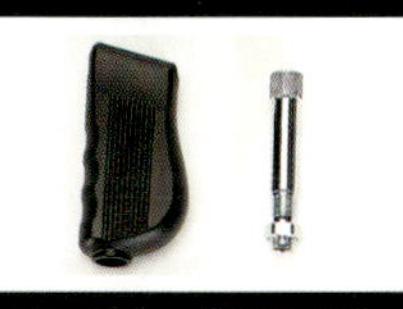

トリガーグリップ HPA-TG
HP-TH/TR1/TR2専用

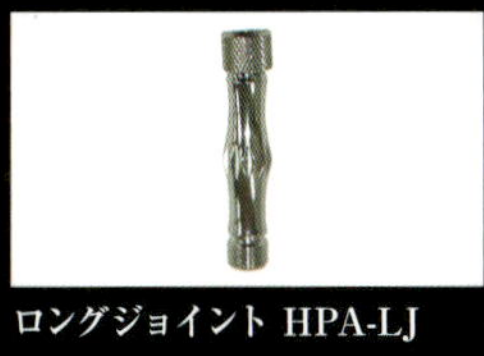

ロングジョイント HPA-LJ

レギュレータ HPA-R
In 1/4オス、Out 1/8オス、1/8→1/4変換ジョイント付き

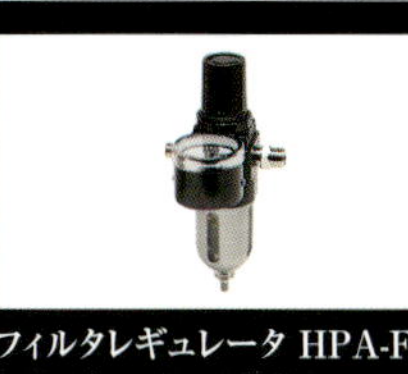

フィルタレギュレータ HPA-FR
In 1/4オス、Out 1/8オス

フィルタレギュレータ HPA-FR2
In 1/4メス、Out 1/4オス、1/8→1/4変換ジョイント付き

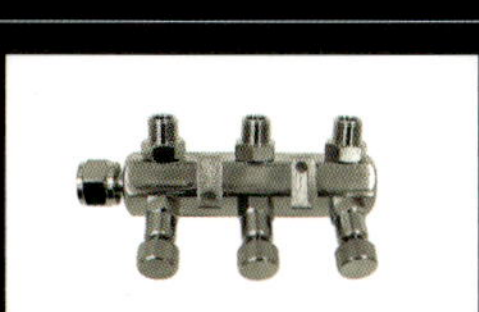

3連バルブジョイント HPA-VJ3

5連バルブジョイント HPA-VJ5
In 1/4メス、Out 1/4オスx5

クリーニングポット HPA-ACP2

エアーブラシハンガー HPA-H2B

ホビーマスク HP-HM1
耐溶剤性のある低粘着性のマスキングフィルム

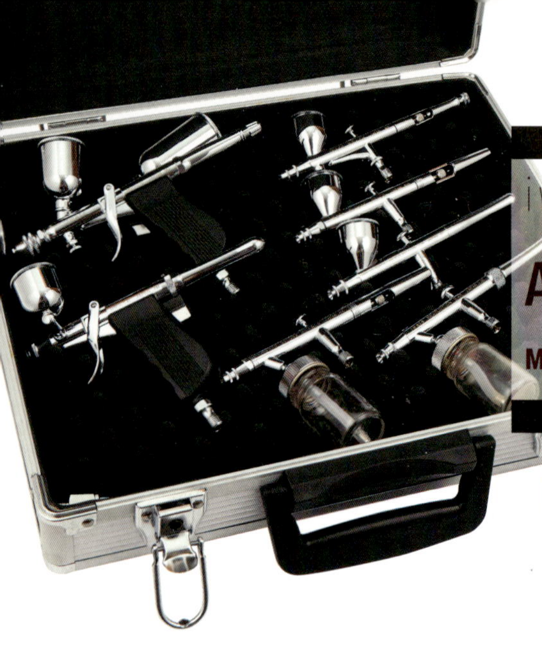

アネスト岩田 エアーブラシ メンテナンスブック

iwata by ANEST IWATA

AIRBRUSH MAINTENANCE BOOK

モデルグラフィックス編集部／編

編集／Editer
モデルグラフィックス編集部
関口コフ
千谷総

撮影／Photo
インタニヤ

装丁／Bookbinder,Cover Design
福井政弘

デザイン／Design
波多辺健

協力／Special thanks
アネスト岩田株式会社
アネスト岩田コーティングソリューションズ株式会社
ガイアノーツ株式会社
空山基
タナベシン
中村哲也

アネスト岩田 エアーブラシ メンテナンスブック

発行日　2017年10月27日 初版第1刷

発行人／小川光二
発行所／株式会社 大日本絵画
〒101-0054 東京都千代田区神田錦町1丁目7番地
URL; http://www.kaiga.co.jp/

編集人／市村弘
企画／編集 株式会社アートボックス
〒101-0054 東京都千代田区神田錦町1丁目7番地
錦町一丁目ビル4階
URL; http://www.modelkasten.com/

印刷／製本 大日本印刷株式会社

内容に関するお問い合わせ先: 03(6820)7000 (株)アートボックス
販売に関するお問い合わせ先: 03(3294)7861 (株)大日本絵画
製品に関するお問い合わせ先: 045(590)3177 アネスト岩田コーティングソリューションズ株式会社 エアーブラシ担当

Publisher/Dainippon Kaiga Co., Ltd.
Kanda Nishiki-cho 1-7, Chiyoda-ku, Tokyo 101-0054 Japan
Phone 03-3294-7861
Dainippon Kaiga URL; http://www.kaiga.co.jp
Editor/Artbox Co., Ltd.
Nishiki-cho 1-chome bldg., 4th Floor, Kanda
Nishiki-cho 1-7, Chiyoda-ku, Tokyo 101-0054 Japan
Phone 03-6820-7000
Artbox URL; http://www.modelkasten.com/

ISBN978-4-499-23222-7